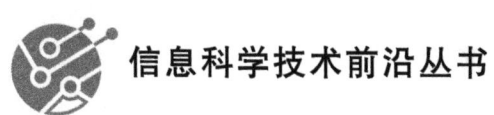信息科学技术前沿丛书

北斗与5G融合空间位置服务

邓中亮　尹露　刘雯　韩可　编著

北京邮电大学出版社
www.buptpress.com

内 容 简 介

本书围绕北斗卫星导航系统与5G通信技术的融合,全面分析了它们在无线定位和时空信息服务中的创新应用。全书共分为9章:第1章介绍了高精度时空信息在建设智慧社会中的重要性,并阐述了几种典型的无线定位技术和无线定位面临的挑战;第2章讲解了室内外定位测量的基本原理;第3章深入探讨了北斗卫星导航定位技术;第4章分析了5G如何提升定位精度;第5~9章讨论了北斗与5G如何结合,以解决传统定位系统无法覆盖的盲区和提升室内外的定位精度,并展望了未来技术的挑战与发展方向。

本书适合通信、导航领域的本科生、研究生以及科研工作者阅读。

图书在版编目(CIP)数据

北斗与5G融合空间位置服务 / 邓中亮等编著.
北京:北京邮电大学出版社,2025. -- ISBN 978-7-5635-7567-1

Ⅰ.P228.4;TN929.53

中国国家版本馆CIP数据核字第2025DG2757号

| 策划编辑:刘 颖 刘纳新 责任编辑:刘 颖 责任校对:张会良 封面设计:七星博纳

出版发行:北京邮电大学出版社
社　　址:北京市海淀区西土城路10号
邮政编码:100876
发 行 部:电话:010-62282185　传真:010-62283578
E-mail:publish@bupt.edu.cn
经　　销:各地新华书店
印　　刷:保定市中画美凯印刷有限公司
开　　本:720 mm×1 000 mm　1/16
印　　张:14.75
字　　数:279千字
版　　次:2025年6月第1版
印　　次:2025年6月第1次印刷

ISBN 978-7-5635-7567-1　　　　　　　　　　　　　　　定 价:87.00元

·如有印装质量问题,请与北京邮电大学出版社发行部联系·

前　言

随着信息化与智能化的快速发展,精准的时空信息已经成为现代社会发展的关键基础。在这个时代,构建一个智慧社会,需要依托高精度、高可靠性的时空信息系统。尤其是在推动智慧城市、智能交通、公共安全等领域的发展过程中,时空信息服务在智能决策、资源调度、交通管理等方面发挥着越来越重要的作用。因此,如何高效、精准地获取时空信息,成为推动社会进步、促进产业升级的关键。

北斗卫星导航系统与5G通信技术的融合,为解决时空信息获取的难题提供了新的思路。北斗系统作为我国自主研发并已实现全球覆盖的卫星导航系统,在为我国及周边地区提供定位、导航、授时服务的同时,其不断完善的技术体系也为全球用户提供了更为精准的定位服务。然而,传统的卫星导航系统仍然面临着在复杂环境中的局限性,如"城市峡谷"、室内、地下等区域的信号遮挡、衰减和多径效应,这些因素严重影响了导航系统的准确性与稳定性。

5G技术的到来,为解决这些问题提供了有力的技术支撑。5G网络以其高带宽、低时延、大规模连接和多天线技术等特点,使得在复杂环境中的定位精度大大提高。5G网络能够补充卫星信号的不足,尤其是在室内、地下等卫星信号难以覆盖的区域,5G可以通过基站、信号参考、定位算法等方式弥补传统导航系统的盲区,从而实现更加精准的定位服务。北斗与5G的融合,展现了两者各自优势的互补性,形成了"卫星主外,5G主内"的定位服务模式,为用户提供了无缝、全覆盖的时空信息服务。

本书以北斗与5G技术融合为核心,深入探讨了这一前沿技术在精准定位、时空信息服务中的创新应用。我们将详细介绍北斗与5G技术的基础理论、架构设计,以及它们如何在各类复杂环境中提供可靠、精确的定位服务。通过技术背景的解析、面临挑战的分析、实际案例的展示与未来发展方向的展望,旨在为从事导航系统、通信网络及智能信息技术研发的研究人员、工程师和技术人员提供有价值的参考与指导。

随着科技的不断进步,5G与北斗的深度融合将在多个领域展现出巨大的应用潜力。无论是在智能交通、智慧城市建设、公共安全管理,还是在精准农业、环境监测等领域,北斗与5G的结合都将推动新一轮技术革新与产业变革。特别是随着5G网络的进一步普及与北斗卫星系统的持续完善,它们在高精度定位、实时数据传输和智能决策支持等方面的优势将更加突出。

在编写本书的过程中,我们力求准确、全面地阐述北斗与5G融合空间位置服务这一技术的现状与未来,但也难免存在一些不足与疏漏。我们期待各位读者提出宝贵意见,共同推动这一技术的进步与完善。无论您是从事通信、导航、智能信息系统研究与开发的专家,还是对这一前沿技术感兴趣的普通读者,相信本书都能为您提供有价值的理论知识和实践经验,帮助您更好地理解与应用北斗与5G融合技术,开拓更广阔的应用前景。

作　者

目　　录

第1章　绪论 ·· 1

1.1　精确时空信息是建设智慧社会的重要基础 ················· 1
1.2　几种典型的无线定位技术 ··· 2
　1.2.1　全球导航卫星系统 ··· 2
　1.2.2　移动通信网定位技术 ··· 9
　1.2.3　Wi-Fi 定位 ··· 16
　1.2.4　蓝牙定位 ·· 17
　1.2.5　UWB 定位 ·· 18
　1.2.6　其他无线定位技术 ··· 19
1.3　无线定位面临的挑战 ··· 21

第2章　室内外定位测量原理 ·· 23

2.1　基于到达时间的定位方法 ··· 23
　2.1.1　定位原理 ·· 23
　2.1.2　误差分析 ·· 25
　2.1.3　定位解算 ·· 27
　2.1.4　精度因子 ·· 30
2.2　基于到达时间差的定位方法 ··· 31
　2.2.1　定位原理 ·· 31
　2.2.2　误差分析 ·· 32
　2.2.3　精度因子 ·· 32
2.3　基于到达角的几何定位方法 ··· 35
　2.3.1　定位原理 ·· 35
　2.3.2　误差分析 ·· 36

2.4 基于指纹匹配的定位方法 ································· 37
　2.4.1 指纹定义 ······································· 37
　2.4.2 指纹定位流程 ···································· 38
　2.4.3 指纹定位误差分析 ································· 41
2.5 差分定位 ·· 41
　2.5.1 差分定位原理 ···································· 42
　2.5.2 主流差分定位方式 ································· 42
2.6 融合定位方法 ··· 43
　2.6.1 主要定位导航系统的种类 ··························· 43
　2.6.2 多源融合算法 ···································· 44

第3章 北斗卫星导航定位技术 ·································· 46

3.1 北斗卫星定位系统组成及结构 ····························· 46
　3.1.1 空间段 ·· 47
　3.1.2 地面段 ·· 48
　3.1.3 用户段 ·· 49
3.2 北斗卫星定位信号体制 ··································· 50
　3.2.1 北斗系统的信息传递原理 ··························· 51
　3.2.2 扩频调制 ·· 52
　3.2.3 载波调制 ·· 54
3.3 北斗卫星导航电文 ······································ 57
3.4 北斗卫星测量定位 ······································ 59
　3.4.1 基于伪距的定位 ·································· 59
　3.4.2 基于载波相位的定位 ······························ 61
3.5 北斗的测量误差 ······································· 64
　3.5.1 卫星端相关误差 ·································· 65
　3.5.2 信号传播相关误差 ································ 66
　3.5.3 接收机端相关误差 ································ 67
3.6 信号接收 ·· 68
　3.6.1 信号的传播过程 ·································· 68
　3.6.2 接收机天线 ······································ 69
　3.6.3 射频前端处理 ···································· 70

3.6.4 信号捕获原理 …………………………………………………… 72
3.6.5 信号跟踪原理 …………………………………………………… 79
3.6.6 定位解算 ………………………………………………………… 81

第4章 5G移动通信定位 …………………………………………………… 83

4.1 5G定位架构 ……………………………………………………………… 83
4.2 共频带定位信号体制 …………………………………………………… 88
4.3 5G定位参考信号 ………………………………………………………… 99
    4.3.1 下行定位参考信号 ……………………………………………… 99
    4.3.2 上行探测参考信号 ……………………………………………… 100
    4.3.3 其他可用于定位的参考信号 …………………………………… 102
4.4 定位基站 ………………………………………………………………… 105
4.5 定位接收机 ……………………………………………………………… 106

第5章 5G DOA估计的基础理论和算法 ………………………………… 115

5.1 一维空间中的到达角估计算法 ………………………………………… 115
    5.1.1 接收信号模型 …………………………………………………… 115
    5.1.2 一维MUSIC算法 ………………………………………………… 117
    5.1.3 一维ESPRIT算法 ………………………………………………… 118
5.2 三维空间中的二维DOA估计算法 ……………………………………… 120
    5.2.1 三维远场区模型 ………………………………………………… 121
    5.2.2 二维MUSIC算法 ………………………………………………… 123
    5.2.3 二维ESPRIT算法 ………………………………………………… 124
    5.2.4 基于传播算子的到达角估计算法 ……………………………… 126
5.3 远近场信号到达角度估计方法 ………………………………………… 133
    5.3.1 远近场信号接收模型 …………………………………………… 133
    5.3.2 基于累积量的远近场信号到达角度估计算法 ………………… 135
5.4 基于相干信号DOA估计算法研究 ……………………………………… 137
    5.4.1 矢量奇异值算法 ………………………………………………… 138
    5.4.2 矩阵分解算法 …………………………………………………… 139
    5.4.3 空间平滑算法 …………………………………………………… 140
    5.4.4 不变噪声子空间平滑算法 ……………………………………… 141

5.5 基于 TC-OFDM 信号的 DOA 估计算法研究 …………………… 146
　　5.5.1 基于 TC-OFDM 信号的 DOA 估计算法原理 ………………… 147
　　5.5.2 聚焦矩阵的构造 ………………………………………………… 148
　　5.5.3 基于 TC-OFDM 信号的 DOA 估计算法流程 ………………… 151

第 6 章　北斗＋5G 融合定位 …………………………………………… 154

6.1 北斗＋5G 推动智慧社会的构建 ………………………………… 154
6.2 北斗＋5G 定位观测量融合算法 ………………………………… 155
　　6.2.1 卡尔曼滤波 ……………………………………………………… 155
　　6.2.2 加权融合算法 …………………………………………………… 158
6.3 "5G＋北斗"网络级融合 ………………………………………… 159
　　6.3.1 "5G＋北斗"系统架构 ………………………………………… 159
　　6.3.2 隐嵌信噪定位技术 ……………………………………………… 161
　　6.3.3 北斗地面增强系统与 5G 相结合 ……………………………… 162
6.4 北斗对 5G 通信功能的增强 ……………………………………… 163
　　6.4.1 北斗为通信网提供纳秒级时间同步 …………………………… 163
　　6.4.2 北斗增强通信网运行效率 ……………………………………… 164
　　6.4.3 北斗为通信网提供高精度时空感知能力 ……………………… 165

第 7 章　多源信息融合方法 ……………………………………………… 166

7.1 多源信息融合概念 ………………………………………………… 166
7.2 信息融合系统的模型和结构 ……………………………………… 167
　　7.2.1 数据融合的功能模型 …………………………………………… 167
　　7.2.2 数据融合的层次 ………………………………………………… 167
　　7.2.3 数据融合的结构模型 …………………………………………… 169
7.3 多源信息融合的典型方法 ………………………………………… 171
　　7.3.1 扩展卡尔曼滤波融合算法 ……………………………………… 172
　　7.3.2 无迹卡尔曼滤波融合算法 ……………………………………… 173
　　7.3.3 粒子滤波融合算法 ……………………………………………… 175

第 8 章　弱直达径非视距传播的识别与抑制 …………………………… 177

8.1 移动通信网络观测量估计方法基础 ……………………………… 178

8.1.1　时延估计方法基础 …………………………………………… 178

8.1.2　角度估计方法基础 …………………………………………… 179

8.2　基于阵列天线空分复用的定位信号播发与接收策略 ……………… 180

8.2.1　基于空分复用的定位信号的播发 …………………………… 181

8.2.2　基于空分复用的定位信号的接收 …………………………… 182

8.2.3　定位性能与通信性能分析 …………………………………… 183

8.3　基于最强路径剥离的弱直达径非视距误差抑制方法 ……………… 186

8.3.1　视距/非视距传播识别 ………………………………………… 186

8.3.2　测距协方差矩阵与特征值计算 ……………………………… 188

8.3.3　测角协方差矩阵与特征值计算 ……………………………… 189

8.3.4　基于特征值的非监督多径数量估计方法 …………………… 190

8.3.5　MUSIC 谱函数计算与峰值搜索 ……………………………… 191

8.4　基于 RSS 和 RTT 差异的非视距传播检测算法 ……………………… 191

8.4.1　基于 RSS 和 RTT 差异的非视距检测算法 …………………… 192

8.4.2　基于 Kalman 滤波器的非视距缓解算法 …………………… 192

8.5　基于广义似然比检验的非视距传播检测算法 ……………………… 194

8.5.1　GLRT 检测器原理 …………………………………………… 194

8.5.2　检测信号的定义 ……………………………………………… 194

8.5.3　检测过程 ……………………………………………………… 195

8.6　北斗导航系统的基于机器学习网络非视距传播检测算法 ………… 196

8.6.1　基于机器学习的非视距特征选择 …………………………… 196

8.6.2　基于随机森林的非视距传播的识别 ………………………… 197

8.6.3　基于支持向量机的非视距传播的识别 ……………………… 198

8.6.4　基于多层感知机的非视距传播的识别 ……………………… 199

8.7　北斗导航系统中多径误差模型的建立和误差的校正方法 ………… 200

8.7.1　北斗导航系统中多径误差模型的建立 ……………………… 200

8.7.2　北斗导航系统中多径误差的校正 …………………………… 202

第9章　空间信息的典型服务 …………………………………………… 203

9.1　空间信息服务支撑 …………………………………………………… 203

9.1.1　空间信息云服务 ……………………………………………… 203

9.1.2　空间信息云服务平台及需求 ………………………………… 203

9.1.3 空间信息服务云平台总体架构 …………………………… 205
9.1.4 空间信息云服务的意义 ………………………………… 205
9.2 北斗+5G融合应用 ……………………………………………… 206
　　9.2.1 智慧生活 ……………………………………………… 207
　　9.2.2 智慧交通 ……………………………………………… 209
　　9.2.3 智慧港口 ……………………………………………… 212
　　9.2.4 智慧矿井 ……………………………………………… 214
　　9.2.5 精准农业 ……………………………………………… 216

参考文献 ………………………………………………………………… 221

第1章 绪 论

1.1 精确时空信息是建设智慧社会的重要基础

智慧社会是在网络强国、数字中国发展基础上的跃升,是对我国信息社会发展前景的前瞻性概括,是信息网络泛在化、规划管理信息化、基础设施智能化、公共服务普惠化、社会治理精细化、产业发展数字化、政府决策科学化的社会。建设智慧社会是要充分运用物联网、互联网、云计算、大数据、人工智能等新一代信息技术,以网络化、平台化、远程化等信息化方式提高全社会基本公共服务的覆盖面和均等化水平,构建立体化、全方位、广覆盖的智慧服务体系,推动经济社会高质量发展。

透明、安全是智慧社会的前提条件,泛在的室内外无缝高精度时空信息是构建智慧社会空间服务体系的核心。高精度时空信息是现代社会信息中比重最大、出现频率最高、应用最广的信息,是信息社会的核心资源、服务产业的主要内容资源和智能信息产业的基础性资源。

卫星导航系统的室外位置服务已广泛应用于测绘、航运、物流、汽车、通信、农林、机械控制和智慧交通等众多行业,在提高效率、改善环保、强化管理、保障安全等方面起到了重要的作用,成为传统产业改造升级的强大武器。但是由于卫星导航系统进行定位时需满足较多定位条件,而定位应用环境复杂,常不能满足定位需要的条件,使得定位无法实现有效的全覆盖。在城市峡谷、地下、室内等复杂定位环境中,卫星导航信号穿越建筑空间受到多种材料吸收,信号到达强度被削弱;室内电子设备对定位信号产生电磁干扰,影响信号接收;复杂的建筑结构会造成严重的信号反射和衍射。这些情况都会使得卫星信号难以到达和有效使用,从而导致卫星导航系统不可用。近几十年来，国内外许多研究机构对室内定位技术进行了大量研究。目前已开发并应用的室内定位系统有 Wi-Fi、蓝牙、超宽带（UWB）、RFID、Zigbee 等。这些室内定位系统已应用于多个行业，但是存在作用范围小、建设成本高和普适性差等缺点，难以广泛应用。

移动通信网和广播网等广域网络覆盖了全球约 95% 的人口和 40% 的陆地，2G、3G、4G 和 5G 网络已经覆盖了我国城市 90% 以上区域，利用这些无线网络实现高精度定位则可以在室内、地下等区域弥补卫星信号覆盖的盲区，提供泛在、无缝的时空信息感知能力。

随着 5G 时代的到来，大带宽、多天线、超密集组网以及灵活的资源配置赋能了移动通信网更高的位置服务精度，成为助力北斗解决室内"最后一公里"问题的重要手段。北斗和 5G 的融合，相互配合形成"卫星主外、5G 主内"的局面，相辅相成，为海量用户提供室内外无缝高精度的时空信息服务。

1.2 几种典型的无线定位技术

1.2.1 全球导航卫星系统

全球导航卫星系统（Global Navigation Satellite System，GNSS）是一种空基无线电导航定位系统，能够全天候地在全球任何地点为用户提供三维坐标、速度以及时间信息。GNSS 包括美国的全球定位系统（Global Positioning System，GPS）、中国的北斗卫星导航系统（BeiDou Navigation Satellite System，BDS）、俄罗斯的格洛纳斯系统（Global Navigation Satellite System，GLONASS）和欧洲的伽利略卫星导航系统（Galileo Satellite Navigation System，Galileo）。

1. GPS 系统

GPS 是由美国政府建立和维护的卫星导航系统，由图 1-1 所示的三个独立部分组成：空间星座部分、地面监控部分和用户设备部分。整个 GPS 系统的工作原理可以简单描述如下：首先，空间星座部分的各颗 GPS 卫星向地面发射信号；然后，地面监控部分通过接收、测量各颗卫星的信号，进而确定卫星的运行轨道，并将卫星的运行轨道信息发射给卫星，让卫星在其发射的信号上转播这些卫星运行轨道信息;最后,用户设备部分通过接收、测量各颗可见卫星的信号,并从信号中获取卫星的运行轨道信息,进而确定用户接收机自身的空间位置。

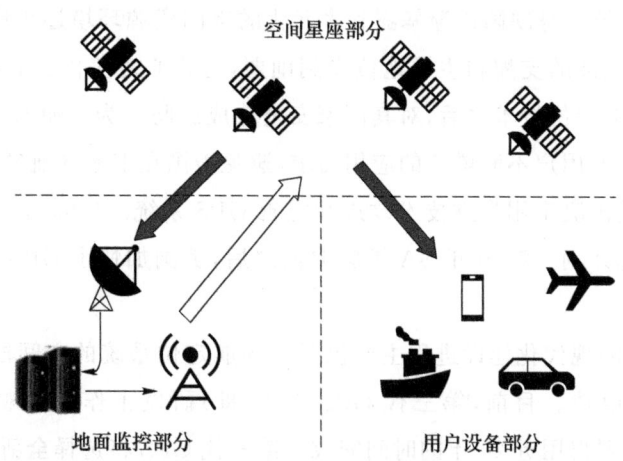

图 1-1　GPS 的三个组成部分

GPS 对不同等级的用户提供了两种不同的定位服务方式:标准定位服务(SPS)和精密定位服务(PPS)。这两种定位服务之间的最大区别在于调制 GPS 无线电载波信号的测距码不同:标准定位服务采用 C/A 码(又称粗码);精密定位服务采用 P 码(也称精码)。除此之外,标准定位服务只提供在一个载波频率上,主要面向民用;精密定位服务提供在两个载波频率上,主要服务对象是美国军方和经美国政府批准的特许用户。

GPS 系统以其高精度、全天候、高效率、多功能等特点得到了广泛的应用,并且新的应用领域还在不断扩展,呈现出极其广阔的应用前景。然而,GPS 在很多方面也都存在固有缺陷,主要表现在:

① 卫星导航信号的强度微弱,容易受到多径、噪声、干扰等因素的影响,难以穿透城市建筑遮挡,无法满足日益旺盛的室内定位导航需求。

② 信号公开,容易受到干扰,调制于 L1 载波上的 C/A 码和 P 码都位于 L1 的中心频段,容易受到人为干扰(GPS 波段为:L1 波段,1.575 42 GHz;L2 波段,1.227 60 GHz;L3 波段,1.381 05 GHz;L4 波段,1.841 40 GHz)。此外由于 P 码信号不对民用用户开放,使得民用用户难以同时获得 L1 和 L2 两个频点上的 P 码伪距,无法实现 GPS 双频观测的电离层误差校正,限制了 GPS 单点定位精度的提高。

③ GPS 的卫星导航电文必须每天更新一次,地面监控系统担负着编算和注入

导航电文的重要任务,一旦地面监控系统受到破坏或受到信息安全攻击,则很难保证系统导航服务的可靠性。

在 GPS 系统自身缺陷逐渐暴露和多元化的空间资源环境逐步形成的情况下,美国担心其在欧洲的支配和主导地位受到削弱,也担心对美国具有潜在威胁的国家拥有卫星导航定位技术之后,对其国家安全造成威胁。为了使 GPS 更好地满足军事、民间和商业用户不断增长的应用需求,避免美国在卫星导航领域内的垄断地位受到挑战,美国决定用先进技术改进和完善 GPS 系统。1999 年,美国开始提出了 GPS 现代化计划。2000 年 SA 措施取消之后,美国加快了 GPS 系统的现代化建设进程。

GPS 系统的现代化建设进程主要包括对导航定位系统的空间段、地面段和用户段的升级与改造。目前,第三代 GPS(GPS-Ⅲ)研发工作正在顺利进行,整个 GPS-Ⅲ 星座计划将用近 20 年的时间完成。第三代 GPS 将选择全新的优化设计方案,放弃 6 轨道 24 颗卫星星座的布局和结构,计划用 33 颗 GPS-Ⅲ 卫星构建成高椭圆轨道(HEO)和地球静止轨道(GEO)相结合的新型 GPS 混合星座。此外,在 GPS 第一导航定位信号上增设一个新的伪噪声码 L1C 码,将为其他民用信号(L1C、L2C 和 L5)以及新的 M 码信号的生成提供便利,从而使导航信息更具完整性,且精度和有效性得到提高。

2. BDS 系统

"北斗"系统是由我国自主研发、独立运行、稳定可靠的全球卫星导航系统,是我国重要基础设施之一。

1994 年,"北斗一号"系统建设正式启动。2000 年,"北斗一号"系统建成并投入使用。"北斗一号"系统的建成,迈出了探索性的第一步,初步满足了中国及周边区域的定位、导航、授时需求。在卫星导航的过程中,用户需要发射信号才可获取位置信息,这个过程依赖卫星转发器,有时间延迟问题,且有限的容量满足不了高动态的需求。"北斗一号"针对这一问题巧妙设计了双向短报文通信功能,这种通信与导航一体化的设计是"北斗"的独创。"北斗一号"的建成,使中国卫星导航系统实现了从无到有的跨越,中国成为继美国、俄罗斯之后第三个拥有卫星导航系统的国家。

2004 年,"北斗二号"系统建设启动。"北斗二号"创新构建了中高轨混合星座架构,到 2012 年,完成了 14 颗卫星组网。"北斗二号"系统在兼容"北斗一号"有源定位体制的基础上,增加了无源定位体制(用户不用发射信号,仅靠接收信号就能定位),解决了用户容量限制问题,满足了高动态需求。"北斗二号"系统不仅可以为中国用户,还可为亚太地区用户,提供定位、测速、授时和短报文通信服务。

2009 年,"北斗三号"系统建设启动。到 2020 年,全面建成"北斗三号"系统。"北斗三号"系统继承了有源定位和无源定位两种技术体制,通过"星间链路"(卫星与卫星之间的连接"对话"),解决了全球组网需要全球布站的问题。"北斗三号"在"北斗二号"的基础上,进一步提升性能、扩展功能,为全球用户提供定位导航授时、全球短报文通信和国际搜救等服务;同时在中国及周边地区提供星基增强、地基增强、精密单点定位和区域短报文通信服务。

"北斗"系统由空间段、运控段和用户段三个部分组成:北斗三号空间段由 30 颗卫星组成,其中包括 3 颗地球静止轨道(GEO)卫星、3 颗倾斜地球同步轨道(GSO)卫星和 24 颗中圆地球轨道(MEO)卫星;运控段包括主控站、注入站、监测站等 30 余个地面站;用户段包括北斗终端、与其他导航系统兼容的终端,以及相关的应用服务系统。

新一代卫星导航信号设计面临的基本问题是:在带宽和功率同时受限的条件下提升信号的测距精度并实现服务的多样性。因此,如何解决在兼容与互操作的约束下带宽与精度、发射功率与信号数量之间的矛盾就成为北斗三号卫星导航信号设计的关键。鉴于导航信号在导航系统中的重要性,我国对 BDS 系统的信号设计给予了高度重视,联合了国内的优势力量开展了关键技术攻关。经过多年的深入研究,我们对卫星导航信号的本质和发展规律有了一个全新的认识,以服务用户的性能提升、平稳过渡、功能综合为目标,创新性提出了新型三频的导航信号体制(图 1-2)。

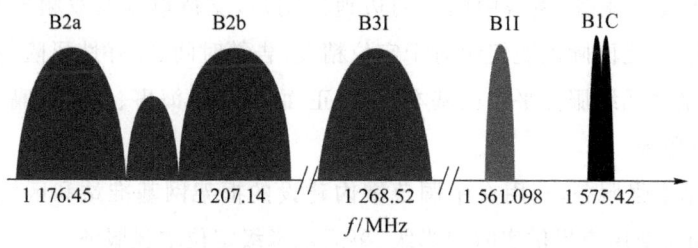

图 1-2 北斗三号系统导航信号示意图

北斗三号系统在播发新型全球导航信号的同时,播发了北斗二号系统 B1I、B3I 等平稳过渡信号,保证了北斗二号系统用户终端的继续使用。在北斗导航卫星系统 B1 信号频点和 B2 信号频点上,分别设计了正交复用二进制偏移载波(QMBOC)、非对称恒包络二进制偏移载波(ACE-BOC)调制方式,在实现与其他全球卫星导航系统导航信号兼容互操作性的同时,保证了系统的自主可控。系统设计采用了多载波信号恒包络复合技术,具有信号频域稀疏、时域恒包络等特点,有效地利用无线电射频信号非连续频谱资源,提高了导航信号的测距精度和抗干扰能力,实现了用户多样接收。

目前,北斗系统提供导航定位和通信数传两大类、七种服务,包括:面向全球范围,提供定位导航授时、全球短报文通信(GSMC)和国际搜救(SAR)三种服务;在中国及周边地区,提供星基增强(SBAS)、地基增强(GAS)、精密单点定位(PPP)和区域短报文通信(RSMC)四种服务。

① 定位导航授时服务,全球范围实测定位精度水平方向优于 2.5 m,垂直方向优于 5.0 m;测速精度优于 0.2 m/s,授时精度优于 20 ns。系统连续性提升至 99.996%,可用性提升至 99%。

② 全球短报文服务,通过 14 颗 MEO 卫星,可为全球用户提供试用服务,最大单次报文长度 560 bit,约 40 个汉字。

③ 国际搜救服务,6 颗 MEO 卫星及其搜救载荷在轨测试已经完成。在符合国际标准的基础上,提供北斗特色 B2b 返向链路确认功能,为全球用户提供遇险报警服务。

④ 区域短报文服务,目前北斗三号区域短报文服务为中国及周边地区用户提供服务,最大单次报文长度 14 000 bit,约 1 000 个汉字。

⑤ 精密单点定位服务,目前已通过 3 颗 GEO 卫星播发精密单点定位信号,提供精密单点定位服务。定位精度实测值水平优于 20 cm,高程优于 35 cm,收敛时间 15~20 min。

⑥ 星基增强服务,覆盖中国及周边地区用户,支持单频及双频多星座两种增强服务模式,满足国际民航组织对于定位精度、告警时间、完好性风险等指标要求。目前,星基增强系统服务平台已基本建成,正面向民航、海事、铁路等高完好性用户提供试运行服务。

⑦ 地基增强服务,利用在中国范围内建设的框架网基准站和区域网基准站,面向行业和大众用户提供实时厘米级、事后毫米级定位增强服务。

北斗系统是我国新型基础设施建设的重要组成部分,既赋能通信、导航、遥感技术一体化融合,也为未来其他新型基础设施提供战略性基础性时空数据支撑。国家计划在 2035 年前,建成更加泛在、更加融合、更加智能的国家综合定位导航授时(PNT)体系,PNT 体系即定位(Positioning)、导航(Navigation)、授时(Timing)体系组成的时空体系。在下一代综合 PNT 体系发展方面,将采用标准化解决方案综合利用多种手段,以满足用户最大共性需求。进一步提升卫星导航能力,实现分米级高精度定位能力以及全球完好性服务;利用通信系统资源实现新质 PNT 能力,通过相互赋能,实现通信可达区域即可导航;发展微自主 PNT 技术,实现自主获取导航定位授时信息,为全球用户提供基准统一、覆盖无缝、安全可靠、便捷高效的 PNT 服务,为未来智能化发展提供核心支撑。

3. GLONASS 系统

GLONASS 系统由原苏联于 1976 年开始独立研制和控制,是继 GPS 之后的第二个全球卫星导航系统。整个系统于 1995 年建成并投入运行,苏联解体后,GLONASS 系统便被废弃。从 2001 年 8 月起,俄罗斯便开始计划恢复并进行 GLONASS 系统现代化建设工作。该系统于 2007 年开始重新运营,当时只开放俄罗斯境内卫星定位及导航服务。至 2009 年,其服务范围已经拓展到全球。该系统主要服务内容包括确定海陆空的坐标及运动速度信息等。

与 GPS 的定位原理相似,GLONASS 也由空间段、控制段及用户段三个部分构成。与 GPS 通过不同的伪随机码来区分卫星的码分多址(Code Division Multiple Access,CDMA)调制方式不同,早期的 GLONASS 卫星采用频分多址(Frequency Division Multiple Access,FDMA)调制方式。其实,在 GNSS 信号中,GPS、BDS 或者 Galileo 卫星导航系统等使用 CDMA 调制的方式来传输信号,是指一个系统一个频段的信号利用一个固定的射频频率来传输所有卫星发射的信号,同时利用不同的扩频码来区分不同卫星的信号。GLONASS 使用 FDMA 调制的方式来传输信号,是指 GLONASS 利用不同射频频率来传输不同卫星的信号,同时该组频段的所有卫星信号共用一组相同的扩频码。

GLONASS 卫星的轨道倾角(64.8°)比 GPS 卫星的轨道倾角(55°)大,因此 GLONASS 系统的卫星在高纬度地区拥有比 GPS 更好的覆盖率。此外 GLONASS 系统使用 FDMA 调制,可以拥有比 CDMA 信号更强的抗干扰性能。因为 GLONASS 所有卫星使用同一组扩频码,因此 GLONASS 不同卫星之间没有扩频码的互相关干扰噪声,理论上 GLONASS 拥有更强的大小星捕获跟踪性能,即当接收机跟踪到的 GLONASS 卫星中存在很高载噪比的卫星时,GLONASS 能捕获到的弱信号卫星载噪比的下限比 GPS 更低,此时 GLONASS 对弱信号卫星捕获的灵敏度高于 GPS 的系统星座,但接收机射频前端的设计复杂度增加,同时增加了接收机的硬件制作成本此外,GLONASS 每颗卫星调制的射频频率不同,导致每颗卫星经过电离层传输后的电离层延时有所差异,增加了 PPP 或 RTK 算法的复杂度。为了实现与其他 GNSS 互操作,俄罗斯从 2011 年 2 月开始相继发射在 L3 频段上增加了 CDMA 信号的 GLONASS 系列卫星。

俄罗斯计划 2025 年前完成星座的全面更新升级,2030 年将全面建成由新型卫星组成的空间星座。此举将进一步改善服务性能,延长卫星寿命,降低系统维护成本,同时,GLONASS 系统通过增加码分多址信号,可增强与其他卫星导航系统的兼容性与互操作性,有利于 GLONASS 系统融入全球卫星导航体系,同时有益于 GLONASS 系统空间星座卫星数量的扩展。

4. GALILEO 系统

1999 年欧盟公布了关于 Galileo 卫星导航定位系统的研发计划,希望通过该系统的建立打破以往美国 GPS 系统的垄断局面。2006 年 Galileo 系统正式运营。

Galileo 与其他 3 个 GNSS 一样,是由空间段、地面段和用户段组成,其定位原理也是利用导航卫星发送的导航信息,接收机接收 4 个以上导航卫星的信号来实现定位的。

与其他 3 个 GNSS 相比,Galileo 具有以下特点:①Galileo 系统是世界上第一个基于民用的全球导航卫星定位系统;②Galileo 的导航卫星采用了许多新技术,例如精度非常高的星载原子钟、数字信号处理技术及长寿命卫星,地面监控站密布全球,这些有利条件使得 Galileo 的导航信号精度更高,可以为用户提供更为优良的导航定位服务;③Galileo 的导航信号采用了二进制偏移载波(BOC)调制,更容易与其他卫星导航系统实现兼容与互操作,这等于直接增加了导航卫星的数量,可以在高楼林立的城市、山区峡谷及森林场景等不理想的环境场合,提高定位结果的精度;④Galileo 的所有卫星,都在两个频段即 L1/E1 和 L5/E5 上发送民用信号,这样用户就可以采用双频接收机来接收 Galileo 的导航信号,从而减小电离层对测量结果的影响。

虽然建成后的伽利略系统所提供的信息还是位置、速度和时间,但是 Galileo 提供的服务种类远比 GPS 多,GPS 仅有标准定位服务(SPS)和精密定位服务(PPS)2 种,而 Galileo 则提供 5 种服务:①公开服务,与 GPS 的 SPS 相类似,免费提供;②生命安全服务;③商业服务;④公共特许服务;⑤搜救服务。以上所述的前 4 种是 Galileo 的核心服务,最后 1 种则是支持搜救卫星服务。由于生命安全服务实际运作有难度,近些年来已经不太提及。即使这样,Galileo 服务还是种类较多且独具特色,它能提供完好性广播、服务保证,以及民用控制和局域增强。Galileo 提供的公共服务定位精度通常为 15～20 m(单频)和 5～10 m(双频)2 种精度等级。

公共特许服务有局域增强时能达到 1 m,商用服务有局域增强时为 10 cm~1 m。

为了给全球用户提供更满意的服务,近年来 Galileo 进行了一系列现代化工作。新一代伽利略卫星将会提高 Galileo 系统的信号准确度,同时也会为发展轨道上的升级和信号重组奠定基础,在未来的卫星导航产业中将具有更大的发展空间。

1.2.2 移动通信网定位技术

移动通信网络作为当前应用最为广泛的广域通信网络之一,在城市、乡村、道路等区域实现了广域覆盖,依托该网络进行通信导航融合,实现高精度定位避免了大规模定位专用网络的建设,极大降低网络建设成本。

1. 1G 网络定位技术

1G 网络采用模拟通信的技术,不同的地区采用多种蜂窝标准,比如:北欧移动电话、先进移动电话系统或全接入通信系统。1G 网络时代通常采用基于信号强度的方式进行定位得到位置信息,进而提升小区站点选择、语音信道分配等功能的性能。1G 网络在智能车辆公路系统展开应用,还支持基于专有定位解决方案的紧急服务,TruePosition 公司使用高级移动电话系统(Advanced Mobile Phone System, AMPS)信号进行的上行链路到达时间差(Uplink Time Difference of Arrival, UTDOA)定位,定位精度约 180 m;Grayson 公司使用 AMPS 信号进行的到达时间差(Time Difference of Arrival, TDOA)和 AOA 联合定位,实现三边与三角的融合定位,使平均定位精度提高到 108 m。

2. 2G 网络定位技术

在早期 2G 时代,标准中没有定位机制,全球移动通信系统(Global System for Mobile Communications, GSM)的定位能力仅限于使用训练或同步信号来进行测距。IS-95A 标准中提出了基于时间的定位方法,此方法中基站间同步通常是由全球定位系统实现的,标准中没有相应的机制。

1996 年,美国联邦通信委员会(Federal Communications Commission, FCC)颁布了 E911 法案,要求电信运行商必须为用户提供应急呼叫时的定位服务,推动了移动通信网将通信与导航的融合,促进了时分多址和码分多址系统定位的发展。

1999 年,欧洲电信标准化协会(European Telecommunications Standards Institute, ETSI)与美国标准化组织 TIPI 之间达成了 GSM 和通用移动通信系统(Universal Mobile Telecommunications System, UMTS)中位置服务功能描述的

规范。GSM 中指定的定位方案为小区 ID+TA、上行链路到达时间差、增强观测时差(Enhanced Observed Time Difference,E-OTD)和辅助全球定位系统(Assisted Global Positioning System,A-GPS)。Milos N. Borenovic 等人提出了一种增强的小区 ID+TA 的定位方法,在城市环境中,最小定位精度达到 60m。Mardeni R. 等人提出一种基于上行链路到达时间差的定位方法,在双曲线定位中使用自适应线增强器(adaptive line enhancer,ALE)进行预滤波互相关来提高 TDOA 估计的精度,以减少移动台定位中的不确定性,定位精度达 120 m。Soontorn Chantanetra 等人提出了一种使用 E-OTD 的定位方法,在城市中,定位精度大于 100 m;空旷的郊区定位精度为 50~100 m。而另一项常用的 2G 网络 IS-95 中则使用了一种在原理上与 E-OTD 类似的技术进行终端定位,并命名为高级前向链路三角定位(Advanced Forward Link Trilateration,AFLT),在定位精度上也与 E-OTD 相近,仅能提供几十米至上百米的定位精度。

3. 3G 网络定位技术

1999 年,国际电信联盟(International Telecommunication Union,ITU)确定了国际移动通信 2000(IMT-2000)框架的规范,以定义 3G 蜂窝网络的国际标准。在 3GPP TS_25.305 中定义的定位方法有小区 ID 定位、具有网络可配置的下行链路空闲周期(Idle Periods in DownLink,IPDL)的观测时差定位和 A-GPS 定位,其中 OTDOA 测量通常使用通用移动通信系统(Universal Mobile Telecommunications System,UMTS)公共导频信道(Common Pilot Channel,CPICH)执行,Domenico Porcino 在 3GPP 的频分双工模式下,提出了一种基于 OTDOA-IPDL 的定位算法,并通过估计飞行时间和求解联立双曲方程组对解算过程进行优化,经过模拟,该方法在城市环境中由于受到多路径的限制,定位精度只有 60~115 m,在广阔的郊区,定位精度可达 20 m;在 3GPP TS_22.071 中,通过支持 GSM/EDGE 无线通信网络和 UMTS 的陆地无线接入网水平定位精度可以达到 25~200 m。

2001 年,3GPP2 产生了 C.S0022-0 标准作为 IS-801 的延续,以确定 CDMA 系统中定位服务的信令。该标准中规定的定位技术为先进的前向链路三边测量和 A-GPS,定位精度为几十米量级。

综合上述方法可以发现,早期移动通信网络的通信导航融合中定位功能的实现主要依赖于通信过程中本身所需要的导频或者控制信号,定位精度往往比较低。

4. 4G 网络定位技术

2008 年,长期演进技术(Long Term Evolution,LTE)定位服务对紧急呼叫服务受到严格监管的地区提供定位协议和下行链路地面定位方法，使得 A-GNSS 定位技术在恶劣情况下得到补充。Kevin McDermott 等人针对 4G LTE 网络，提出了一种利用上行链路到达时间差进行多用户协同定位的方法，定位精度达到几十米量级。此外，LTE 网络定义了专用的定位参考信号（Positioning Reference Signal，PRS）。该信号是一组经过正交相移键控（Quadrature Phase Shift Keying，QPSK）调制的 Gold 伪随机序列，资源映射过程中 PRS 信号所映射到的资源单元根据梳状结构排列，并不占用全部带宽。如图 1-3 所示，经正交频分复用（Orthogonal Frequency Division Multiplexing，OFDM）调制后由基站播发，终端可在本地产生相同的序列并进行相关运算，根据相关峰的位置确定信号的到达时刻。

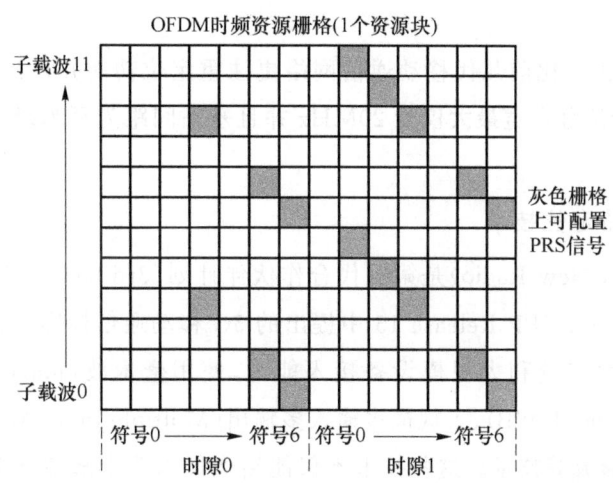

图 1-3　LTE 网络中 1 个资源块内可映射 PRS 信号的资源单元

终端接收邻近的多个基站播发的 PRS 信号并记录其到达时刻，计算 TDOA 后就可以通过三边定位确定终端位置，该方法在标准中同样被称为 OTDOA 方法。专用的定位信号显著提高了该定位过程的灵活性和到达时刻测量的准确性，定位精度可优于 50 m，但仍然在几十米的量级。此外，LTE 网络明确了 Cell-ID 方法与 Cell-ID 和 RTT 的融合定位方法的区分，并将 Cell-ID 和 RTT 的融合方法称为增强小区标识（Enhanced Cell-ID，E-CID）。与 UMTS 网络不同的是，LTE 网络中还增加了上行到达时间差（Uplink TDOA，UTDOA）方法，基站可以接收终端播发的上行探测参考信号（Sounding Reference Signal）并计算信号到达不同基站的时间差进行定位。但由于 SRS 信号服从终端上行信号的功率分配，其功率并不能保障距离较远的基站接收，因此存在可听性问题，定位精度较低。

相比于前几代移动通信网络，4G 网络具有更高数据速率，为了满足高数据速率的需求,3GPP 在 Release 10 中发布了高级长期演进技术(LTE-Advanced,LTE-A)的标准。该标准定义了由宏小区和小小区组成的异构网络,还引入了载波聚合(Carrier Aggregation,CA)、协调多点(Coordinated Multipoint,COMP)和多输入多输出(Multiple-Input Multiple-Output,MIMO)传输等多种新特性。Tianzhu Qin 等人在 MIMO-OFDM 系统中提出了一种新的直接位置确定(Direct Position Determination,DPD)方法,通过构造和分解扩展协方差矩阵,从所有接收机中获取扩展噪声子空间,再将扩展噪声子空间数据进行融合直接估计目标位置,在保证米级定位精度的同时降低计算复杂度。可见,4G 网络中 MIMO 等新技术的引进不仅进一步提高了定位精度,而且提升了频谱效率、复杂度等定位系统性能。

LTE 网络虽然比前几代移动通信网络更注重定位功能并设计了专用的定位信号,但是由于信号带宽最大仅为 20MHz 并且基站间距为百米级,因此定位精度仍然较低。

5. 5G 网络定位技术

5G NR(5G New Radio)是第三代合作伙伴计划(3rd Generation Partnership Project,3GPP)在 3GPP Release 15 中提出的 5G 移动通信标准。5G 网络提供高速率、低延迟、大容量和大规模设备接入能力,使用毫米波(mmWaves)、超宽带(Ultra-Wide Band,UWB)、大规模多输入多输出(Multiple Input Multiple Output,MIMO)、波束形成等技术。这些技术不仅能给通信系统带来性能上的提升,而且为使用 5G 网络进行高精度定位提供了可能。

5G 在保留了增强小区 ID 方法的基础上,将 OTDOA 方法演进为下行到达时间差(Downlink TDOA,DL-TDOA),将 UTDOA 方法演进为 UL-TDOA,并增加了多往返测距(Multi-RTT)方法、下行离去角度(Downlink AOD,DL-AOD)方法和上行到达角度(Uplink AOA,UL-AOA)方法,极大地丰富了移动通信网络支持的定位方法种类。

下行到达时间差。定位的过程中,相邻的多个基站分别播发使用不同序列 PRS 信号,车载终端依照与基站相同的序列生成本地的 PRS 信号,与接收到的 PRS 信号进行互相关运算,依据相关峰的位置确定信号的到达时刻,不同基站 PRS 信号到达终端的时刻的差值就是 TDOA 测量结果,每个 TDOA 测量结果在二维平面上代表一条单曲线,根据测量结果可实现对终端位置的估计,如图 1-4 所示。

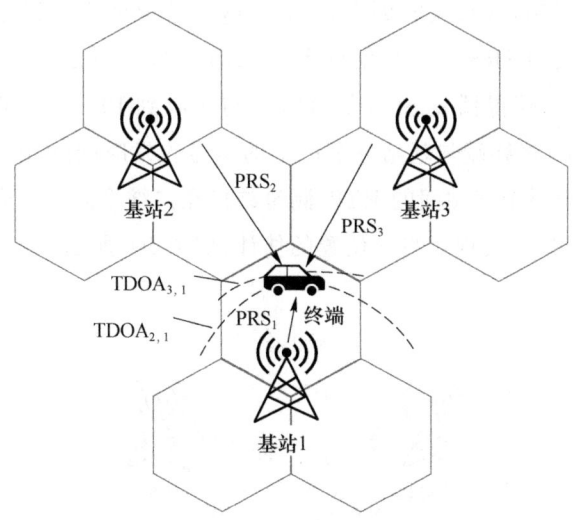

图 1-4　DL-TDOA 定位方法示意图

在对下行的 PRS 信号进行增强的同时，5G 网络还对上行的探测参考信号 (Sounding Reference Signal，SRS) 进行了改进，增加了专用于定位的配置方式，提高了 SRS 信号的可听性，使其更适用于终端定位。相比之下，4G 网络的 SRS 信号主要用于上行信道的测量，SRS 信号播发功率较低，仅能保障终端当前接入基站能够对 SRS 进行测量，不足以支撑三边定位。5G 网络 SRS 信号可听性的提高使得车载终端可与周边基站进行信号往返时间 (Round-Trip Time，RTT) 测量，如图 1-5 所示。

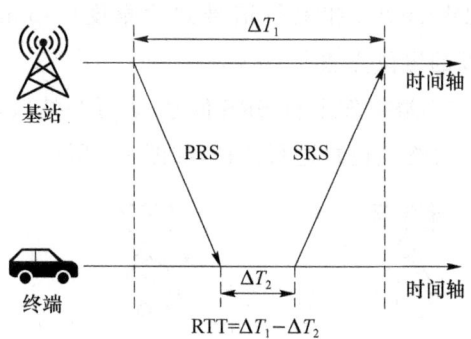

图 1-5　RTT 测量流程示意图

终端与多个基站进行 RTT 测量后可进行三边定位，这一定位方法名为多往返测距 (Multi Round-Trip Time，Multi-RTT)。定位过程中，与终端相邻的多个基站播发下行 PRS 信号，终端接收后记录信号到达时刻，再播发上行 SRS 信号，并记录

SRS 信号的播发时刻,基站接收到上行 SRS 信号后记录信号到达时刻。由此,基站处可以获得接收到 SRS 信号时刻与播发 PRS 信号时刻之间的时间差即信号往返时间,终端处可以获得播发 SRS 信号时刻与接收到 PRS 信号时刻之间的时间差。如图 1-6 所示,将终端与基站分别记录的信号收发时间差相减就可获得 RTT 测量结果。终端与每个基站间的 RTT 测量结果在二维平面中对应一条圆形弧线,多个 RTT 测量结果可实现对终端位置的估计,如图 1-6 所示。

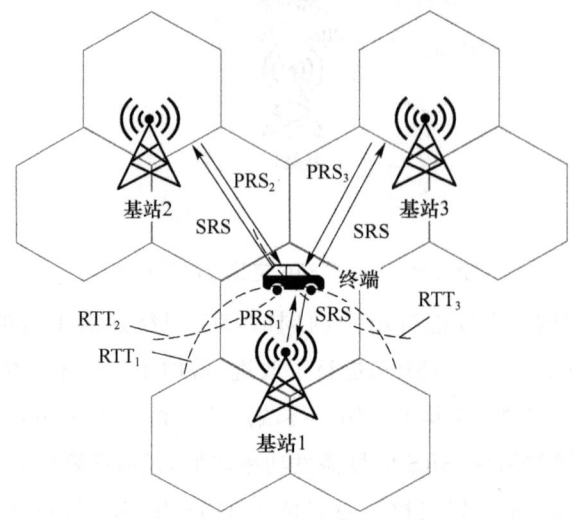

图 1-6 Multi-RTT 定位方法示意图

大规模多入多出天线阵列使得 5G 网络可支持下行信号离去角度(Downlink Angle of Departure,DL-AOD)和上行信号到达角度(Uplink Angle of Arrival,UL-AOA)等基于角度的定位方法。

UL-AOA 方法中,终端播发上行 SRS 信号,邻近基站依靠天线阵列测量 SRS 信号的到达角度,即可对终端位置进行估计,如图 1-7 所示。

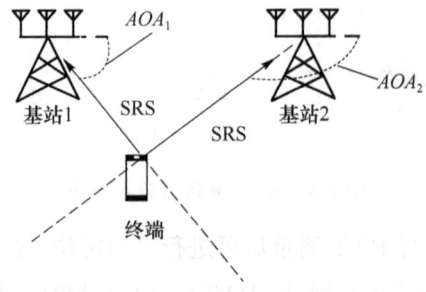

图 1-7 UL-AOA 定位方法示意图

DL-AOD 方法则将下行信号离去的波束方向作为终端与基站间的角度用于三角定位,基站先进行波束扫描,终端接收不同波束的下行信号并记录信号接收功率,使用信号接收功率最高的下行波束的方向作为 AOD 测量结果。波束的宽度影响了测量精度,而基站波束宽度一般较大(水平方向近十度,垂直方向更可达到数十度),导致 AOD 测量精度通常较低。

本书作者团队在科技部"羲和计划"支持下形成的 TC-OFDM 定位信号体制基础上,在国家重点研发计划"室内北斗混合智能定位与室内 GIS 技术研究及示范应用"项目的支持下提出了隐嵌信噪定位技术,极大地提升了移动通信网定位能力,形成了 5G 共频带 PRS 信号,并在天津建成了基于 5G 网络的室内外无缝定位示范系统,该成果被纳入国际 5G 高精度定位标准。相比 4G 网络,5G 网络的 PRS 信号得到了如下增强:

① 5G 网络中映射 PRS 信号的资源单元的间隔可小至 2 个子载波,而 4G 网络中 PRS 信号仅支持资源单元频率间隔为 6 个子载波的梳状结构,使得 5G PRS 信号在相同带宽下占用的频谱资源能达到 4G PRS 信号的 3 倍,5G PRS 的抗干扰能力显著提高。

② 在时间资源方面,5G PRS 信号可以占用连续的 12 个符号,而 4G PRS 信号在一个子帧内(共 14 个符号)仅能映射在 7 个符号上,5G 极大地增长了 PRS 信号的序列长度,如图 1-8 所示,提高了抗噪声能力,还延长了信号播发时间,为信号的跟踪打下了基础。

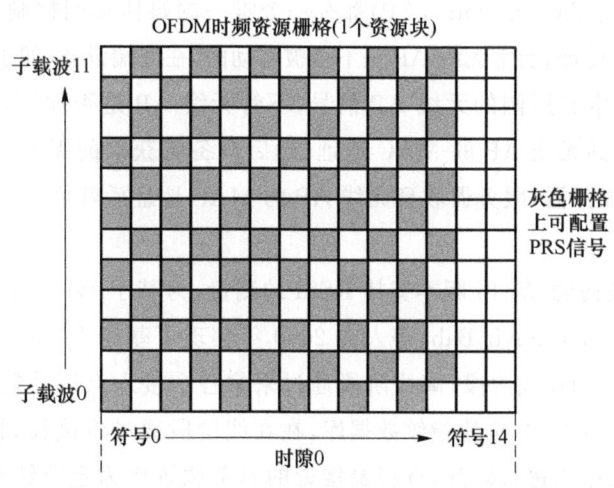

图 1-8　5G 网络中 1 个资源块内可映射 PRS 信号的资源单元

③ 5G PRS 信号还缩短了循环间隔,可支持 PRS 信号的循环连续播发,而 4G

网络的 PRS 信号相邻周期需间隔至少 4 个子帧。

④ 5G PRS 信号增加了对功率的配置功能，而 4G PRS 信号仅能以与通信信号相同的功率进行播发。5G 可支持 PRS 信号以极低功率隐嵌在通信信号的背景噪声下，实现通信和定位信号的同频共载，在不影响通信能力的情况下可进行定位信号的连续播发。

隐嵌信噪定位技术将定位信号以极低功率隐嵌在通信信号的背景噪声下，实现通信和定位信号的同频共载与共时复用，在不影响通信能力的情况下可实现定位信号的长时间连续广播，能够支持终端对信号的连续跟踪与高精度 TDOA 测量，使得 5G 网络 DL-TDOA 定位精度得到极大提高。邓中亮教授团队基于 5G 网络隐嵌式的共频带 PRS 信号实现了优于 0.1 m 的高精度定位，而国际上其他 5G 定位方法精度仅为亚米级。

移动通信网定位精度在 5G 时代实现了跨越式提升，能够实现厘米级的室内定位精度，已经成为解决室内定位问题的核心方案之一，并为泛在高精度时空信息服务提供有效支撑。

1.2.3　Wi-Fi 定位

Wi-Fi 是一种基于 IEEE 802.11 标准的无线通信技术，Wi-Fi 定位技术是由 Wi-Fi 联盟（Wi-Fi Alliance）进行认证的无线定位技术。Wi-Fi 定位技术的原理：每一个无线接入点（Access Point，AP）都有一个唯一的媒体访问控制（Media Access Control，MAC）地址，通常无线 AP 是不会被移动的，在终端设备（如手机）开启 Wi-Fi 功能后，可以搜索到周围的无线 AP 信号，不管无线 AP 是否加密，是否连接上设备，都可以获取到无线 AP 的 MAC 地址，然后设备将获取的无线 AP 的 MAC 地址发送到位置服务器，服务器收到无线 AP 的 MAC 地址后就可以计算或推算设备的位置。

1999 年，最初的 Wi-Fi 版本支持 RSSI 的测量，为基于 Wi-Fi 的定位奠定了基础。微软公司的 Paramvir Bahl 等人在 2000 年实现了基于 Wi-Fi 的指纹定位，定位过程分为离线和在线阶段，离线阶段通过采集各个接入点信号到达参考位置处的 RSSI 作为无线指纹，构建指纹数据库，在在线阶段通过将接收到的各个接入点的 RSSI 值与数据库进行匹配，选择最接近的参考位置作为定位结果，定位精度可以达到米级。IEEE 802.11a 和之后的多数版本的 Wi-Fi 技术都采用了正交频分复用调制（Orthogonal Frequency Division Multiplexing，OFDM）技术，可提供信道状态信息(Channel State Information,CSI)。相比RSSI,CSI具有更高的维度。但是,RSSI和CSI均会随时间动态变化,导致指纹数据库失效,定位精度随时间推移而下降。

2009年发布的IEEE 802.11n(Wi-Fi 4)标准加入了对天线阵列多入多出(Multiple Input Multiple Output,MIMO)技术的支持,进一步增强了Wi-Fi的定位能力。

IEEE 802.11—2016标准引入了精密时间测量协议(Fine Time Measurement,FTM),支持信号往返时间(Round Trip Time,RTT)的测量,使Wi-Fi具备了计算信号飞行时间(Time of Flight,TOF)的能力,更加增强了Wi-Fi技术的定位能力,降低了对指纹定位技术的依赖。

Wi-Fi定位技术的局限性在于Wi-Fi标准面向无线局域网设计,信号覆盖范围为十米级,且不具有类似蓝牙信标(Bluetooth Beacon)的小型化节点,导致进行大范围覆盖需要极高的建设成本。

1.2.4 蓝牙定位

蓝牙技术是一种常用的短距离无线技术标准,最初为通信功能创立,工作于非授权ISM(Industrial Scientific Medical)频段,主要用于无线个域网(Wireless Personal Area Network,WPAN),蓝牙定位技术由蓝牙技术联盟(Bluetooth Special Interest Group,Bluetooth SIG)进行认证和标准化。蓝牙定位分为网络侧定位和终端侧定位两种。网络侧定位由Beacon、智能终端、蓝牙网关、服务器(定位引擎、数据库)等组成。当智能终端进入Beacon信号覆盖范围内,对接收到的RSSI值通过蓝牙网关上传到服务器,定位引擎对其进行处理,在管理后台可以进行管理并查看定位结果。终端侧定位由Beacon、移动终端、服务器(定位引擎、数据库)等组成。移动终端进入基站覆盖范围后,测出其接收到的RSSI(信号强度)值通过内置定位算法测出具体位置,通过地图引擎进行展示、导航等操作。

2002年发布的蓝牙1.1支持RSSI测量,测距精度能达到15~20 m。但这一阶段的蓝牙技术功耗较高,难以支撑长时间的信号收发,实际应用能力较差。

2010年,蓝牙4.0版本低功耗蓝牙(Bluetooth Low Energy,BLE)协议推出,极大地降低了蓝牙设备的功耗,增加了续航时间。苹果公司在2013年推出了iBeacon方案,即一套基于低功耗蓝牙模块的室内定位系统,显著降低了蓝牙定位网络的部署成本。iBeacon方案依靠蓝牙基站进行拓扑,不停地广播蓝牙信号,随着广播距离的增加,信号不断衰减,用户接收到信号后可以通过信号衰减模型计算距离,在阶段部署密度较高的情况下,定位精度最高能达到米级。

2019年蓝牙5.0标准提高了蓝牙信号的传播速率和传播范围,广播通信容量也从31字节升级为255字节,有效提升了室内定位的精确度。此外,蓝牙5.1标准中还加入了对信号到达角(Angle of Arrive,AOA)和信号离去角(Angle of Departure,AOD)的支持,AOA和AOD不需要基站和定位节点的时钟同步,只需要两个基站进行二维定位。

蓝牙定位存在三方面问题:

① BLE信号带宽仅为2 MHz,室内多径干扰严重,定位精度的进一步提高较为困难;

② 蓝牙技术面向无线个域网(Wireless Personal Area Network,WPAN)设计,Beacon节点覆盖范围一般仅为十米左右,如需大范围无缝定位服务,则需要部署海量节点,成本较高;

③ 在实时性较高的应用场所,蓝牙定位还存在刷新率较低的不足。

1.2.5 UWB定位

超宽带(Ultra Wide Band,UWB)技术是一种短距离、低功耗、大带宽的无线技术,UWB定位技术通过发送和接收具有纳秒或微秒级以下的极窄脉冲来进行测距,进而获取位置信息。

2007年,IEEE 802.15.4a标准发布,UWB网络被设计用于测量实时精确位置信息。其中的测距协议可以根据网络结构分为同步和异步,这取决于它是否需要参考节点之间的全局同步。在同步网络中,基于到达时差(Time Difference of Arrival,TDOA)的单向测距(One-Way Ranging,OWR)方法可以在非常低的网络流量下实现精确定位。然而,由于全球同步的需要,该方法在商业定位系统的广泛部署中失败了。因此,基于飞行时间(Time of Flight,TOF)的双向测距(Two-Way Ranging,TWR)方法应运而生,它可以在异步定位网络上轻松实现。

2015年,IEEE 802.15.4—2015标准中增加了一些物理层和MAC层功能。例如,在MAC层中结合TOF测量的一种改进方案是在设备之间使用单边双测距(Single-sided Two-way Ranging,SS-TWR),这种方案设备只需要交换两条信息,简化了TOF估计值的计算。

2018年,UWB联盟成立,致力于全球推广和普及UWB。2019年9月,苹果公司发布了支持 UWB 的手机产品 iPhone 11,可快速对周围苹果设备进行自适应感知定位,这是 UWB 定位技术首次应用在智能手机上,展现出了广阔的应用前景。

UWB 定位技术的局限性如下:①与蓝牙、Wi-Fi 等技术相同,信号覆盖范围较小,大规模覆盖需要极高的网络建设成本;②现有终端对 UWB 的支持较少,绝大多数终端都不支持 UWB 技术。

1.2.6 其他无线定位技术

除上述常见的无线定位技术外,还有 RFID 定位、Zigbee 定位、SLAM 定位、地磁定位、超声波定位、惯性定位以及红外线定位等定位技术,这些定位技术都有自身的优缺点,适应的场合也不尽相同,下面简单介绍一下这些定位技术。

射频识别技术(Radio Frequency Identification Technology,RFID)是一种利用射频信号通过空间耦合实现非接触式信息传递,并通过所传递的信息达到识别目的的自动识别技术。RFID 定位原理是利用一组固定的传感器识别移动目标上的标签特征信息,再通过近邻法、多边定位法、接收信号强度等方法确定标签所在位置。RFID 定位具有设备成本低、技术成熟等优点,在物流分拣、监狱管理、车辆定位等场景有着成熟的应用和良好的使用前景。其缺点有适用范围窄、定位精度差、系统部署复杂、易受到环境影响等。

Zigbee 技术是在 IEEE 802.15.4 标准的基础上建立起来的无线传感器网络协议,它是一种低成本、低功耗、双向的、高可靠性短距离无线通信技术。Zigbee 定位技术的原理是:通过若干个待定位的盲节点和一个已知位置的参考节点与网关之间形成组网,每个微小的盲节点之间相互协调通信以实现全部定位。这种定位方法具有功耗低、成本低、容量高等优点,可以应用于隧道、医院和养老院等场所为高危工作场所人员、病人或者老人提供实时位置定位,为人身安全提供及时有效的保障。其缺点是定位范围小、定位误差大、多径效应影响大、抗干扰能力弱等。

同时定位与建图(Simultaneous Localization And Mapping,SLAM)技术是一种根据相机图像信息来估计相机位姿的导航定位技术。SLAM 概念始于 20 世纪 90 年代,它既可只提供视觉里程计结果方便与其他系统的深度融合,又可提供独立完整的定位信息,还可生成用于机器人执行路径规划、自主避障和探索、导航等任务的环境信息地图。SLAM 能同时解决定位与地图构建的工作,对于陌生环境的初次探索极为高效。比如,结合深度图像和热力图的自动驾驶汽车的系统,可以实现厘米级的定位效果。但是也有一些需要突破的地方，比如机器人在执行任务时需要依赖更高级别的语义地图，位姿计算和建图受动态物体的影响，环境变化时地图不可靠等问题。

地磁定位的原理是行进中的载体实时采集地磁场的特征信息，并将实时采集的地磁数据与已经存储的地磁基准图进行比较，根据相应的准则获取最佳匹配结果，实现载体的自主定位。基于地磁场的优势在于：①地磁场分布全球，无须构建基础设施，硬件投入成本几乎为零；②定位误差不随时间积累，精度高，稳定性强；③成本低廉，能耗较小。智能手机都开放了磁传感器的开发接口，基于智能手机的地磁定位软件可跨平台使用，易于开发实现。其不足之处在于：①地磁指纹虽然稳定，但也并非完全可靠，一些外界扰动仍会造成地磁数据变化；②不同传感器的差异性使得采集的地磁数据可能存在偏差，且不同型号手机内置的磁传感器也有所区别，因此面向特定设备采集的地磁指纹模型不一定能适应其他设备的需求；③目前的室内定位系统往往需要开发者预先提供室内平面图，在平面图缺失的情况下，系统如何自动挖掘室内结构布局，动态适应室内结构调整，也是地磁定位面临的实际问题。

超声波定位主要采用反射式测距法，通过多边定位等方法确定物体位置。其系统由一个主测距器和若干接收器组成，主测距仪可放置在待测目标上，接收器固定于室内环境中。定位时，向接收器发射同频率的信号，接收器接收后又反射传输给主测距器，根据回波和发射波的时间差计算出距离，从而确定位置。超声波定位的优势：超声波定位精度较高，可达到厘米级，且结构简单。劣势：超声波受多径效应和非视距传播影响很大，且超声波频率受多普勒效应和温度影响，且需要部署大量基础设施，成本较高。

惯性定位原理是利用惯性传感器采集到的运动数据，如加速度传感器、陀螺仪等测量物体运动速度、方向、加速度等信息，通过积分定位方法或者航位推算法，经过运算后得到物体的位置信息。其优点是不依赖外界环境，缺点是随着行走时间的增加，惯性定位法存在累积误差，所以一般是与其他传感器数据融合使用。

红外线无线定位原理是通过在已知节点处的红外线发射设备发射红外线，然后在待测节点布置好的光学传感器接收这些红外信号，经过对红外信号的处理，计算出距离，从而达到定位效果。这种定位方式的定位精度比较高，但容易受到障碍物阻隔的影响，通常情况下只能进行视距传播，要想实现更好的定位效果，需要安装足够的接收天线。

1.3 无线定位面临的挑战

虽然无线定位系统的可选技术与策略十分丰富,但信息技术的发展以及普及的速度是惊人的,人们对高精度的空间位置服务需求爆炸式增长,在某些场合与应用,受限于场景、精度、成本等因素,有效定位服务的提供仍面临挑战。具体来说,无线定位问题面临以下挑战:

① 环境自适应性。全天候、全天时、全场景的导航定位服务,需要对载体所处环境特性进行快速且准确的理解,确保在不同的环境下,采用不同的处理策略,实现整体定位导航服务的最优。例如,选择不同的无线电定位信号和技术,以不同的方式处理惯性传感器数据,相应地选择不同的映射匹配算法。对环境特征的准确理解把握,基本实现了环境认知的阶段,环境自适应性能成为衡量无线定位性能的重要指标。由于传感器种类千差万别、环境信号特征复杂难解、载体运动不确定性大等问题,建立多传感器误差模型库、环境特征库、载体运动特征库成为环境自适应性认知导航的技术难点。

② 精确性。传统的无线网络定位技术采用非连续信号测量,信号稳定度差,导致测距精度较低、成本较高,实现低成本厘米级的高精度定位仍面临挑战。此外,室内环境复杂多变,多径效应和非视距效应严重,给无线信号的跟踪和测量带来极大挑战。另外,高精度定位技术往往需要节点配备额外的硬件设备,会增加成本与部署难度。而受无线电波的传播速度影响,已被广泛应用的无线节点还不能提供足够精确的测距支持。因此,需要提高现有已被广泛使用的无线节点的测距性能,或研发低成本的节点改进方法,使测距精度能够满足更多的定位需求,其遇到的问题是无线信号以光速传播,需要精准的时间同步、双程测量等技术才能提高测距精度。

③ 可靠性。下一代定位导航技术需在95%以上场景提供连续、可靠、稳定的空间位置信息服务。单一网络存在覆盖盲区,催生了多网融合定位技术,但不同网络之间在基准、观测量及能力上都存在明显差异,导致融合异构的多种网络实现高可靠的定位仍为难题。

④ 鲁棒性。近年来,为了解决 GNSS 的信号穿透性差、易受干扰等缺陷,许多研究机构相继研究了各种无线定位方法,单一的方法不能满足多元化的应用需求,融合导航定位技术成为下一代导航定位发展的重要技术方向。主流的导航控制与

决策方法中测算技术独立实现,可通过大、中、小多尺度覆盖网络融合与关联大数据、智能控制等实现一体化整合,而融合导航数据来源于定位导航的子系统,会存在可靠性差、误差估计不准、通信接口多样、热插拔不工作等问题。此外,融合导航系统是一个容错性强、可重构的软硬件综合系统,需要综合集成算法,对从各个传感器获取的测量信息进行最优组合、误差校正。

⑤ 实时性。在化工厂、火电厂、煤矿等场景,设备多、生产现场复杂、存在危险源,卫星导航系统和无线定位系统的定位精度都无法达到人员的精准实时定位效果,在人员安全、设备安全管理等方面存在明显的不足。此外,随着移动通信技术的发展,秒级响应和千亿量级的位置服务访问需求成为一大难题,巨量位置感知计算的实时性处理是必需克服的困难。

第 2 章
室内外定位测量原理

室内外无缝定位涉及多种不同的技术和方法,但它们通常遵循相似的定位原理。从原理的角度来看,可以将定位方法分为基于几何原理的方法、基于指纹匹配的方法以及差分定位方法。本章将逐一介绍这些方法的定位原理,深入分析它们可能产生的误差来源,并最终引入融合定位的概念,支撑高精度室内外无缝定位。

2.1 基于到达时间的定位方法

2.1.1 定位原理

到达时间(Time of Arrival,TOA)即基站发送信号到达各个接收终端的时间。如图 2-2 所示,在二维平面上,根据终端测量到基站的信号到达时间换算的距离,可以画出以基站坐标为圆心、以该距离为半径的一个圆,如图 2-2 中虚线所示。虚线上的每一个坐标都代表终端可能的位置,当测量到多个基站信号的到达时间时,忽略误差,则这些圆可以唯一地交于一点,即终端的位置坐标。

为上述理论定量构建数学模型,设终端对 M 个基站进行到达时间测量,在基站位置已知的情况下,数学模型如下:

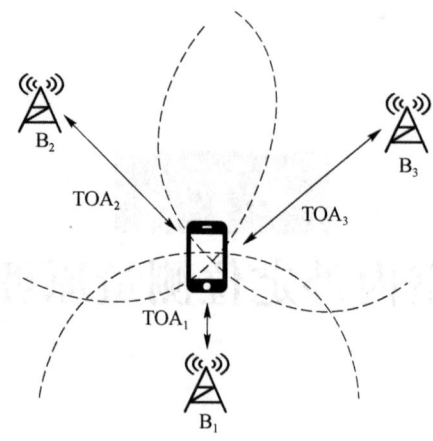

图 2-1　基于到达时间的定位方法示意图

$$\begin{cases} \sqrt{(x-x_1)^2+(y-y_1)^2+(z-z_1)^2}=t_1\times c \\ \sqrt{(x-x_2)^2+(y-y_2)^2+(z-z_2)^2}=t_2\times c \\ \quad\vdots \\ \sqrt{(x-x_i)^2+(y-y_i)^2+(z-z_i)^2}=t_i\times c \\ \quad\vdots \\ \sqrt{(x-x_M)^2+(y-y_M)^2+(z-z_M)^2}=t_M\times c \end{cases} \quad (2\text{-}1)$$

其中,(x,y,z) 代表终端坐标,(x_i,y_i,z_i) 代表基站 i 坐标,t_i 是终端与基站 i 之间的 TOA 观测值,c 代表电磁波在空间中传播的速度。

在实际定位过程中,信号源与终端之间的时钟往往无法同步,因此我们需要通过引入钟差变量进一步完善式(2-1):

$$\begin{cases} \sqrt{(x-x_1)^2+(y-y_1)^2+(z-z_1)^2}=(t_r^1-\delta_{t_u}-t_s^1)\times c \\ \sqrt{(x-x_2)^2+(y-y_2)^2+(z-z_2)^2}=(t_r^2-\delta_{t_u}-t_s^2)\times c \\ \quad\vdots \\ \sqrt{(x-x_i)^2+(y-y_i)^2+(z+z_i)^2}=(t_r^i-\delta_{t_u}-t_s^i)\times c \\ \quad\vdots \\ \sqrt{(x-x_M)^2+(y-y_M)^2+(z-z_M)^2}=(t_r^M-\delta_{t_u}-t_s^M)\times c \end{cases} \quad (2\text{-}2)$$

综上,方程式中共包含有 x,y,z,δ_{t_u} 四个未知数,因此解算该方程需要接收机至少观测到四颗卫星。若实际观测卫星数多于四颗,则方程组变为超定方程组,需采用最小二乘法来进行求解,求解方式将在 2.1.3 小节中详述。

2.1.2 误差分析

关于 TOA 的测量误差,我们可从信源、信道、信宿(终端)三方面展开分析。

1. 信源误差

信源误差为产生于信号发生源处的误差,多发生于信号源内部电路,如信号源与接收机不同步导致的始终偏差,板载时钟出现抖动的延迟偏差等。

(1) 硬件延迟偏差

硬件延迟偏差指的是无线信号在信号源电路中传播产生的时间延迟。这种误差的大小取决于信号类型和载波的频率大小。无线信号测量中伪距和相位观测值都会有硬件延迟。

(2) 卫星钟差

卫星钟差指的是卫星上的原子钟面时刻与系统标准时刻之差,由多种因素综合影响。原子钟虽高度稳定,但内部原子振荡的轻微不稳定会导致频率微变,累积时间误差。卫星运动状态,如速度与加速度的变化,通过复杂模型和算法调整,也会引起钟差变化。外部环境,如太阳辐射、热效应和宇宙射线,会进一步影响钟差。

(3) 卫星轨道误差

卫星轨道误差指的是通过广播星历或精密星历内插计算的卫星位置与实际卫星之差。在卫星定位系统中,卫星位置信息以星历的形式向外发布,在北斗二号系统中,GEO 的切向误差为小于 9 m,法向误差为小于 3.5 m,径向误差为小于 1.5 m,其余卫星则是三个方向在 2 m 之内。随着北斗三号系统建成,其卫星的轨道径向误差和切向误差已缩小至小于 0.199 m 和小于 0.631 m。GPS 的误差则是小于 1 m 与小于 1.5 m。

(4) 卫星天线相位中心偏差

在卫星定位系统中,TOA 测量设定为卫星天线相位中心至接收机相位中心。然而,现有卫星星历给出的均是卫星质心的位置,而非卫星天线相位中心的位置,因此会产生卫星天线相位中心偏差。

对此,现有的办法是对卫星作天线相位中心改正,改正参数包括天线相位中心偏差(Phase Center Offset,PCO)和天线相位中心变化(Phase Center Variation,PCV)两部分。PCO 是卫星天线平均相位中心与卫星质心的偏差,PCV 是天线瞬时相位中心与平均相位中心的差值。具体偏差大小与天线类型有关。

(5) 相对论效应

相对论效应产生于卫星钟与接收机钟在惯性空间中的运动速度差异,以及它们所处的地球引力位不同,通常这种效应影响可达数米。引力时间延迟效应描述了电磁波信号在穿越大质量天体附近时,相较于无质量天体存在的情况,观测者所感知的信号传播时间略有增加。广义相对论指出,大质量天体的引力场会导致时空扩张,从而使信号的传播路径相对延长 1~2 cm。通过对位置和速度的精确测量,可以对相对论效应进行校正。

2. 信道误差

在信号传播的过程中,多径效应是信道影响定位精度的一个主要因素。如果终端接收到的定位信号是由直达径和多个反射径叠加而成的,尤其是当直达径受障碍物阻挡时,接收机信源 TOA 的观测将会受到严重影响。这种由于多径传播影响定位结果的现象可称为多径效应。不同衰减、时延和相位偏移的反射波会导致不同程度的多径效应。此外,对于卫星定位系统,定位信号还需要穿越大气层,这期间会产生额外的时延,按类型可分为电离层时延和对流层时延。

(1) 多径效应

信号在传输的过程中,若路径附近存在障碍物,则信号发生反射后被接收机接收,从而导致信源与终端的距离测量误差。

(2) 电离层时延

电离层位于离地面 60~1 000 km 的高空,其迟延与电子密度有关,而电子密度与高程、时间、太阳活动等因素都有关。常用的电离层时延模型有广播电离层时延模型、格网时延模型。

(3) 对流层时延

对流层是指最接近地球表面的一层大气,也是大气的最下层,其密度最大,所包含的空气质量几乎占整个大气质量的 75%,信号在穿越这个区域时会受到大气成分变化的影响。对于该误差,目前主要采用模型法和投影改正函数来校正对流层时延。通常采用 Saastamoinen 模型和 Niell 投影函数来进行校正,对干时延可实现 99% 的校正,对湿时延可实现 85%~90% 的校正。

3. 信宿误差

信宿误差包括天线、放大器以及各部分电子器件产生的热噪声误差、信号量化误差以及接收机软件中的计算精度误差等。这些误差是由接收机产生的,具有随机性。接下来将具体介绍这些误差。

(1) 信宿钟差

信宿钟差指的是终端时间与基站之间的差异。这种差异主要是由接收机内部的石英钟不稳定性引起的。为了提高测量精度,每个观测时刻的接收机钟差都被视为一个待求解的未知参数。通过精确计算和校正这些时间差异,可以显著提高定位的准确度。

(2) 接收机天线相位中心偏差

TOA 测量测的是卫星天线相位中心至接收机相位中心的距离。接收机天线量高一般基于天线参考点(Antenna Reference Center,ARP),ARP 一般是天线座底部、扼流圈天线底部、天线罩底部等,无法量至精确的接收机天线相位中心。与卫星天线相位中心改正类似,接收机天线相位中心改正也包含天线相位中心偏差 PCO 和天线相位中心变化 PCV 两部分。PCO 是接收机天线平均相位中心与天线参考点 ARP 的偏差;PCV 是天线瞬时相位中心与平均相位中心的偏差,与信号传播路径的方位角和天顶距有关。各型号天线的 PCO 和 PCV 由 NGS、Geo++、Bonn University、Hannover University 等机构标定,以 ANTEX 标准格式发布给用户。具体偏差大小与接收机天线类型有关,一般为厘米量级。

(3) 坐标系误差

卫星定位采用的是一种随地球自转一起旋转的坐标系,这种非惯性坐标系使得信号发射时刻与信号接收时刻的坐标系不重合。在精密单点定位中,通常采用 Sagnac 模型进行改正。

2.1.3 定位解算

在实际定位过程中,信号源与终端之间的时钟总会存在误差,我们定义 $r^{(n)}$ 为终端到信号源的几何距离,即

$$r^{(n)} = \|\boldsymbol{x}^{(n)} - \boldsymbol{x}\| = \sqrt{(x^{(n)}-x)^2 + (y^{(n)}-y)^2 + (z^{(n)}-z)^2} \tag{2-3}$$

其中,$\boldsymbol{x}=[x,y,z]^{\mathrm{T}}$ 为未知的终端位置坐标向量,$\boldsymbol{x}^{(n)}=[x^{(n)},y^{(n)},z^{(n)}]^{\mathrm{T}}$ 为信号源 n 的位置坐标向量。则我们可构建如下四元非线性方程组:

$$\begin{cases} \sqrt{(x^{(1)}-x)^2 + (y^{(1)}-y)^2 + (z^{(1)}-z)^2} + \delta_{t_u} = \rho_c^{(1)} \\ \sqrt{(x^{(2)}-x)^2 + (y^{(2)}-y)^2 + (z^{(2)}-z)^2} + \delta_{t_u} = \rho_c^{(2)} \\ \vdots \\ \sqrt{(x^{(N)}-x)^2 + (y^{(N)}-y)^2 + (z^{(N)}-z)^2} + \delta_{t_u} = \rho_c^{(N)} \end{cases} \tag{2-4}$$

误差校正后的伪距 $\rho_c^{(n)}$ 则由接收机测量得到,因而方程组中只有剩下的接收机位置三个坐标分量 (x,y,z) 和接收机钟差 δ_{t_u} 是所要求解的未知量。

(1) 第一步:准备数据与设置初始值

对于所有可见信号源 n,收集到它们在同一测量时刻的伪距值 $\rho^{(n)}$,计算测量值 $\rho^{(n)}$ 中的各项偏差、误差成份的校正量 $\delta_t^{(n)}$,$I^{(n)}$ 和 $T^{(n)}$,然后计算误差校正后的伪距值 $\rho_c^{(n)}$。同时,对于所有可见信号源 n,根据它们的星历计算出经地球自转校正后的信号源空间位置坐标 $(x^{(n)},y^{(n)},z^{(n)})$。

给定位置坐标的初始估计值 $\boldsymbol{x}_0 = [x_0, y_0, z_0]^T$ 与终端钟差初始估计值 $\delta_{t_u,0}$。

假如终端在上一个定位时刻已经成功地解得定位结果,那么这次定位的初始估计值沿用上一个定位结果(包括接收机位置坐标与钟差值)。如果还可知用户在上一个定位时刻的运动速度,那么据此推算出终端当前位置的估计值也未尝不可。类似地,如果已知终端时钟的频漂,那么可对钟差初值进行类似的推算。这种情况对于终端来说不仅经常发生,而且通常也是最简单、最理想的一种。

然而,如果终端在此前的近期一段时间内尚未实现定位,那么此刻对接收来说是首次定位。对于首次定位,钟差初始值 $\delta_{t_u,0}$ 一般可设置为 0,而接收机坐标初始值 (x_0, y_0, z_0) 的估算问题则可分为以下几种情况。

① 终端一般允许用户输入其所在的位置和时间。如果用户确信其输入的位置坐标是大致正确的,那么该输入值就可以作为终端位置坐标的初始估计值。这种外界输入值的含义其实是相当广泛的,它还可以是在终端启动前就存留在终端记忆单元中的定位值,也可以是由无线通信网络提供的辅助信息。

② 终端此时应该已经对多颗可见卫星进行了跟踪、测量,并计算了它们的空间位置。可以推导出所有可见信号源位置坐标的平均值,然后将此平均值在地面上的投影作为终端位置坐标的初始估计值。

(2) 第 2 步:非线性方程组线性化

方程组(2-4)中的各个非线性方程可在 $[x_{k-1}, \delta_{t_u,k-1}]^T$ 处线性化后的矩阵方程式为

$$\boldsymbol{G} \begin{bmatrix} \Delta x \\ \Delta y \\ \Delta z \\ \Delta \delta_{t_u} \end{bmatrix} = \boldsymbol{b} \tag{2-5}$$

其中,

第 2 章 | 室内外定位测量原理

$$G = \begin{bmatrix} -I_x^{(1)}(x_{k-1}) & -I_y^{(1)}(x_{k-1}) & -I_z^{(1)}(x_{k-1}) & 1 \\ -I_x^{(2)}(x_{k-1}) & -I_y^{(2)}(x_{k-1}) & -I_z^{(2)}(x_{k-1}) & 1 \\ \vdots & \vdots & \vdots & \vdots \\ -I_x^{(N)}(x_{k-1}) & -I_y^{(N)}(x_{k-1}) & -I_z^{(N)}(x_{k-1}) & 1 \end{bmatrix}$$

$$= \begin{bmatrix} -[I^{(1)}(x_{k-1})]^T & 1 \\ -[I^{(2)}(x_{k-1})]^T & 1 \\ \vdots & \vdots \\ -[I^{(N)}(x_{k-1})]^T & 1 \end{bmatrix} \tag{2-6}$$

$$b = \begin{bmatrix} \rho_c^{(1)} - r^{(1)}(x_{k-1}) - \delta_{t_u,k-1} \\ \rho_c^{(2)} - r^{(2)}(x_{k-1}) - \delta_{t_u,k-1} \\ \vdots \\ \rho_c^{(N)} - r^{(N)}(x_{k-i}) - \delta_{t_u,k-1} \end{bmatrix} \tag{2-7}$$

而 $-I_x^{(n)}(x_{k-1})$ 代表 $r^{(n)}$ 对 x 的偏导在 x_{k-1} 处的值,即

$$-I_x^{(n)}(x_{k-1}) = \frac{-(x^{(n)} - x_{k-1})}{r^{(n)}(x_{k-1})} = \frac{-(x^{(n)} - x_{k-1})}{\|x^{(n)} - x_{k-1}\|} = \frac{\partial r^{(n)}}{\partial x}\bigg|_{x=x_{k-1}} \tag{2-8}$$

雅可比矩阵 G 只与各信号源相对于终端的几何位置有关,因而 G 通常被称为几何矩阵。

假设终端时钟与信号源时间同步,考虑式(2-6)中的每一个(以第 n 个为例)方程式,其等号左边是单位观测矢量的反向 $[-I_x^{(n)}, -I_y^{(n)}, -I_z^{(n)}]^T$ 与 $[\Delta x, \Delta y, \Delta z]^T$ 的内积,其中 $(\Delta x, \Delta y, \Delta z)$ 是终端在相邻两个观测时刻之间从 A 点运动到 B 点的坐标变化量。因为与终端到信号源 n 的距离 $r^{(n)}$ 相比,终端位移量通常非常小,所以信号源在 A 点与 B 点处的观测矢量可以认为是相互平行的。我们知道,终端位移矢量 $[\Delta x, \Delta y, \Delta z]^T$ 与单位观测矢量反向的内积等于此位移在观测矢量反向上的投影。因此式(2-4)中每一个方程所代表的含义为:终端位移量在信号源观测反方向上的投影,等于由此位移引起的信号源与终端之间的距离变化量。伪距定位的过程,实际上是依据接收机到各个卫星的距离变化量来反推终端的运动位移矢量。

式(2-6)中的每个方程式关于接收机钟差 $\Delta\delta_{t_u}$ 的系数均为 1,这是因为终端钟差 $\Delta\delta_{t_u}$ 是各个信号源距离测量值中的公共偏差部分,它在定位计算中实际上是吸收向量 b 中各元素的平均值。

(3)第 3 步:求解线性方程组

这一步的任务是利用最小二乘法求解伪距定位线性矩阵方程式(2-5),定义

式(2-5)的最小二乘法解为

$$\begin{bmatrix} \Delta x \\ \Delta y \\ \Delta z \\ \Delta \delta_{t_{ui}} \end{bmatrix} = (\boldsymbol{G}^{\mathrm{T}} \boldsymbol{G})^{-1} \boldsymbol{G}^{\mathrm{T}} \boldsymbol{b} \tag{2-9}$$

如果各个信号源测量值的误差方差以及权重已被确定,那么可以运用加权最小二乘法来求解式(2-5)。为了提高定位精度,一部分终端事实上采用加权最小二乘法作为定位方程的求解算法。

(4) 第4步:更新非线性方程组的根

按照式 $x_k = x_{k-1} + \Delta x$,可知如下更新后的终端位置坐标 x_k 和钟差值 $\delta_{t_{u,k}}$:

$$x_k = x_{k-1} + \Delta x = x_{k-1} + \begin{bmatrix} \Delta x \\ \Delta y \\ \Delta z \end{bmatrix} \tag{2-10}$$

$$\delta_{t_{u,k}} = \delta_{t_{u,k-1}} + \Delta \delta_{t_u} \tag{2-11}$$

2.1.4 精度因子

在传统的定位精度估计中,定义伪距的测量误差项为 $\varepsilon_\rho^{(n)}$。研究测量误差对精度的影响,即分析伪距测量误差如何影响定位精度误差。XYZ 三个方向和钟差的误差和伪距误差之间的关系为

$$\begin{bmatrix} \varepsilon_x \\ \varepsilon_y \\ \varepsilon_z \\ \varepsilon_{\delta_t} \end{bmatrix} = (\boldsymbol{G}^{\mathrm{T}} \boldsymbol{G})^{-1} \boldsymbol{G}^{\mathrm{T}} \varepsilon_\rho \tag{2-12}$$

其中,伪距误差的均值为0,方差为 σ_{URE}^2。

所以有

$$\mathrm{Cov} \left(\begin{bmatrix} \varepsilon_x \\ \varepsilon_y \\ \varepsilon_z \\ \varepsilon_{\delta_t} \end{bmatrix} \right) = E \left(\begin{bmatrix} \varepsilon_x \\ \varepsilon_y \\ \varepsilon_z \\ \varepsilon_{\delta_t} \end{bmatrix} \begin{bmatrix} \varepsilon_x & \varepsilon_y & \varepsilon_z & \varepsilon_{\delta_t} \end{bmatrix} \right)$$

$$= E((\boldsymbol{G}^{\mathrm{T}} \boldsymbol{G})^{-1} \boldsymbol{G}^{\mathrm{T}} \varepsilon_\rho ((\boldsymbol{G}^{\mathrm{T}} \boldsymbol{G})^{-1} \boldsymbol{G}^{\mathrm{T}} \varepsilon_\rho)^{\mathrm{T}})$$

$$= (G^T G)^{-1} G^T E(\varepsilon_\rho \varepsilon_\rho^T) G (G^T G)^{-1}$$
$$= (G^T G)^{-1} \sigma_{URE}^2$$
$$= H \sigma_{URE}^2 \tag{2-13}$$

其中,矩阵 H 定义为 $H = (G^T G)^{-1}$,通常称为权系数矩阵,它是一个 4×4 对称阵。

以上推导清晰地表明,测量误差方差 σ_{URE}^2 被权系矩阵 H 放大之后变成定位误差的方差。因此,定位精度与以下两方面因素有关:

① 测量误差。测量误差的方差越大,定位误差的方差也越大。

② 卫星或基站的几何分布。矩阵 G 和 H 完全取决于可见卫星或者基站个数及其相对于用户的几何分布,而与信号的强弱或者接收机的好坏无关。权系矩阵 H 中的元素值越小,则测量误差被放大成定位误差的程度就越低。

在导航学中,常用精度因子(DOP)这个概念来表示误差的放大倍数,即测量误差与定位误差之间的关系。精度因子可从权系数矩阵 H 中获得。例如,空间精度因子(PDOP)、钟差精度因子(TDOP)、几何精度因子(GDOP)分别定义为

$$\text{PDOP} = \sqrt{h_{11} + h_{22} + h_{33}} \tag{2-14}$$
$$\text{TDOP} = \sqrt{h_{44}} \tag{2-15}$$
$$\text{GDOP} = \sqrt{h_{11} + h_{22} + h_{33} + h_{44}} \tag{2-16}$$

2.2 基于到达时间差的定位方法

2.2.1 定位原理

到达时间差(Time Difference Of Arrival,TDOA)即基站发送信号到达各个接收终端的时间差。如图 2-2 所示,在二维平面上,接收终端接收到任意两个基站的到达时间差可以形成双曲线的一支,代表终端的可能位置在这一条圆锥曲线上。可以推断,当测量到多个不同基站的到达时间差时,在误差为 0 的理想状态下,圆锥曲线可以在平面上形成唯一的一个交点,这个交点的坐标就是终端的位置。

具体分析,假定终端可以接收平面中 M 个基站的信号,假定终端测量基站 i 到终端的 TOA 为 t_i,取基站 1 为参考基站,计算终端测量其他基站与参考基站的到达时间差,根据距离与时间代换公式,可联立得

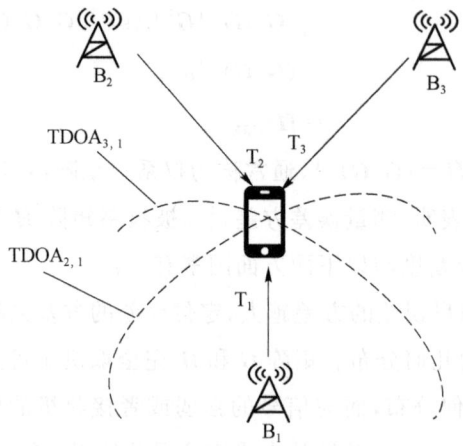

图 2-2 基于到达时间差的定位方法示意图

$$\begin{cases} d_2 - d_1 = (t_2 - t_1) \times c \\ d_3 - d_1 = (t_3 - t_1) \times c \\ \vdots \\ d_M - d_1 = (t_M - t_1) \times c \end{cases} \quad (2\text{-}17)$$

其中,$d_i = \sqrt{(x-x_i)^2 + (y-y_i)^2 + (z-z_i)^2}$ 代表接收终端与基站 i 之间的真实距离,(x,y,z) 代表未知的终端坐标,(x_i,y_i,z_i) 代表已知的基站 i 坐标,c 是电磁波在空间中传播的速度。

2.2.2 误差分析

由于基于 TDOA 的定位方法与 TOA 一样是基于时间观测量完成定位,因此从测量误差的来源角度,与 2.1.2 小节中列举的来源相似。然而,从定位误差角度来说,基于 TDOA 的定位方式与基于 TOA 的定位方式在精度因子的计算上有所不同,详见 2.2.3 小节。

2.2.3 精度因子

假设一共有 N 个基站的观测信息参与定位,因此有 $(N-1)$ 个 TDOA 观测值,用 $\boldsymbol{x}^{(1)} = [x^{(1)}, y^{(1)}, z^{(1)}]^T$ 表示 TDOA 计算中的参考基站的坐标,TDOA 测距结果 $n_{td,j}$ 是基站 $\boldsymbol{x}^{(j)} = [x^{(j)}, y^{(j)}, z^{(j)}]^T$ 与参考基站 $\boldsymbol{x}^{(1)}$ 的下行 PRS 信号到达时刻差值,$j = 2, 3, \cdots, N$,使用 $g_{td}(\boldsymbol{u}, \boldsymbol{x}^{(j)})$ 表示 TDOA 测距结果 $n_{td,j}$ 的误差与终端位置的函

数关系 $g_{td}(\boldsymbol{u},\boldsymbol{x}^{(j)})$ 可写为

$$g_{td}(\boldsymbol{u},\boldsymbol{x}^{(j)})=n_{td,j}-\left\|\begin{bmatrix}\boldsymbol{u}\\z_u\end{bmatrix}-\boldsymbol{x}^{(j)}\right\|+\left\|\begin{bmatrix}\boldsymbol{u}\\z_u\end{bmatrix}-\boldsymbol{x}^{(1)}\right\| \quad (2\text{-}18)$$

其中，$\|\ \|$ 表示向量的模，

$$\left\|\begin{bmatrix}\boldsymbol{u}\\z_u\end{bmatrix}-\boldsymbol{x}^{(j)}\right\|=\sqrt{(x-x^{(j)})^2+(y-y^{(j)})^2+(z_u-z^{(j)})^2} \quad (2\text{-}19)$$

用 $\boldsymbol{u}_0=[x_0,y_0]^T$ 表示终端的真实位置，当 TDOA 测距结果 $n_{td,j}$ 没有测量误差时，$n_{td,j}$ 与基站 $\boldsymbol{x}^{(j)}$ 和参考基站 $\boldsymbol{x}^{(1)}$ 到终端真实位置的距离差相等，

$$0=g_{td}(\boldsymbol{u}_0,\boldsymbol{x}^{(j)}) \quad (2\text{-}20)$$

当测距结果 $g_{td}(\boldsymbol{u},\boldsymbol{x}^{(j)})$ 具有测距误差 $\varepsilon_{td,j}$ 时，$n_{td,j}$ 与基站 $\boldsymbol{x}^{(j)}$ 和参考基站 $\boldsymbol{x}^{(1)}$ 到位置 $\boldsymbol{u}'=[x',y']^T$ 的距离差相等，$\|\boldsymbol{u}'-\boldsymbol{u}^0\|$ 就是由 $\varepsilon_{td,j}$ 造成的终端位置的误差。

$$\varepsilon_{td,j}=g_{ud}(\boldsymbol{u}',\boldsymbol{x}^{(j)}) \quad (2\text{-}21)$$

由于 $g_{td}(\boldsymbol{u},\boldsymbol{x}^{(j)})$ 是非线性函数，无法直接通过式(2-21)与式(2-20)相减获得定位误差 $\|\boldsymbol{u}'-\boldsymbol{u}_0\|$ 与测距误差 $\varepsilon_{td,j}$ 的比值。使用一阶泰勒公式在 $\boldsymbol{u}_p=[x_p,y_p]^T$ 处展开 $g_{td}(\boldsymbol{u},\boldsymbol{x}^{(j)})$：

$$\begin{aligned}g_{td}(\boldsymbol{u},\boldsymbol{x}^{(j)})\approx &g_{td}(\boldsymbol{u}_p,\boldsymbol{x}^{(j)})+(x-x_p)\frac{\partial g_{td}(\boldsymbol{u}_p,\boldsymbol{x}^{(j)})}{\partial x}\\&+(y-y_p)\frac{\partial g_{td}(\boldsymbol{u}_p,\boldsymbol{x}^{(j)})}{\partial y}\end{aligned} \quad (2\text{-}22)$$

式(2-20)可展开为

$$\begin{aligned}0=&g_{td}(\boldsymbol{u}_p,\boldsymbol{x}^{(j)})+(x_0-x_p)\frac{\partial g_{td}(\boldsymbol{u}_p,\boldsymbol{x}^{(j)})}{\partial x}\\&+(y_0-y_p)\frac{\partial g_{td}(\boldsymbol{u}_p,\boldsymbol{x}^{(j)})}{\partial y}\end{aligned} \quad (2\text{-}23)$$

式(2-21)可展开为

$$\begin{aligned}\varepsilon_{td,j}=&g_{td}(\boldsymbol{u}_p,\boldsymbol{x}^{(j)})+(x'-x_p)\frac{\partial g_{td}(\boldsymbol{u}_p,\boldsymbol{x}^{(j)})}{\partial x}\\&+(y'-y_p)\frac{\partial g_{td}(\boldsymbol{u}_p,\boldsymbol{x}^{(j)})}{\partial y}\end{aligned} \quad (2\text{-}24)$$

用 $\Delta\boldsymbol{u}=[\Delta x,\Delta y]^T$ 表示不定位结果误差向量，其中 $\Delta x=x'-x_0$ 表示在 x 轴方向上的误差，$\Delta y=y'-y_0$ 表示在轴 y 方向上的误差，使用式(2-24)与式(2-23)相减可以获得如下关系：

$$\varepsilon_{td,j}=\Delta x\frac{\partial g_{td}(\boldsymbol{u}_p,\boldsymbol{x}^{(j)})}{\partial x}+\Delta y\frac{\partial g_{td}(\boldsymbol{u}_p,\boldsymbol{x}^{(j)})}{\partial y} \quad (2\text{-}25)$$

$\partial g_{td}(\boldsymbol{u}_p, \boldsymbol{x}^{(j)})/\partial x$ 为

$$\frac{\partial g_{td}(\boldsymbol{u}_p, \boldsymbol{x}^{(j)})}{\partial x} = \frac{x^{(j)} - x_p}{\sqrt{(x_p - x^{(j)})^2 + (y_p - y^{(j)})^2 + (z_u - z^{(j)})^2}}$$
$$- \frac{x^{(1)} - x_p}{\sqrt{(x_p - x^{(1)})^2 + (y_p - y^{(1)})^2 + (z_u - z^{(1)})^2}} \quad (2\text{-}26)$$

$\partial g_{td}(\boldsymbol{u}_p, \boldsymbol{x}^{(j)})/\partial y$ 为

$$\frac{\partial g_{ud}(\boldsymbol{u}_p, \boldsymbol{x}^{(j)})}{\partial y} = \frac{y^{(j)} - y_p}{\sqrt{(x_p - x^{(j)})^2 + (y_p - y^{(j)})^2 + (z_u - z^{(j)})^2}}$$
$$- \frac{y^{(1)} - y_p}{\sqrt{(x_p - x^{(1)})^2 + (y_p - y^{(1)})^2 + (z_u - z^{(1)})^2}} \quad (2\text{-}27)$$

当所有$(N-1)$个 TDOA 观测值都参与定位时，式(2-21)矩阵化后可获得

$$\boldsymbol{\varepsilon}_{td} = \boldsymbol{G}_{td} \Delta u, \quad \boldsymbol{\varepsilon}_{dd} = \begin{bmatrix} \varepsilon_{td,2} \\ \varepsilon_{td,3} \\ \vdots \\ \varepsilon_{td,N} \end{bmatrix} \quad (2\text{-}28)$$

$$\boldsymbol{G}_{td} = \begin{bmatrix} \dfrac{\partial g_{td}(\boldsymbol{u}_p, \boldsymbol{x}^{(2)})}{\partial x} & \dfrac{\partial g_{td}(\boldsymbol{u}_p, \boldsymbol{x}^{(2)})}{\partial y} \\ \dfrac{\partial g_{td}(\boldsymbol{u}_p, \boldsymbol{x}^{(3)})}{\partial x} & \dfrac{\partial g_{td}(\boldsymbol{u}_p, \boldsymbol{x}^{(3)})}{\partial y} \\ \vdots & \vdots \\ \dfrac{\partial g_{td}(\boldsymbol{u}_p, \boldsymbol{x}^{(N)})}{\partial x} & \dfrac{\partial g_{td}(\boldsymbol{u}_p, \boldsymbol{x}^{(N)})}{\partial y} \end{bmatrix} \quad (2\text{-}29)$$

在实际定位应用中，并非所有 TDOA 观测值都会用于定位。因此，定义向量 $\boldsymbol{S}_{td} = [s_{td,j}]^T$ 为 TDOA 筛选向量，$j = 2, 3, \cdots, N$，当测距结果 $n_{td,j}$ 被选择用于定位时，$s_{td,j}$ 为 1，未被选择时，$s_{td,j}$ 为 0。以 $M = 4$ 时 $n_{td,2}$ 和 $n_{td,4}$ 被选择用于定位为例，此时 $\boldsymbol{S}_{td} = [1, 0, 1]^T$。同时，用 $\boldsymbol{S}_{td} = \text{diag}(s_{td})$ 作为观测值选择矩阵。可以将经过观测信息筛选后的式(2-28)改写为

$$\boldsymbol{S}_{td} \boldsymbol{\varepsilon}_{td} = \boldsymbol{S}_{td} \boldsymbol{G}_{td} \Delta u \quad (2\text{-}30)$$

为了求解 TDOA 定位方式的精度因子，使用最小二乘法对 Δu 展开：

$$\Delta u = ((\boldsymbol{S}_{td} \boldsymbol{G}_{td})^T \boldsymbol{S}_{td} \boldsymbol{G}_{td})^{-1} (\boldsymbol{S}_{td} \boldsymbol{G}_{td})^T \boldsymbol{\varepsilon}_{td} = (\boldsymbol{G}_{td}^T \boldsymbol{S}_{td}^T \boldsymbol{S}_{td} \boldsymbol{G}_{td})^{-1} \boldsymbol{G}_{td}^T \boldsymbol{S}_{td}^T \boldsymbol{\varepsilon}_{td} \quad (2\text{-}31)$$

因此，Δu 的期望 $E(\Delta u)$ 可通过式(2-32)得到：

$$E(\Delta u) = E[(\boldsymbol{G}_{td}^T \boldsymbol{S}_{td}^T \boldsymbol{S}_{td} \boldsymbol{G}_{td})^{-1} \boldsymbol{G}_{td}^T \boldsymbol{S}_{td}^T \boldsymbol{\varepsilon}_{td}]$$
$$= E(\boldsymbol{G}_{td}^{-1} \boldsymbol{S}_{td}^{-1} \boldsymbol{\varepsilon}_{td}) = \boldsymbol{G}_{td}^{-1} \boldsymbol{S}_{td}^{-1} E(\boldsymbol{\varepsilon}_{td}) \quad (2\text{-}32)$$

Δu 的协方差 $\text{Cov}(\Delta u)$ 可通过式(2-33)得到。

$$\begin{aligned}\text{Cov}(\Delta u) &= E(\Delta u \Delta u^{\text{T}}) \\ &= E((\boldsymbol{G}_{td}^{\text{T}}\boldsymbol{S}_{td}^{\text{T}}\boldsymbol{S}_{td}\boldsymbol{G}_{td})^{-1}\boldsymbol{G}_{td}^{\text{T}}\boldsymbol{S}_{td}^{\text{T}}\boldsymbol{\varepsilon}_{td}((\boldsymbol{G}_{td}^{\text{T}}\boldsymbol{S}_{td}^{\text{T}}\boldsymbol{S}_{td}\boldsymbol{G}_{td})^{-1}\boldsymbol{G}_{td}^{\text{T}}\boldsymbol{S}_{td}^{\text{T}}\boldsymbol{\varepsilon}_{td})^{\text{T}}) \\ &= \boldsymbol{G}_{td}^{-1}\boldsymbol{S}_{td}^{-1}E(\boldsymbol{\varepsilon}_{td}\boldsymbol{\varepsilon}_{td}^{\text{T}})(\boldsymbol{G}_{td}^{\text{T}}\boldsymbol{S}_{td}^{\text{T}})^{-1} \\ &= \boldsymbol{G}_{td}^{-1}\boldsymbol{S}_{td}^{-1}\text{Cov}(\boldsymbol{\varepsilon}_{td})(\boldsymbol{G}_{td}^{\text{T}}\boldsymbol{S}_{td}^{\text{T}})^{-1}\end{aligned} \qquad (2\text{-}33)$$

因此,通过对误差向量 $\boldsymbol{\varepsilon}_{td}$ 的期望与协方差矩阵进行计算,即可求解 Δu 的期望和协方差。使用 $\boldsymbol{\varepsilon}_\rho = [\boldsymbol{\varepsilon}_{\rho,1}, \boldsymbol{\varepsilon}_{\rho,2}, \cdots, \boldsymbol{\varepsilon}_{\rho,N}]^{\text{T}}$ 表示信号到达时刻测量误差与电磁波在空间中的传播速度 c 的乘积,可知该误差遵循 0 均值高斯分布,且不同信号源间误差分布独立。则可知

$$\text{Cov}(\boldsymbol{\varepsilon}_\rho) = \sigma_\rho^2 \cdot \boldsymbol{\Sigma} \qquad (2\text{-}34)$$

其中,$\boldsymbol{\Sigma} \triangleq \boldsymbol{I}$,方差可通过先验统计获得。令 $\boldsymbol{R}_{td} = [-1, \boldsymbol{I}_{N-1}]$,可以将 TDOA 误差向量分解为

$$\boldsymbol{\varepsilon}_{td} = \boldsymbol{R}_{td}\boldsymbol{\varepsilon}_\rho \qquad (2\text{-}35)$$

进一步分析,可获得 Δu 的期望 $E(\Delta u)$。

$$\begin{aligned}E(\Delta u) &= \boldsymbol{G}_{td}^{-1}\boldsymbol{S}_{td}^{-1}E(\boldsymbol{\varepsilon}_{td}) = \boldsymbol{G}_{td}^{-1}\boldsymbol{S}_{td}^{-1}E(\boldsymbol{R}_{td}\boldsymbol{\varepsilon}_\rho) \\ &= \boldsymbol{G}_{td}^{-1}\boldsymbol{S}_{td}^{-1}\boldsymbol{R}_{td}E(\boldsymbol{\varepsilon}_\rho) = 0\end{aligned} \qquad (2\text{-}36)$$

可以获得 Δu 的协方差 $\text{Cov}(\Delta u)$。

$$\begin{aligned}\text{Cov}(\Delta u) &= \boldsymbol{G}_{td}^{-1}\boldsymbol{S}_{td}^{-1}E(\boldsymbol{\varepsilon}_{td}\boldsymbol{\varepsilon}_{td}^{\text{T}})(\boldsymbol{G}_{td}^{\text{T}}\boldsymbol{S}_{td}^{\text{T}})^{-1} \\ &= \boldsymbol{G}_{td}^{-1}\boldsymbol{S}_{td}^{-1}\boldsymbol{R}_{td}E(\boldsymbol{e}_\rho\boldsymbol{e}_\rho^{\text{T}})\boldsymbol{R}_{td}^{\text{T}}(\boldsymbol{G}_{td}^{\text{T}}\boldsymbol{S}_{td}^{\text{T}})^{-1} \\ &= \boldsymbol{G}_{td}^{-1}\boldsymbol{S}_{td}^{-1}\boldsymbol{R}_{td}(\sigma_\rho^2 \cdot \boldsymbol{\Sigma})\boldsymbol{R}_{td}^{\text{T}}(\boldsymbol{G}_{td}^{\text{T}}\boldsymbol{S}_{td}^{\text{T}})^{-1}\end{aligned} \qquad (2\text{-}37)$$

根据精度因子的定义,可以通过计算定位误差 Δu 的方差与测量误差方差 σ_ρ^2 的比值获得精度因子,因此当观测值选择矩阵为 $\boldsymbol{S}_{td}$ 时,TDOA 的精度因子值如下:

$$\text{DOP}(\boldsymbol{S}_{td}) = \sqrt{\frac{\text{trace}(\text{Cov}(\Delta u))}{\sigma_\rho^2}} = \sqrt{\text{trace}(\boldsymbol{G}_{td}^{-1}\boldsymbol{S}_{td}^{-1}\boldsymbol{R}_{td}\boldsymbol{\Sigma}\boldsymbol{R}_{td}^{\text{T}}(\boldsymbol{G}_{td}^{\text{T}}\boldsymbol{S}_{td}^{\text{T}})^{-1})} \qquad (2\text{-}38)$$

2.3 基于到达角的几何定位方法

2.3.1 定位原理

波达角(Angle of Arrival,AOA)或波达方向(Direction of Arrival,DOA)是指

信号到达接收端时的入射角度。波达角通常需要借助 MIMO 技术以及高分辨率角度估计算法获得。根据多个基站获得的信号到达角度,由下式解算终端位置:

$$\frac{y-y_m}{x-x_m}=\tan\theta_m, \quad m=1,2,\cdots,M \tag{2-39}$$

其中,M 为基站数,终端坐标为 (x,y)。

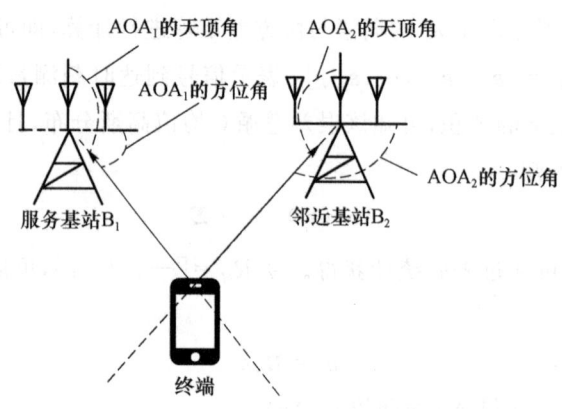

图 2-3 基于到达角角的定位方法示意图

经典的高分辨率测角方法包括最小均方无畸变响应(MVDR)算法、MUSIC 算法、ESPRIT 算法等。后续提出的 MUSIC-Like 算法可以在未知信源数情况下获得接近 MUSIC 算法性能的结果。

2.3.2 误差分析

尽管 AOA 定位技术在某些应用场景中可以提供较高的定位精度,但其定位性能受多种因素影响,可能会导致定位误差。

1. 信号干扰

在 AOA 系统中,信号干扰主要来自两个方面:相邻信道的信号干扰和无线电噪声。相邻信道的信号干扰通常发生在频谱密集的环境中(如城市地区),其中多个无线电发射器在相近的频率上运作,可能会导致接收器难以区分目标信号和干扰信号,从而影响到达角度的准确测量。无线电噪声包括自然来源(如雷电)和人造来源(如电机运转),这些噪声增加了背景的信号水平,可能掩盖了弱的目标信号或使信号的角度信息扭曲。为降低信号干扰,可以采用频率选择、信号滤波、干扰抑制等技术。

2. 阵列位置误差

在 AOA 系统中，天线阵列的设计和布局对定位精度有重大影响。天线阵列需要精确控制每个天线元件的位置、相位和增益，以确保到达角度的正确测量。天线元件放置不均匀或者元件之间的相位和增益存在差异，都会引入误差，影响角度的测量。这种误差可能导致信号到达角度的估计偏离真实值。改善天线阵列设计、使用高质量的天线元件，以及采用校准技术都可以减少这类误差。

3. 同步误差

多基站 AOA 系统依赖于对信号到达时间的精确测量，要求各基站之间有高度一致的时钟同步。时钟同步误差会直接影响到达角度的测量精度。例如，如果两个基站的时钟存在偏差，那么信号在两个基站的到达时间会被错误地测量，导致角度估计出错。同步误差可以通过使用高精度的时钟同步技术（如 GPS 时钟同步）来减小。

4. 信号模型和算法误差

AOA 估计的准确性还依赖于对信号传播模型的准确描述和角度估计算法的有效性。如果信号模型过于简化，忽略了实际传播过程中的衰减、折射和散射效应，或者角度估计算法不能准确处理这些现象，就会引入误差。例如，多径效应在模型中的忽略可能导致角度估计与实际情况相差甚远。提高模型的准确性和算法的鲁棒性是减少这类误差的关键，这可能需要采用更复杂的物理模型和更高级的信号处理技术。

2.4 基于指纹匹配的定位方法

2.4.1 指纹定义

与人类的指纹独一无二一样，信号的传播特性对于其传输或接收的位置也是特殊的。可以推知，在无线定位中，我们可以将不同位置测量的信号特征定义为指纹。本章前几节曾详细说明了诸如信号传播时间（TOA）、传播时间差（TDOA）或传播方向（AOA）的几何距离测量方法，其中 TOA 和 TDOA 是基于无线信号传输时间的定位技术。两者在定位阶段都需要知道至少四个基站的位置，而且都对基站-终端、基站-基站间时间同步有一定要求。AoA涉及无线信号入射角的测量,接收器必须有定向天线阵列。在室内外无缝定位实现的过程中,由于室内信号传播环境复杂,存在大量人员流动导致的信号干扰,精准的时间、角度测量成为难题。而位置指纹法以其不需要知道基站的位置仅需要采集不同位置的信号特征就能完成位置辨识的特点,成为复杂室内环境高精度定位的一种潜在解决方案。

基于位置指纹的一般方法是收集并建立一个指纹数据库,其中包含环境中每个位置的指纹,即信号特性集合。然后,指纹方法将待定位位置实时测量到的指纹与数据库中的指纹条目进行比较,以匹配最佳的数据库指纹,这种最佳匹配提供了最可能位置结果,进而实现定位功能。这样的指纹数据库常基于实际环境中的数据样本采集和特征提取来完成,其中可用于构建指纹数据库的"位置指纹"具体意义是将实际环境中的位置和某种"指纹"联系起来,一个位置对应一个独特的指纹。这个指纹可以是单维或多维的,比如待定位设备在接收或者发送信息,那么指纹可以是这个信息或信号的一个特征或多个特征(最常见的是信号强度)。如果待定位设备是在发送信号,由一些固定的接收设备感知待定位设备的信号或信息然后给它定位,这种方式常常叫作远程定位或者网络定位。在自身定位方案中,待定位设备接收来自一些固定发送设备的信号或信息,并根据这些检测到的特征来估计自身的位置。相比之下,在混合定位中,待定位移动设备可能会将其检测到的特征传送给网络中的服务器节点,服务器则可以利用所获得的全部信息来估计移动设备的位置。在所有这些定位方式中,都需要将感知到的信号特征与数据库中的信号特征进行匹配,这个过程可以视为一个模式识别问题,可以使用机器学习算法、统计方法或其他模式识别技术来建立匹配模型。

并且,位置指纹的类型多样,任何能够有效区分不同位置的特征均可作为位置指纹。这些特征包括但不限于某位置的通信信号的多径效应结构、是否能探测到接入点或基站、从基站接收到的信号强度(RSS)、以及信号的往返时间或延迟等。这些特征可以单独使用,也可以组合使用,以增强定位的准确性和可靠性。

2.4.2 指纹定位流程

使用位置指纹进行定位通常有两个阶段:离线阶段和在线阶段。在离线阶段,为了采集各个位置上的指纹从而构建一个数据库,需要在指定的区域进行烦琐的勘测,采集好的数据有时也称为训练集。在在线阶段,系统将估计待定位的移动设备的位置。下文将借由基于接收信号强度(RSS)的指纹方法对这两个阶段进行更详细的描述。需要注意的是，室内定位中所得到的位置坐标通常是指在当前环境中的一个局部坐标系中的坐标，而不是经纬度。

1. 离线阶段

离线阶段通常进行指纹数据库的建立以存储位置和指纹的对应关系，具体步骤如下：

① 勘测和位置选择。在待定位区域内，选择一组离散的位置点，这些点覆盖整个定位区域。位置点的选择可以通过网格划分、均匀采样或人工选择等方式确定。

② 数据采集。在每个选定的位置点上，收集与定位相关的信号特征，比如接收信号强度值（RSSI）、信道状态信息（CSI）、功率时延特性（PDP）。

③ 数据处理和指纹构建。对采集到的信号特征进行处理和提取，形成每个位置点的指纹，这可能涉及特征选择、数据降维、归一化等步骤。将处理后的特征与位置标签关联，构建一个指纹数据库。

一个典型的场景如图 2-4 所示，地理区域被一个矩形网格所覆盖，该场景中有 4 行 7 列的网格（总共 28 个网格点）和 2 个 AP。这些 AP 原本是部署在此处用于通信，同时也可以用于定位。在每个网格点上，通过一段时间的数据采样（通常为 5 到 15 分钟，大约每秒采集一次）得到来自各个 AP 的平均 RSS，采集的时候移动设备可能有不同的朝向和角度。在这个例子中，一个网格点上的指纹是一个二维的向量 $\boldsymbol{\rho}=[\rho_1,\rho_2]$，其中 ρ_i 是来自第 i 个 AP 的平均 RSS。在后文中，记 RSS 样本的统计特性作为指纹。简单起见，如果没有特别说明，本书将指纹视为 RSS 样本的均值。

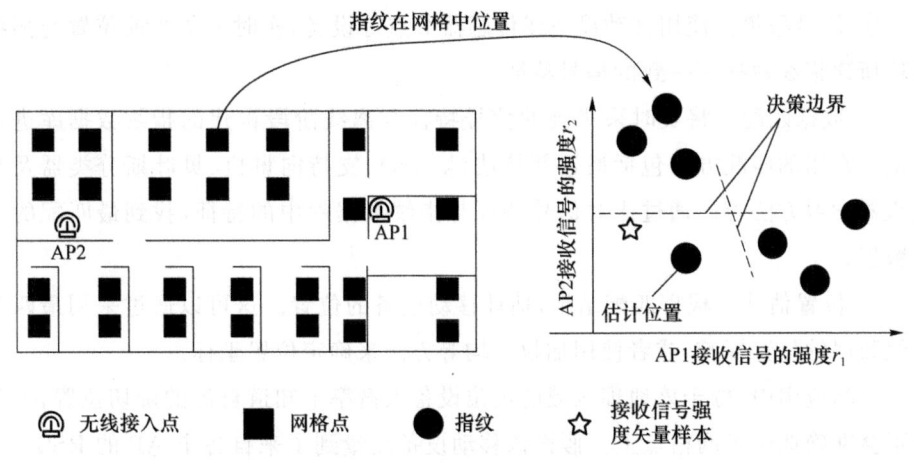

图 2-4 基于 Wi-Fi 信号强度的位置指纹法，以及 RSS 空间中的欧氏距离

上述二维的指纹是在每个网格点所示的区域采集到的。这些网格点的坐标及其对应的指纹构成了一个数据库,这个过程有时称为标注阶段(Calibration Phase),而这个指纹数据库有时也被称为无线电地图(Radio Map),简称为指纹库。表 2-1 是指纹库的一个示例。图 2-4 的二维信号强度图在二维向量空间(后文都统称作信号空间)中展示了这些指纹。在更一般的场景下,假设有 N 个 AP,那么指纹 ρ 是一个 N 维的向量。

表 2-1 指纹库示例

网格坐标	ρ_1/dBm	ρ_2/dBm
(0,0)	−65	−50
(0,1)	−64	−45
(0,2)	−60	−51

尽管 RSS 样本的坐标点位于实际物理空间中的直角网格点上,但是在信号空间中,位置指纹的分布却没有这样的规律。显然,这些在物理空间呈直角网格状的位置点,在信号空间中会呈现出一些不规律的模式。一些信号向量,即使在物理空间中彼此距离较远,但在信号空间中却可能很接近,这会增加错误发生的概率。因此,某些部分的指纹采集可能是无用的,甚至有时可能会对定位效果产生负面影响。

2. 在线阶段

在线阶段,系统将根据实时采集的信号特征来估计待定位移动设备的位置,具体步骤如下:

① 信号采集。使用移动设备或传感器节点等设备,实时采集当前位置与离线阶段所建指纹数据库一致的信号特征。

② 数据匹配。将实时采集到的信号特征与离线阶段构建的指纹数据库进行匹配。常用的匹配方法包括最近邻算法(k-NN)、支持向量机、贝叶斯分类器及其他机器学习方法等。通过比对信号特征与指纹数据库中的特征,找到最匹配的指纹数据。

③ 位置估计。根据匹配结果,估计移动设备的位置。这可以通过采用最匹配指纹数据的位置标签,或者使用加权平均等方法来确定位置坐标。

实际应用中,位于该地理区域的定位设备大概率不知道自己的确切位置,很可能不会准确地位于网格点上。假设该移动设备测量到了来自各个 AP 的 RSS。假设只测量到一个样本,当来自各个 AP 的 RSS 都被测量到时,RSS 向量的测量值会被传输到网络中。设图 2-4 的例子中 RSS 向量为 $r=[r_1,r_2]$。要确定移动设备的位置，就是要在指纹库中找到和 r 最匹配的指纹 ρ。一旦找到了最佳的匹配，那么移动设备的位置就被估计为这个最佳匹配的指纹所对应的位置。比如，如果 $r=[-65,-49]$，那么最匹配的样本是表 2-1 中的第一项，移动设备被定位在坐标(0,0)。在更一般的情况下，向量 r 是 N 维的。

综上所述，接收信号强度（RSS）定位方法的准确性依赖于对发送信号强度及信道衰落模型的了解。仅当这些参数已知时，方可通过接收信号强度来推算标签与基站之间的距离。信号强度随距离增加而衰减的程度受信道特性的显著影响。室内环境的复杂性，加之多径传播和非视距传播的影响，导致相同距离下的信号损耗各异。因此，RSS 方法无法提供极其精确的位置估计，这是基于指纹定位技术的一个固有局限。

2.4.3 指纹定位误差分析

在最理想的情况下，观测 RSS 应该和它匹配到的指纹非常接近，同时这个指纹所对应的位置和移动设备的实际位置非常接近。但实际情况往往不是如此，有几个原因会造成显著的误差。

无线电信号的传播极易受到周围环境的影响，尤其是在室内空间或城市高楼林立的地带。此外，用户手持设备的朝向对移动设备测量的 RSS 有显著影响。不同制造商的网卡在计算 RSS 时所采用的方法亦存在差异，这进一步导致了 RSS 测量结果的不统一。由于 RSS 的分布可能不稳定，因此在测量观测向量 r 时，可能会将其错误匹配到与实际位置相距较远的位置指纹。

在无线接入点（AP）的检测领域，不是所有位置都能始终探测到全部 AP。例如，在数据采集阶段，某一网格点可能仅能侦测到三个 AP，而在实际的在线定位过程中，移动设备却能检测到四个或五个 AP。此时，扩展指纹数据库的维度将有助于在信号空间中区分各个网格点。尽管如此，信号的不稳定性可能会对定位算法的精确性造成影响。

2.5 差 分 定 位

鉴于误差通常在空间上具有相关性，可以引入差分定位的概念。差分定位指的是定位系统通过建立位置已知的基准站,通过比较真实的距离与估算距离推导公共测量误差,并将该误差播发给附近定位终端实现误差补偿,完成精确定位,提高定位精度。该方法可以有效地减少或消除定位测量中的误差,相较于传统方法,差分定位的精度显著提高。

2.5.1 差分定位原理

考虑一定地域范围内的多台接收机,将其中一台已知具有精密坐标的接收机作为差分基准站,该站持续接收定位信号,并结合已知位置计算出到各信源的测量误差,得出差分校正量。同时,基准站将差分校正量发送至范围内支持差分定位改正信息获取的流动站。流动站在定位时根据差分校正量对观测结果进行补偿,显著减少甚至消除由于卫星时钟、卫星星历、电离层延迟和对流层延迟等因素所引起的误差,提高定位精度。

可以推知,流动站与差分基准站距离越近,同一卫星信号在这两个站点之间传播的路径越短,两站点之间的测量误差相关性越强,补偿效果越好。

2.5.2 主流差分定位方式

目前,差分定位补偿方式主要可分为:位置差分、伪距差分、载波相位差分。

1. 伪距差分

伪距差分技术是在一定范围的定位区域内,设置一个或多个安装终端的已知点作为基准站,连续跟踪观测所在信号接收范围内的伪距,通过在基准站上利用已知坐标计算观测站至卫星的几何距离。将几何距离与观测所得的伪距比较,求出其伪距修正值,并将所有卫星的伪距修正值传输给流动站,流动站利用该值来改正由信源和信道误差导致的伪距测量误差;用户利用修正后的伪距进行定位。在一定区域范围内,流动站与基准站距离越小,使用 GNSS 伪距差分定位得到的定位精度越高。

2. 载波相位差分

载波相位差分技术,又称实时动态差分技术(Real Time Kinematic,RTK),是一种利用终端实时观测信号载波相位来进行定位的技术。它采用实时解算和数据处理的方式,能够实时地为流动站提供在指定坐标系中的三维坐标,最高可实现厘米级定位精度。在载波相位差分技术的实现过程中,基准站可选择播发两种信息:原始载波相位观测数据和基准站坐标。

在载波相位差分技术中,基准站不直接传输差分校正量,而是发送原始测量值。当流动站收到基准站的数据后,与自身观测信源数据组成相位差分观测值,利用组合后的测量值求出基线向量,完成相对定位,进而推算出测量点的坐标。采用RTK进行定位工作时,除了基准站接收机和流动站接收机,还需要配备数据通信设备。基准站需要通过数据通信链实时广播自己获得的载波相位观测值和基准站的坐标给周围的动态用户。流动站的数据处理模块利用动态差分定位的方法确定出其相对于基准站的位置,然后根据基准站的坐标计算出自己的瞬时绝对位置。

2.6 融合定位方法

在实际定位系统的部署过程中,单一种类的定位由于频段、室内物品部署等条件不同,往往无法满足用户对精度的要求,同时也缺乏足够的鲁棒性和可靠性。多源融合导航基于信息融合技术,将来自不同导航源的同构或者异构导航信息按照相应的融合算法进行融合,从而得到最佳的融合结果。与传统的单一导航源相比,多源融合导航可以充分利用每个导航源的优势,从而提供最优的定位和导航服务。

2.6.1 主要定位导航系统的种类

现有的导航系统种类多样,如卫星导航系统、惯性导航系统、光/声学系统、重力/磁力系统等。

1. 卫星导航系统

由导航卫星、地面台站以及用户定位设备组成。定位方法主要是多普勒测速、时间测距。多普勒测速是用户测量实际接收到的信号频率与卫星发射的频率之间的多普勒频移,并根据卫星的轨道参数算出用户的位置。时间测距则是通过测量卫星信号的传播时间,继而通过特定方程式的数学模型计算,得出用户位置信息。

2. 惯性导航系统

通过陀螺仪和加速度计测量目标的角速率和加速度,然后通过积分运算计算出目标的位置信息以及速度信息。在 x 轴和 y 轴方向上分别对分量加速度求积分,从而得到速度信息。然后在已知初始速度的情况下再次求积分,得到测量目标的位置坐标(x,y)。

3. 光/声学系统

光学定位系统通过捕捉和识别特定的光学标记或模式来定位物体。这些系统通常使用一组摄像头或传感器来监测环境中的光学元素,如反光标记、二维码或特殊的光学图案。当摄像头捕获到这些标记时,系统通过分析它们的位置、形状和相互关系来确定物体的具体位置和姿态。这一过程通常涉及复杂的图像处理和计算几何算法,以实现高精度和实时跟踪。光学定位系统广泛应用于手术导航、虚拟现实、机器人导航等领域,其优势在于能够提供精确的空间定位信息,而不受电磁干扰。

声学导航系统主要应用于水下潜艇的定位。与其他导航系统相比,声学导航既可以用于水面,也可以用于水下导航,能够实时准确地测量载体的速度、航向等信息。

4. 重力/磁力系统

重力导航是在重力测量、重力异常及垂线偏差的测量和补偿的基础上发展起来的。磁力导航则是根据地球上不同位置的地磁场各不相同,首先采用地磁传感器测量地磁矢量数据库,然后在线定位时根据匹配算法,将实时测量的地磁场与地磁矢量数据库进行比对,从而获取当前用户位置信息。

2.6.2 多源融合算法

在多源融合导航系统中,多源融合算法是充分利用导航源实现融合定位的关键步骤。下面就几种典型的融合算法进行介绍。

1. 加权融合算法

在加权融合算法是将多个融合源提供的位置信息分别冠以相应的权重,对多源融合定位系统的坐标解加权进行融合得到定位结果。

优点:加权融合算法复杂度低,理论较为直观。

缺点:当权重因子选取不当时,融合效果较差。

2. 基于贝叶斯估计的滤波融合算法

基于贝叶斯估计的滤波融合算法的核心是利用贝叶斯理论来整合来自不同传

感器的信息,以估计系统的状态(如位置、速度、方向),并不断更新这些状态的估计值,以达到对动态系统进行有效跟踪和预测的目的。

在贝叶斯估计框架中,系统的状态估计不仅考虑了新的观测数据,还考虑了先前的状态估计和其不确定性,从而实现了对信息的连续更新和融合。具体来说,它包括两个主要步骤:预测和更新。在预测步骤中,算法基于系统的动态模型预测下一时刻的状态及其不确定性;在更新步骤中,算法结合新的观测数据,利用贝叶斯规则更新状态估计和其不确定性。

常见的基于贝叶斯估计的滤波融合算法包括卡尔曼滤波(Kalman Filter)、扩展卡尔曼滤波(Extended Kalman Filter,EKF)、无迹卡尔曼滤波(Unscented Kalman Filter,UKF)和粒子滤波(Particle Filter)。其中:卡尔曼滤波适用于线性系统和高斯噪声;而 EKF 和 UKF 是卡尔曼滤波在非线性系统中的扩展;粒子滤波则适用于非线性非高斯的情况,通过一系列随机样本(粒子)来表示状态的概率分布。

这些算法的优点在于能够提供一种数学上严格的方法来估计系统状态并量化估计的不确定性,从而为决策提供支持。通过合理设计模型和选择合适的滤波算法,基于贝叶斯估计的滤波融合技术能够有效地提高系统的估计精度和鲁棒性。

3. 基于因子图的融合算法

基于因子图的融合定位算法是一种高效的信息融合技术。因子图是一种图模型,用于表示变量间复杂的依赖关系,特别适合于描述多源信息的融合问题。在这种算法中,传感器的观测数据、状态变量(如位置、速度)、环境特征等都可以作为图中的节点,而各种约束和观测之间的关系则通过连接这些节点的边来表示。

在基于因子图的融合定位算法中,一个"因子"代表了一组变量之间的概率关系。例如,一个因子可以表示由 GPS 观测到的位置信息,另一个因子可以表示由惯性测量单元(IMU)提供的速度和方向信息。通过将这些因子连接到相关的状态变量上,构成一个因子图,从而形成了一个全局的概率模型。接下来,通过在这个图上应用图优化或者消息传递算法(如信念传播),可以高效地估计出系统的状态,即融合多源信息后的最优估计。

这种方法的优势在于其模块化和灵活性。不同类型的传感器和信息源可以很容易地通过添加相应的因子来集成到模型中。此外,因子图方法还具有很好的扩展性和鲁棒性,能够处理大规模的状态空间和噪声数据,从而在复杂环境下实现准确的定位和导航。

第 3 章
北斗卫星导航定位技术

3.1 北斗卫星定位系统组成及结构

20世纪后期,中国开始探索适合国情的卫星导航系统发展道路,逐步形成了"三步走"发展战略:2000年底,建成"北斗一号"系统,向中国提供服务;2012年底,建成"北斗二号"系统,向亚太地区提供服务;2020年,建成"北斗三号"系统,向全球提供服务。北斗卫星导航系统由空间段、地面段和用户段组成,北斗系列卫星发射数量及轨道分布如图3-1所示。

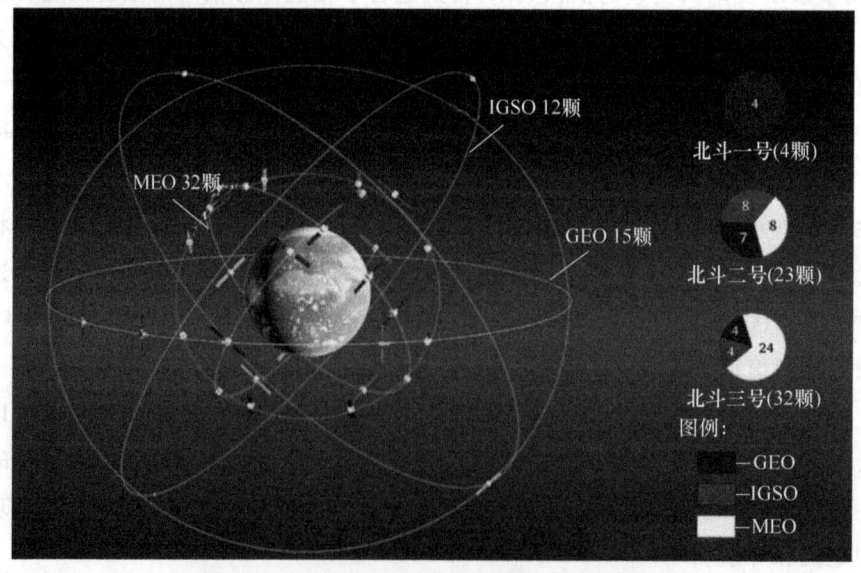

图 3-1 北斗系列卫星发射数量及轨道分布图

北斗卫星导航系统由空间段、地面段和用户段三部分组成。空间段主要指空间星座的各颗在轨卫星,各卫星将载有导航电文的调制信号发出,提供给用户段各接收设备进行定位解算。地面段主要包括控制系统整体运行的主控站、发送上行数据的同步/注入站和对卫星运行情况进行监控的监测站,此外北斗卫星导航系统(BDS)的地面段还包括了在部分区域设置的地基增强系统。用户段指接收机和运用接收机进行定位、导航的所有设备,通过接收并测量可见卫星的信号,结合获取的卫星轨道信息来确定接收机的位置。

3.1.1 空间段

根据轨道高度,卫星可分为 LEO(低轨)、MEO(中轨)、GEO(地球同步轨道)、IGSO(倾斜地球同步轨道)和 HEO(高轨)等类型。卫星导航最常用的是 MEO,四大全球导航系统中,只有北斗包含 GEO 卫星和 IGSO 卫星。卫星的参数如下所示:

① LEO——轨道距离 400~2 000 km,运行周期 90 min~2 h,覆盖面较小。

② MEO——轨道距离 2 000~36 000 km,卫星导航系统中的 MEO 卫星一般在 20 000 km 左右,运行周期 12 h 左右,需要大概 10~17 颗卫星以及 2~3 个轨道面来覆盖地球。

③ GEO——轨道距离约为 36 000 km,运行周期与地球自传周期相同,除两极外可覆盖半球。

④ IGSO——轨道高度和运行周期与 GEO 相同,只是轨道面与地球赤道存在夹角,两颗即可覆盖包括极地在内的半球。

⑤ HEO——轨道高度大于 36 000 km,椭圆轨道,对远地点下方的地面区域的覆盖时间可以超过 12 h。

不同高度卫星覆盖范围如图 3-2 所示。

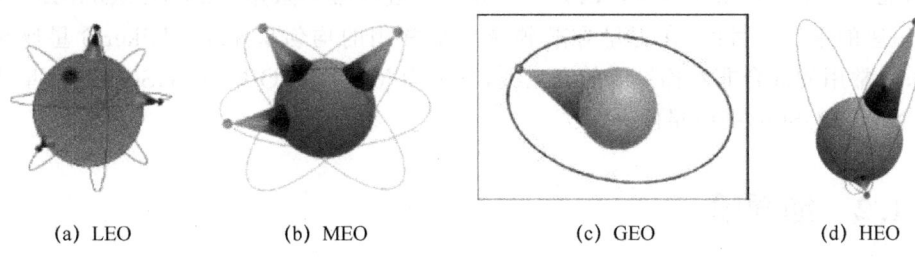

(a) LEO　　　　(b) MEO　　　　(c) GEO　　　　(d) HEO

图 3-2　不同高度卫星覆盖范围示意图

完整的卫星导航系统会包括多个轨道面,每个轨道面会有不同的倾角。为了保证地球上任一点任意时间都有至少 4 颗卫星的覆盖(后续章节将介绍卫星导航接收机至少需要接收 4 颗以上的卫星才能定位),卫星导航星座需要经过精心设计。不同国家的导航系统倾向于本国及周边地区拥有更好的覆盖。例如:俄罗斯的 GLONASS 系统的星座在高纬度地区较其他系统有更好的覆盖;中国的北斗导航系统在亚太区域有更好的覆盖。

我们把卫星在地面的投影点(或卫星与地心连线同地面的交点)称为星下点。卫星运动和地球自转会使星下点在地球表面移动,形成星下点轨迹。地球同步轨道(GEO)卫星的星下点就是一个固定的点。当然,由于存在轨道扰动,GEO 卫星的星下点也会有微小的波动。IGSO 的高度与 GEO 相同,但其轨道倾角不为零,因此其星下点是运动的。同样,MEO 的星下点也是不断变化的,但其比 IGSO 的变化范围大得多。图 3-3 是卫星的星下点示意图。

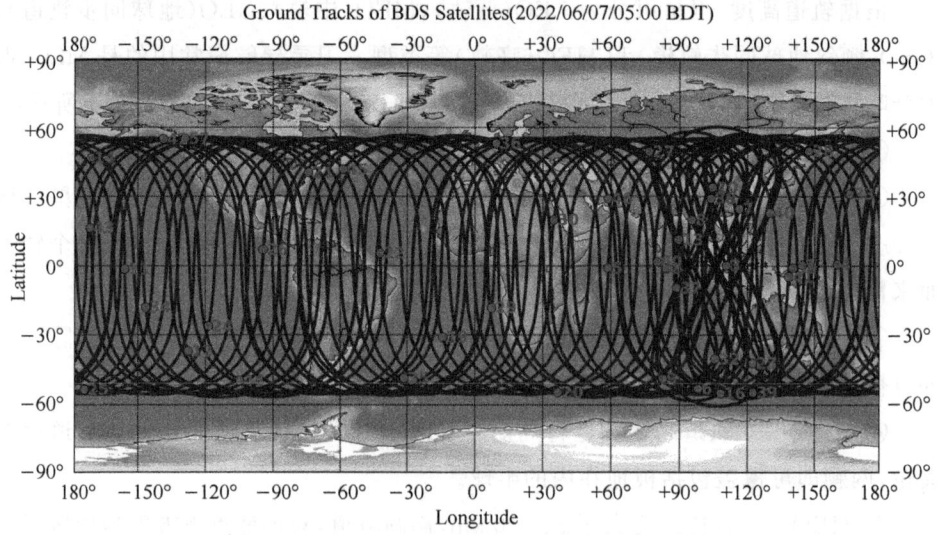

图 3-3　北斗卫星运行轨迹图

北斗卫星导航系统空间段是 GEO 卫星、IGSO 卫星、MEO 卫星组成的混合星座,北斗卫星导航系统是全球四大卫星导航系统中唯一采用 IGSO/GEO/MEO 异构星座的系统。目前,在卫星导航领域中最常用的均匀星座是 Walker-δ 星座模型;最常用的混合非对称星座的有三类,分别为 MEO/GEO 星座、IGSO/GEO 星座和 MEO/IGSO/GEO 星座。

3.1.2　地面段

地面段的任务是负责导航星座的监测、指挥和控制等,主要目的是收集并校正卫星导航的定位参数,完成调整卫星运行姿态以及轨道的任务,通过计算卫星导航信号提供的参数信息来定位用户坐标。地面段由三部分组成，分别为主控站、注入站和监测站。主控站的任务是实时采集其他各监测站（如测高站、测轨站）的观测数据，对收集到的信息进行数据加工处理，分析得出信息完整的卫星导航电文，由此得知当前卫星的轨道与姿态，并对其进行调整与调度，从而使整个卫星导航系统平稳运行。监测站的任务是接收卫星信号来监测卫星状态，将接收的导航信号预处理后发送给主控制中心，可以完成广域差分、实时同步时间、定位卫星轨道等任务。注入站的任务是接收主控制中心的指令，对其他卫星发射信号进行轨道预设置、修改卫星姿态参数和修改卫星原子钟偏差，其接收和发射的信号包括主控制中心的卫星平台指令和导航电文。地面段的组成如图3-4所示。

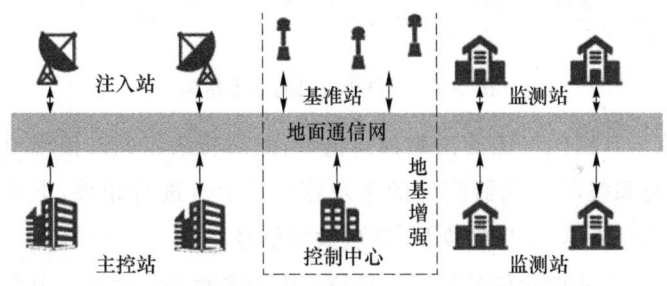

图 3-4　地面段示意图

3.1.3　用户段

在用户段中起主要作用的是用户接收机，用户接收机通过天线接收到卫星导航信号，并进行处理，进而实现导航定位功能。用户接收机的主要作用是捕获和跟踪可见的北斗导航卫星，测得可见卫星的测距码传输路程的长度，通过计算求得用户接收机的位置，进而得到导航电文，获得我们需要的信息，完成对用户的授时、导航等任务。

用户接收机的内部结构按其工作流程可以分成三个模块：射频前端处理、基带数字信号处理和定位导航运算。用户接收机的基本结构如图3-5所示。

模拟信号在传输过程中容易受到噪声影响不易还原，而数字信号更加容易还原，在远距离传输中仍能确保质量，并且电子器件更容易处理低频信号，所以需要对接收到的卫星信号进行射频前端处理。射频前端处理的大致工作流程是：首先

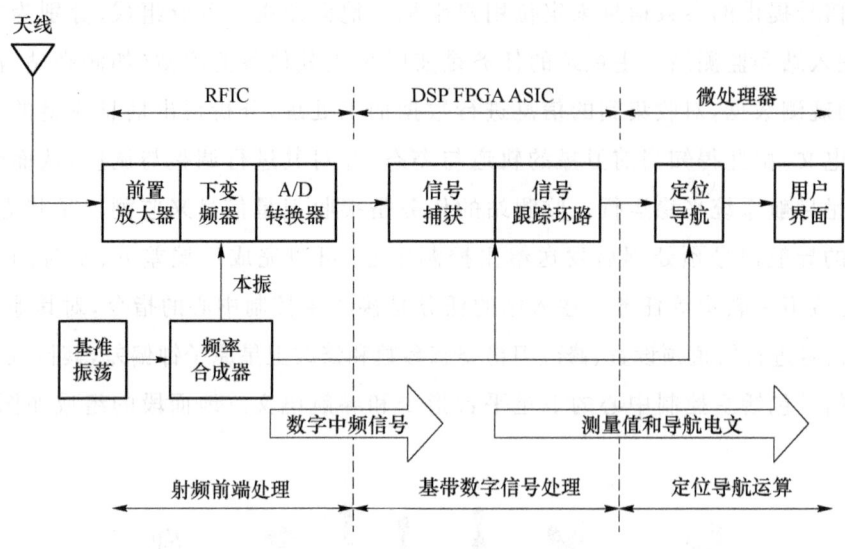

图 3-5 用户接收机的基本结构

通过天线接收来自空间星座的高频模拟信号;然后将接收到的信号进行滤波放大处理;接下来再和载波生成器产生的正余弦本振信号进行相乘,下变频成中频信号;最后再将信号送给 A/D 转换器,产生数字信号。

基带数字信号处理的任务是对卫星信号中的参数进行估计。其信号捕获模块的工作流程是:本地接收机产生带有多普勒频移的载波信号,和来自空间星座的卫星信号进行混频,剥离掉载波干扰,然后经过相关处理找到码相位延时,剥离掉测距码,最后剩下的就是带有卫星位置信息的导航电文。其跟踪模块是对卫星信号参数的精确检测。

定位导航运算是通过之前获得的多普勒频移和码相位延时参数,将导航电文从卫星信号中剥离出来,利用导航电文中含有的卫星位置等信息来实现导航定位的功能。

3.2　北斗卫星定位信号体制

北斗卫星信号从结构上分为载波、伪码和信息码(数据码或二级码)三个层次,信息码首先与伪码进行扩频调制,接着两者的组合码与载波再进行调制,如图 3-6 所示。

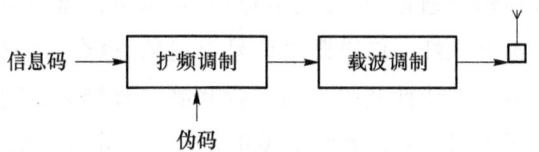

图 3-6 北斗卫星信号调制过程

3.2.1 北斗系统的信息传递原理

通信的任务是传递信息,即对信息进行时空转移,卫星导航系统中通信的主要任务是实现卫星与接收机之间的信息传递。实现通信的方式很多,如古代社会的旌旗、烽火台和击鼓传令,以及现代社会的电话、广播、电视等,这些都是消息传递和信息交流的方式。随着人类文明的不断发展和科学技术的进步,电信技术也随之飞速发展,如今,在自然科学领域涉及"通信"这一术语时,一般指"电通信"。由于光也是一种电磁波,所以光通信也属于电通信。

在通信系统中,信息的传递是通过电信号来实现的:首先把要传递的消息转换成电信号,经过发送设备,将信号送入信道,在接收端利用接收设备对接收信号做相应的处理后,送给信宿再还原为原来的消息,这一过程可用图 3-7 所示的通信系统一般模型来概括。

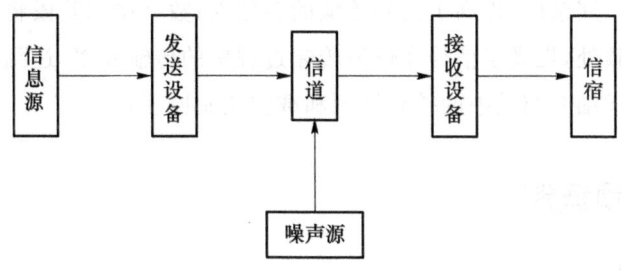

图 3-7 通信系统一般模型

① 信息源:将各种信息转换为原始电信号,根据消息的种类不同,信源可分为模拟信源和数字信源。模拟信源送出的信号经数字化处理后也可变换为数字信号。卫星导航系统中的信源就是导航卫星。

② 发送设备:将原始信号变换成可以在信道中传输的信号,即发送信号的特性和信道特性相匹配,具有抗信道干扰的能力,并且具有足够的功率以满足远距离传输的需要。卫星导航系统中的发送设备为导航卫星中的发射天线。

③ 信道：信号传输的通道，在无线信道中，信道可以是自由空间；在有线信道中，可以是明线、电缆和光纤。信道既给信号以通路，也会对信号产生各种干扰从而带来噪声。信道的固有特性及引入的干扰和噪声直接关系到通信的质量，如何排除或减小噪声的影响对于通信系统至关重要。卫星导航系统的信道包括从卫星到接收机的一切复杂环境。

④ 接收设备：从接收信号中恢复原始电信号，此外，它还要尽可能减小在传输过程中噪声与干扰所带来的影响。卫星导航系统中的接收设备为地面的接收机。

⑤ 受信者（简称信宿）：信宿是传送消息的目的地，其将原始电信号转换成各种信息，即进行解调、译码等，从带有干扰的信号中正确恢复出原始信息。

导航卫星与接收机之间的通信系统是数字通信系统，导航卫星与接收机之间的数字通信系统模型如图 3-8 所示。

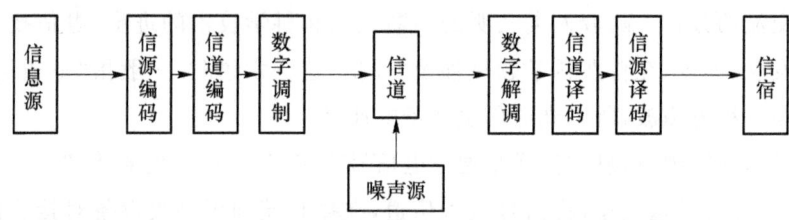

图 3-8 导航卫星与接收机之间的数字通信系统模型

与一般通信模型相比：该模型的信源编码阶段将模拟信号进行了数字化；信道编码阶段加入了冗余码，提高了信号传输的有效性；数字调制阶段将基带信号的频谱搬移到了高频处，提高了信号在信道传输过程中的传输效率，达到了远距离传输的目的。下面详细介绍其中的扩频调制和载波调制原理。

3.2.2 扩频调制

在北斗卫星导航系统中，扩频调制被广泛应用于通信和定位信号的传输。扩频调制是指将基带信号的频谱通过某种调制方式使其频宽远大于原基带信号带宽的通信技术。北斗系统采用的扩频调制主要包括直接序列扩频和跳频等方式，以增强抗干扰能力并提高信号的隐蔽性。扩频调制的基本原理包括直接序列扩频、跳频扩频、脉冲线性调频和混合扩频等。以下详细介绍直接序列扩频的原理。直接序列扩频的示例如图 3-9 所示。主信号编码的主峰频宽为 100 Hz，经过与主峰频宽 1 MHz 的扩频码相乘后，频宽扩展到了 1 MHz，如图 3-9(a)所示。

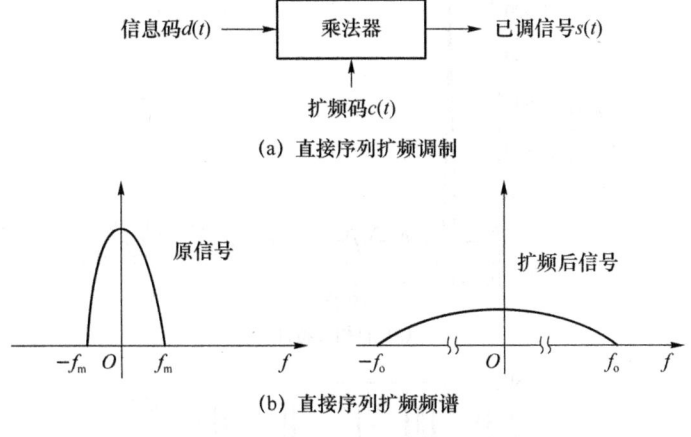

图 3-9 直接序列扩频

尽管扩频使信息码的播发需要占用更多的频带资源,但是扩频也带来了它的优势:在接收端利用同步扩频码序列的相关性进行解扩时,只将有用数字信号转换为了窄带基带信号;而宽带无用信号与本地伪码不相关,不能被解扩,且窄带无用信号被本地伪码扩展为了宽带谱。通过滤波可清除带外干扰,从而提升系统的抗干扰能力;扩频码不改变信息码的能量,因此经扩频后的信息码能量分布在更宽的频谱中,使其看起来像噪声一样,将发射信号隐藏在背景噪声中,增强了抗侦测和抗窃听能力。GNSS 采用直接序列扩频,使用多个伪随机序列作为不同卫星的地址,不同卫星共用一个频段,可实现码分多址,且可进行高分辨率的测距。

图 3-9(a) 中信息码和扩频码都属于二进制脉冲幅度调制(PAM)信号,表达式可以写为

$$d(t) = \sum_{k=-\infty}^{\infty} d_k u_{T_B}(t - kT_B) \tag{3-1}$$

$$c(t) = \sum_{n=-\infty}^{\infty} c_n u_{T_C}(t - nT_C) \tag{3-2}$$

其中:d_k 和 c_n 分别是独立等概取值为 ±1 的信息码序列和扩频码序列;$u(t)$ 是单位幅度的矩形脉冲,宽度分别为 T_B 和 T_C。

扩频码通常采用伪随机序列,又称伪随机码,它具有类似于随机序列的基本特性:包括尖锐的自相关特性和低值的互相关特性,图 3-10 所示为 GNSS 中伪随机码的基本特性。

伪码中的每位二进制数称为一个码片(chip),码片持续时间 T_C 称为码宽,而单位时间所包含的码片数目称为码片速率 r_C,简称码率,单位为码片/s。显然,码

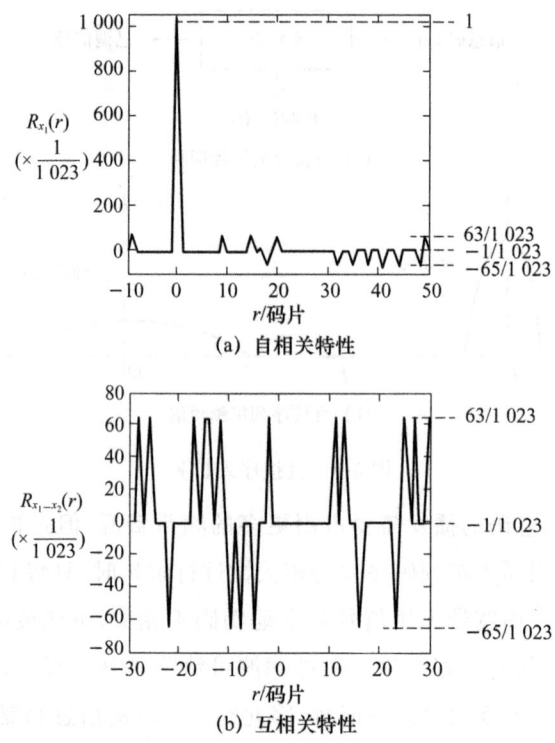

图 3-10 伪随机码的基本特性

宽 T_C 与码率 r_C 互为倒数,即

$$r_C = 1/T_C \tag{3-3}$$

因原信号经过调制伪码扩展了频谱,相应的信号频宽的放大倍数称为扩频增益 G_p,其值等于信息码码宽 T_D 与伪码码宽 T_C 的比值,即

$$G_p = T_D/T_C \tag{3-4}$$

扩频信号的功率谱密度和自相关函数对我们进一步认识这类信号有很大的帮助,其直接影响着信号质量和接收机性能,有助于我们了解 GNSS 信号结构、信号负载以及 GNSS 接收机设计与性能等方面的知识,以下两小节将对这两种特性进行介绍。

3.2.3 载波调制

1. BPSK 调制

如图 3-11 所示,载波调制实质是将基带信号频谱搬移到高频载波上,使之便于在信道中传输,提高频谱的利用率。

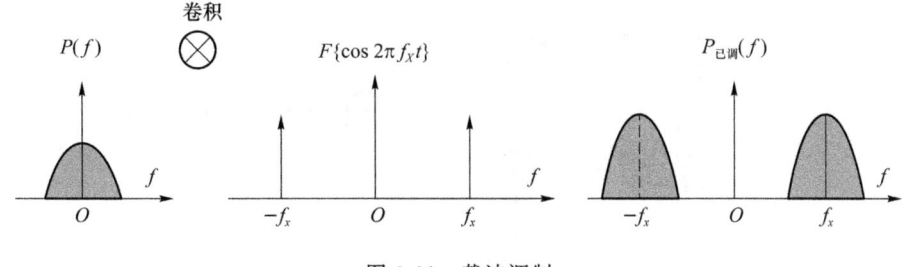

图 3-11　载波调制

数字基带信号通过正弦型载波调制可以成为带通信号。传统的 GNSS 信号多采用 BPSK(二进制相移键控)调制,其用经过扩频调制后的二进制数字信号控制正弦载波的相位。BPSK 信号产生的原理如图 3-12 所示。

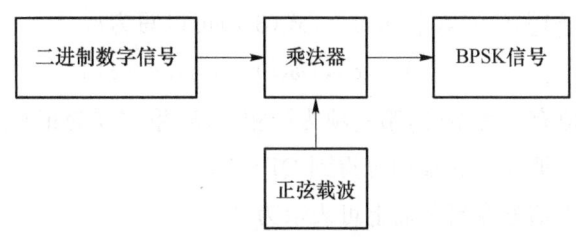

图 3-12　BPSK 调制

图中二进制数字信号的正弦载波为 $A\cos(\omega_X t)$,此时 BPSK 信号表达式为

$$S_X(t) = A[s_X(t)]\cos(\omega_X t) = A\left[\sum_{n=-\infty}^{\infty} a_n u_{T_C}(t - nT_C)\right]\cos(\omega_X t) \tag{3-5}$$

假设已调制的信息码恒为 1,此时 $s_X(t)$ 为 GNSS 信号调制过程中经扩频后的基带信号,式中 $\omega_X = 2\pi f_X t$,f_X 为载波的频率。

BPSK 信号的平均功率谱密度是将基带信号的功率谱密度搬移到载频。其计算公式为

$$P_{\text{BPSK}}(f) = \frac{A^2}{4}[P_s(f - f_X) + P_s(f + f_X)] \tag{3-6}$$

其中,$P_s(f)$ 是基带信号 $s_X(t)$ 的功率谱密度。

2. QPSK 调制

除 BPSK 外,QPSK(四相移相键控)也常用于卫星导航的载波调制过程,QPSK 调制如图 3-13 所示。

QPSK 的正弦载波与 BPSK 不同,其具有 4 个可能的离散相位状态,即

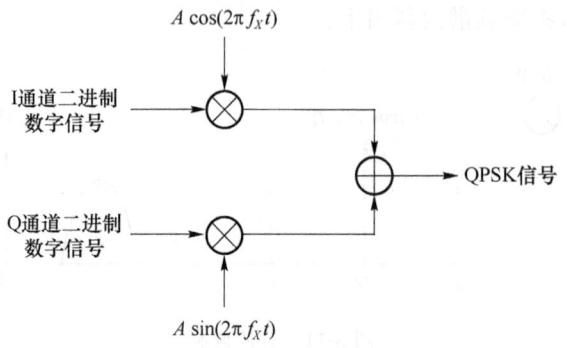

图 3-13　QPSK 调制

$$s_i(t) = A\cos(2\pi f_X t + \theta_i), \quad i = 1, 2, 3, 4 \tag{3-7}$$

其中，θ_i 共有 4 种可能的相位（0、$\pi/2$、π 和 $3\pi/2$）。因此，$[\cos\theta_i, -\sin\theta_i]$ 共有 4 种组合：$[1,0]$，$[0,-1]$，$[-1,0]$，$[0,1]$。式(3-7)可以写为

$$s_i(t) = A[a_k \cos(\omega_X t) + b_k \sin(\omega_X t)] \tag{3-8}$$

其中，a_k 和 b_k 取值有 4 种组合，第一项为同相支路，第二项为正交支路。对 I、Q 两路分别进行 BPSK 调制后相加即可得到 QPSK 信号。

两路数字基带信号在复平面上可表示为

$$S_X(t) = s_I(t) + j s_Q(t) = \sum_{k=-\infty}^{\infty}(a_k + jb_k)\mu_{T_C}(t - kT_C) \tag{3-9}$$

I 路信号分量中的 a_k 和 Q 路中的 b_k 一起完全决定了载波调制的形式，而我们将所有 $a_k + jb_k$ 的可能取值在 I-Q 复平面上的分布称为调制的星座图，它能直观地刻画出信号以及信号之间的相互关系。例如，当 a_k 和 b_k 的取值为二进制数时，星座图上会有 4 个点，相应的调制称为 QPSK；当 b_k（或者当 a_k）恒等于 0 时，星座图上只有 ±1 两个点，相应的调制就是 BPSK。图 3-14(a) 和图 3-14(b) 分别作出了 BPSK 和 QPSK 调制的星座图。

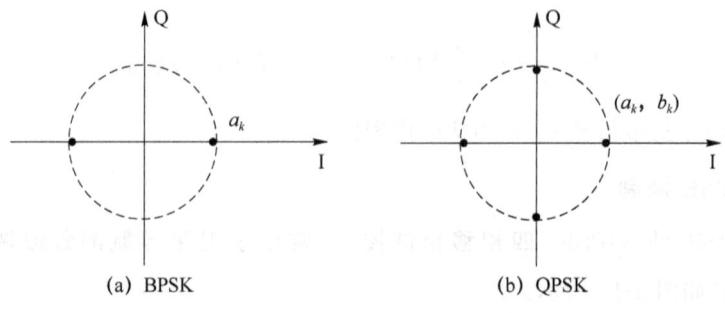

图 3-14　BPSK 和 QPSK 调制的星座图

3. BOC 调制

通过载波调制，GNSS 信号被送到某个高频段后进行播发，但国际电信联盟对导航信号的频段进行了严格的限制，将 L、S 和 C 频段分配给了卫星导航服务。频谱分配的原则是"先到先得"，而目前所有 GNSS 信号基本都集中在 L 频段，随着世界各国对本国卫星导航系统的研究高速发展，规定频段内可用频谱资源日益紧张。GPS 的 C/A 信号已经占用了其中心频段，导致导航频段资源越来越拥挤，各国卫星导航系统之间和谐共处成为一个巨大的挑战；若不同的 GNSS 导航信号采用相同的载波中心频率和同一个波段，虽有利于实现 GNSS 之间的兼容性和互操作性，但同一频段内信号之间会相互干扰，实现兼容需严格评估信号间的互干扰，合理设计 GNSS 新信号。在此背景下，Betz 于 1999 年在 GPS 现代化改造的研究中提出了二进制偏移载波（BOC）调制，其频谱特性如图 3-15 所示。

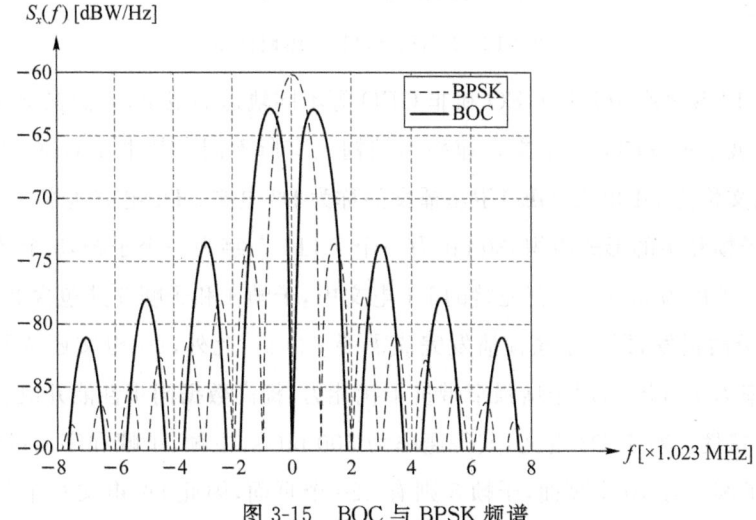

图 3-15 BOC 与 BPSK 频谱

BOC 调制的频谱分裂特性不仅让卫星信号频段资源得到了充分的使用，还提升了卫星信号的安全性，同时避免了同一频段不同卫星信号之间的重叠问题。此外，BOC 调制在解调时具有更尖锐的相关峰值，可显著提升卫星信号的捕获精度。

3.3 北斗卫星导航电文

"北斗三号"空间星座发送的信号包含三个部分：载波、测距码和导航电文。其中，导航电文为二进制码序列，承载卫星运行状态信息和位置信息。接收机通过从卫星信号中提取导航电文,实现测速与导航功能。

调制在测距码中的二进制数据码,按照一定的码率解析即可得到导航电文的比特数据,电文还会采用一定的纠错编码保证可靠性,BDS采用的是BCH(15,11,1)码与分组交织的方式:电文数据信息按照分组,每连续两组进行串并转换,分别进行BCH编码生成包含4 bit校验位的15 bit码字,再按照1 bit顺序进行交织,生成30 bit的电文字。其中,BCH(15,11,1)的生成多项式为$g(X)=X^4+X+1$,具有1 bit的纠错能力,编码框图如图3-16所示。

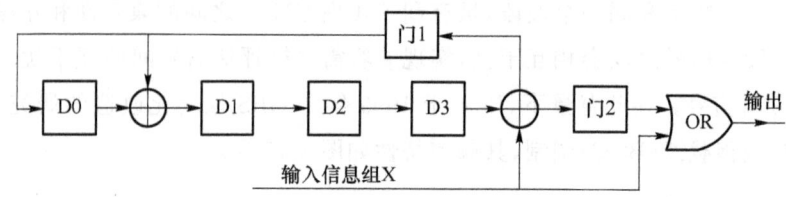

图3-16　BCH(15,11,1)编码框图

由于BDS星座中包括GEO和非GEO等不同轨道的卫星,它们在B1I、B2I两个频点载波上播发的导航电文在速率和结构上有所不同。其中非GEO卫星播发的导航电文称为D1电文,GEO卫星播发的称为D2电文。D1电文速率为50 bit/s,按主帧、子帧和字的形式组织,30 bit为一个字,10个字为一个子帧,5个子帧构成一个主帧,长度为30 s。一套完整的D1电文中,子帧4和子帧5共包含24个页面(1超帧)分时播发,即一个超帧播发完成需要720 s。此外,D1电文还调制有二次编码,速率为1 kbit/s,用于增强窄带抗干扰能力、提高数据同步性能并改善信号之间互相关特性。对于D2电文,其码速率为500 bit/s,主帧、子帧和字的结构与D1类似,但子帧1有10个页面,子帧5则有120个页面,因此D2电文每个超帧包含120个主帧。但是由于电文速率更高,D2整个电文播发完成只需要360 s。

导航电文的内容主要是卫星运行的轨道信息、时间信息和一些计算修正模型的数据。以D1电文为例,每个子帧的前两个字都包含有帧同步头、子帧号和周内秒计数。子帧1到3播发本卫星基本导航信息,包括星历相关参数、电离层等模型校正参数等。子帧4、子帧5的前页播发所有卫星的历书信息。子帧5的第9～10页播发BDT与UTC、GPS时间、伽利略时间、格洛纳斯时间的时间同步参数。子帧5的后14页为预留扩展页。

"北斗三号"B2a卫星信号中的导航电文采用B-CNAV2格式。B-CNAV2只出现在B2a信号的数据分量上,1个周期的导航电文包含600个符号,符号速率是

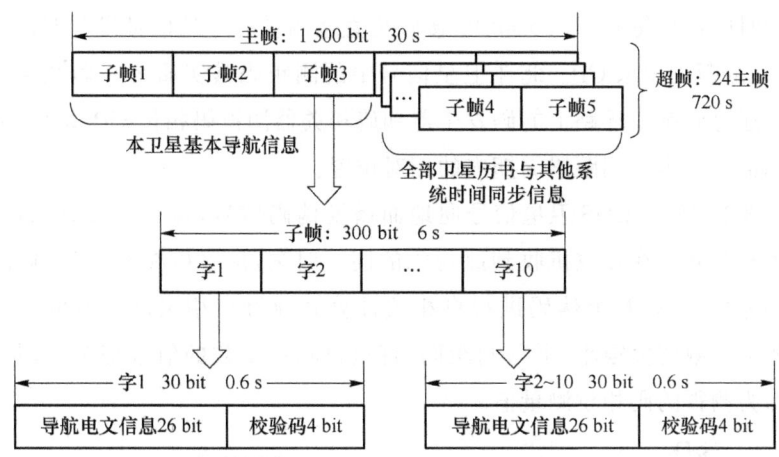

图 3-17 导航电文结构示意图

200 symbol/s。B-CNAV2 数据码的前 24 位为帧同步头（Pre），采用高位先传编码。纠错编码前数据长度是 288 bit，包含 6 bit 的卫星编号、6 bit 的信息类型、18 bit 的计数值、234 bit 的导航数据、24 bit 的校验位。B-CNAV2 的具体组成结构如图所示。

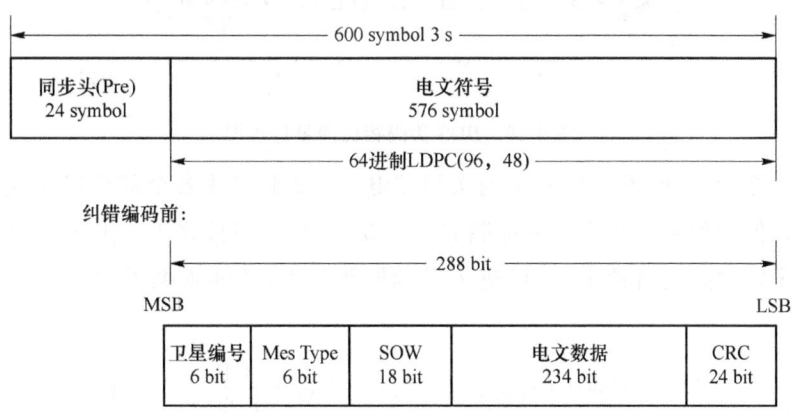

图 3-18 B-CNAV2 帧结构

3.4 北斗卫星测量定位

3.4.1 基于伪距的定位

用户进行 PVT（位置、速度、时间）解算时所用到的伪距是通过接收机测量信号的发射时间计算得到的。实际上,接收机直接测量的不是信号发射时间,更不是伪距,而是测距码相位CP。北斗卫星信号中的测距码其实质为一串数字序列,接收机可以通过码跟踪环路上的码发生器和码相关器测得码相位CP,即已经接收到的测距码信号在当前测距码周期内的相对位置。

如图3-19所示,BDS卫星信号向地面播发伪码信号,经过一段时间后到达地面被接收机收到。在接收机收到此伪码的同一时刻,接收机在本地复制此伪码并进行相关分析,即对两个伪码进行自相关计算并通过自相关函数判断是否对齐。如果自相关函数的值很小,平移测距码,直至自相关函数的值近似为1时,测距码平移量即为测得的码相位测量值。

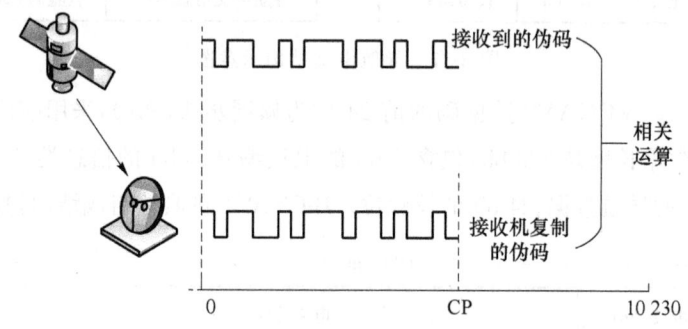

图3-19 BDS伪码相位测量过程图

在此之后,根据图3-20所示有关导航电文格式将其中各个部分组装成信号发射时间。但发射时间并不是一定能够组装成功,只有当接收机对卫星信号的导航电文的子帧起始边沿锁定后,即进入子帧同步状态,才能根据下式得到信号发射时间:

$$t^{(s)} = \text{TOW} + (30w+b) \times 0.020 + \left(c + \frac{\text{CP}}{1\,023}\right) \times 0.001 \quad (3\text{-}10)$$

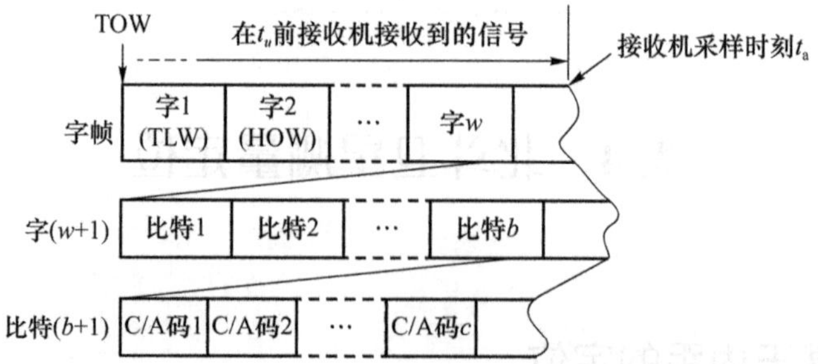

图3-20 C/A码卫星发射时间各部分组成部分

其中:TOW为周内时,每一子帧中以秒为单位的周内时(TOW)对应着下一子帧起始沿的 BDS 时间；w 是当前子帧中，接收机已经接收的整个导航电文的字数目，每个字包含 30 个比特；b 是当前字中，接收机已经接收到的整个导航电文的比特数目，每一比特长 20 ms。至此，我们就可以根据伪距测量公式求出对应 ρ 值。

3.4.2 基于载波相位的定位

除了伪距之外，BDS 接收机从卫星信号中获得的另一个基本测量值是载波相位，它在分米级、厘米级的 BDS 精密定位中起着关键性作用。载波相位观测值是指使用载波作为测距信号时，测量得到的卫星载波信号从卫星端到接收机端的相位变化量，即测量同一时刻载波信号在卫星端相位 φ^s 和接收机端相位 φ_r 之间的差值，它可以表示为

$$\phi = \varphi_r - \varphi^s \tag{3-11}$$

式(3-11)是理想载波相位测量值，实际上接收端无法测量出信号在卫星端的相位。因此，假设接收机与卫星之间保持静止，且卫星时钟和接收机钟又完全同步，接收机以相同载波频率对接收到的卫星载波信号进行复制，那么复制的载波信号其相位在任何时候都等于卫星端载波信号的相位。此时，接收机复制的载波信号相位与接收的载波信号相位之差，即为载波相位的实际测量值，也称为载波相位观测值。一般将接收机接收的载波卫星信号称为被测载波，接收机复制的卫星载波信号称为基准载波。若以接收机时间为基准，载波相位观测值可表示为

$$\phi = \varphi_u - \varphi^{(s)} \tag{3-12}$$

其中，φ_u 表示 t_u 时刻的基准载波，$\varphi^{(s)}$ 表示 t_u 时刻的被测载波。由于载波信号是一种没有标记的信号，因此锁相环路只能测量出不足整周的小数部分，而不能测出载波相差的整周计数部分，在后续测量中，接收器才开始计算信号中相位值发生的整周变化。因此，实际接收机计算的载波相位观测值为

$$\varphi = \mathrm{Fr}(\varphi) + \mathrm{Int}(\varphi) \tag{3-13}$$

其中：$\mathrm{Fr}(\varphi)$ 是一周以内的相位，即周内值；$\mathrm{Int}(\varphi)$ 是跟踪环路锁定信号之后的整周累计计数值，它是接收机从首次观测时刻到当前观测时刻为止，用计数器逐个累积下来的整波段数。需要说明的是，表达星站距离的载波相位测量值还必须包含一个载波信号从卫星到接收机的未知整周数 N，即信号锁定前的整周数。因此用下式来表示真正的载波相位观测值：

$$\tilde{\phi} = \phi + N = \mathrm{Fr}(\varphi) + \mathrm{Int}(\varphi) + N \tag{3-14}$$

其中，未知整周数 N 称为周整模糊度或相位模糊度，整周模糊度是载波相位测量

数据处理中极为重要的一部分。以 BDS 为例,当使用第一载波测量相位时,其载波频率为 1 575.42 MHz,对应波长为 19 cm,一个整周误差将会引起 19 cm 的误差。MEO 卫星高度一般为 20 200 km,可以大致估算出其大小达到 10^8,其具体值是无法直接精确测定的,因此需用一定的方法求解这个未知数。

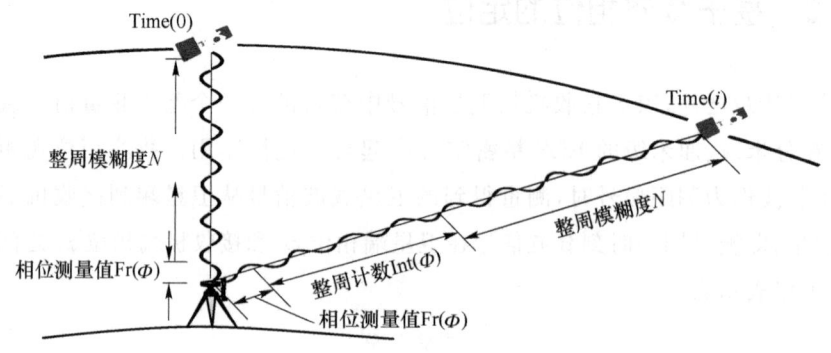

图 3-21 载波相位观测值图

图中 Time(0) 表示接收机锁定信号后的首次观测时刻,Time(i) 为当前观测时刻。

根据信号传播途径上两点间载波相位差与距离的关系,载波相位观测值还可以表达成

$$\phi = \frac{1}{\lambda} r - N \tag{3-15}$$

其中,r 表示卫星与接收机之间的距离,λ 为载波信号波长。在此强调,前面式子中的相位测量值的单位均为周数(每 2π 弧度为一周),在距离上相当于一个载波波长,要将以周为单位的载波相位测量值变换为以距离为单位的测量值只需要乘以一个载波波长 λ 即可。在计算中如果能确定载波相位中的周整模糊度 N,那么就可根据式(3-15)由测量的载波相位逆推出卫星接收机的几何距离。我们知道,前面的载波相位表达式都是假设载波相位测量不受接收机钟差、卫星钟差和大气延时等各种误差干扰的前提下进行的。倘若加上这些误差因素后,可以将式(3-15)变换为

$$\phi = \frac{1}{\lambda}(r + c(\delta_{t_u} - \delta_t^{(s)}) - I + T) - N + \varepsilon_\phi \tag{3-16}$$

其中,δ_{t_u} 表示接收机钟差,$\delta_t^{(s)}$ 表示卫星钟差,I 为信号传播的电离层误差,T 为信号传播的对流层延迟,ε_ϕ 为各种其他误差总和。至此,我们前面的计算仍是设定卫星和接收机之间是保持相对静止的,然而实际计算中肯定还要加上卫星接收机的

相互运动。此时,出现了一个新的概念——多普勒频移,下面我们将使用多普勒频移来解释卫星和接收机的相互运动是如何使载波相位测量值产生变化的。

1. 多普勒频移和积分多普勒

所谓多普勒效应就是当发射源与接收机之间存在相对运动时,接收机收到的发射源信号频率与发射源信号频率不相同。此时,接收频率与发射频率之差就称为多普勒频移,其可表示为

$$f_d = f_r - f \tag{3-17}$$

其中,f_d 为多普勒频移,f_r 为接收机接收到的信号频率,f 为发射源信号频率。多普勒频移值 f_d 的计算公式为

$$f_d = \frac{v}{\lambda} \cos \beta = \frac{v}{c} f \cos \beta \tag{3-18}$$

我们知道,信号的频率和相位之间存在积分和微分关系,即对信号一段时间内相位进行微分就是信号频率,对一段时间内的频率进行积分即相位变化量。积分多普勒就是多普勒频移 f_d 对时间的积分的相反数,即

$$D = -\int_{t_0}^{t_i} f_d(t) \mathrm{d}t \tag{3-19}$$

其中,D 代表接收机输出的积分多普勒测量值,t_0 和 t_i 分别为图 3-21 中载波跟踪环路锁定信号后的首次观测时刻 Time(0) 和当前观测时刻 Time(i)。此时,积分多普勒值 D 就等于从 t_0 到 t_i 这段时间内以周为计数单位的载波相位测量值的变化量,相应地加上首次观测时刻 t_0 载波相位观测值,就可以得到载波相位测量值的计算公式:

$$\phi = \phi_{t_i} = \phi_{t_0} - \int_{t_0}^{t_i} f_d(t) \mathrm{d}t \tag{3-20}$$

需要说明的是,我们本节提到的跟踪环路大致可分为两种:基于伪码测量的码跟踪环路和基于载波相位测量的载波跟踪环路,其中载波跟踪环路又可分为:相位锁定环路和频率锁定环路,关于跟踪环路的具体知识我们会在后面信号跟踪章节进行详细介绍,在此不多做赘述。本节中的载波测量值就是采用锁相环路来确定的,而多普勒频移值则是根据频率锁定环路计算获得,可以看出载波测量值 ϕ 和积分多普勒值 D 其实是同一类型测量值的不同表现形式,但在积分多普勒值计算中是没有整周模糊度。

2. 伪距与载波相位的对比

作为 BDS 接收机的两个基本距离测量值,伪距和载波相位既有明显区别,又

呈互补特性。如表 3-1 所示,从测距精度角度来说,在载波相位测量中,载波频率为一般为 1 575.42 MHz 或 1 227.60 MHz,其对应一周长为 19～24 cm,接收机载波跟踪环路对载波相位的测量精度可达 1/4 周,这意味着载波相位的测量精度约为几毫米左右。相比之下,伪距测量值就显得甚是粗糙,它的测量精度只能达到米级。因此,基于载波相位观测值的定位可以更加灵活地运用在精密定位和工程测量等领域。

表 3-1　伪码与载波相位比较表

测距方法	测距精度	实现的难易程度
伪码	一般(10～15 m)	容易
载波相位	非常高(3～50 mm)	难

然而,与伪码测距相比,载波相位测量值中含有一个未知的整周模糊度。我们在上文分析过,使用载波相位进行定位时,一个相位周期就会引起 19～24cm 的误差,卫星到地面的载波周数可以大达到 10^8,如此巨大的波数会产生巨大的误差。因此,对于整周模糊度 N 的求解至关重要,但这也相对地加大了载波相位定位的实现难度。若只利用载波相位测量值而不借助伪距,则接收机一般是不可能实现单点绝对定位的。伪距在过去一直被视为 BDS 接收机最主要的基本距离测量值,然而现在情况正在发生转变,载波相位正显得越来越重要,越来越受到大家的关注,载波相位在定位中逐渐占据主导地位,而伪距的功能最多是用来帮助确定载波相位中的整周模糊度而已。

3.5　北斗的测量误差

在 3.4 节,我们讨论了 BDS 伪距和载波相位测量的过程,可以看出在实际定位测量中存在许多误差源会造成测量误差。本节将对 BDS 卫星导航定位测量的偏差和误差进行分类并介绍它们的削弱方法。BDS 的测量误差按照其来源不同可大致分为以下三部分。

(1) 与卫星有关的误差

这部分误差主要包括卫星时钟误差和卫星星历误差,它们是由于 BDS 地面监控部分不能对卫星的运行轨道和卫星时钟的频漂做出绝对准确的测量、预测而引起的。

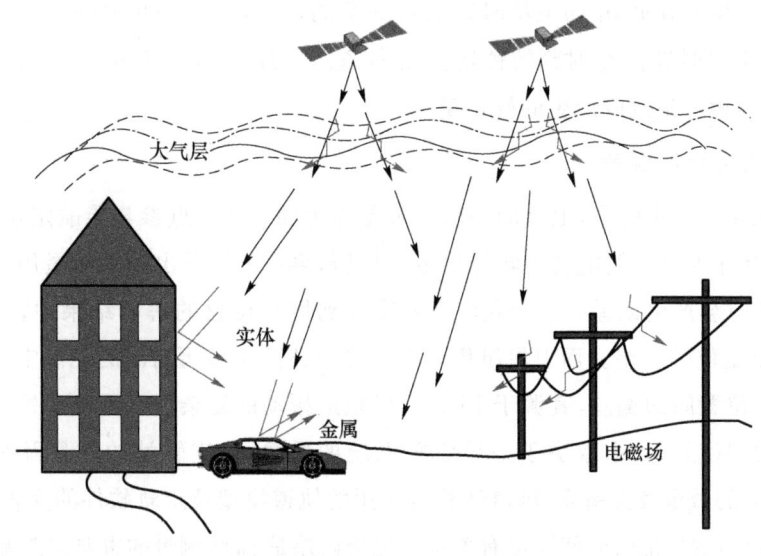

图 3-22 干扰示意图

（2）与信号传播有关的误差

BDS 信号从卫星端传播到接收机端需要穿越大气层，而大气层对信号传播的影响表现为电离层延时和对流层延时，此外还有信号经过折射反射产生的多径效应造成的误差。

（3）与接收机有关的误差

接收机在不同的地点可能会受到不同程度的多路径效应和电磁干扰，而这部分误差还包括接收机噪声和软件计算误差等。

3.5.1 卫星端相关误差

1. 卫星时钟误差

从前面的章节我们知道 BDS 卫星上均设有高精度的原子钟，但它们与理想的 BDS 时间之间仍难以避免地存在频率偏差、频率漂移和原子钟随机误差等问题，导致出现总量约为 1 ms 的卫星钟差，可以引起约为 300 km 的等效距离偏差。如此大的偏差显然无法满足定位精度的需求，因此为了改正卫星时钟的上述偏差，可以通过连续监测来精确确定其运行状态参数，而在 BDS 时间为 t 时的卫星时钟偏差值 $\Delta t^{(s)}$ 可用二项式表示为

$$\Delta t^{(s)} = a_{f0} + a_{f1}(t - t_{oc}) + a_{f2}(t - t_{oc})^2 + \Delta t_r \tag{3-21}$$

其中，t_{oc} 为参考历元，a_{f0} 为卫星时钟在 t_{oc} 时刻的钟差，a_{f1} 为卫星时钟在 t_{oc} 时刻的钟速，a_{f2} 为卫星时钟在 t_{oc} 时刻的钟速变化率，它们均由卫星导航电文的第一子帧给出。Δt_r 为相对论效应产生的校正量。

2. 卫星星历误差

在北斗导航定位中，卫星的在轨位置是作为动态已知点参与导航定位解算的。显然，从北斗卫星导航电文中解译出卫星星历，再依据解译出的卫星星历计算卫星在轨位置时会产生误差，这一误差会被注入到用户位置的解算结果中，从而导致 BDS 导航定位的误差。而卫星星历误差就是上述卫星星历给出的卫星空间位置与卫星实际位置间的偏差，其源于 BDS 卫星轨道摄动的复杂性和不稳定性。它是一种起始数据误差，大小取决于卫星定轨系统的质量，如定轨站的数量及其空间分布，观测值的数量及其精度，轨道计算时所用的轨道模型及定轨软件的完善程度等。此外，与星历的外推时间间隔也有关系。星历误差是 BDS 测量的重要误差源。

在一个观测时段，卫星星历误差是一种系统性误差，不可能通过多次重复观测来消除，它的存在将严重影响单点定位的精度。减小星历误差的主要方法有：

① 建立独立的 BDS 卫星观测网（如 BDS 地基观测网络），进行 BDS 卫星的精准定位。

② 轨道松弛法。轨道松弛法是在平差模型中把卫星星历给出的卫星轨道视为初始值，将其改正数作为未知数，通过平差求得测站位置及轨道改正数。这种方法数据处理相当复杂，工作量较大，一般只适用于无法获取精密星历而采取的补救措施。

③ 差分定位。这一方法是利用在两个或多个观测站上，对同一卫星的同步观测值进行求差。因为星历误差对相距不太远的两个或多个测站的影响相近，所以对于确定两个或多个测站之间的相对位置，可以使用差分定位的方法来减弱卫星星历误差的影响。

3.5.2 信号传播相关误差

1. 电离层效应的距离偏差及其改正误差

电离层是由电离气体构成的区域，其电子密度受太阳活动和昼夜变化影响很大。电离层折射率的变化会影响卫星信号的传播速度，累积效应取决于卫星信号穿透电离层的角度。高度在 100 km 以上的电离层电子含量较低，电离层峰值电子含量在 200～400 km 附近。电离层电子含量的峰值在白天和黑夜之间可以相差两个数量级。电离层的折射率和对流层的折射率的根本区别在于,由于电离气体的存在,电离层的折射率随信号频率的变化而变化。

GNSS卫星系统中的卫星信号需要穿透电离层,所以传播的时间需要进行修正。电离层会对北斗信号造成两个主要影响:①是群时延和载波相位超前(随着卫星穿过电离层的路径和电子密度而变化);②是电离层闪烁(在某些纬度上会导致接收信号的幅度和相位随时间快速波动)。这两种影响都取决于射频前段,并会影响北斗信号设计。电离层还会产生其他影响,例如,法拉第旋转和射线弯曲会改变到达角。

电离层效应距离偏差可以通过建立电离层效应距离偏差改正模型来削弱,常用的模型有 Klobuchar 模型、Bent 模型、IRI 模型、ICED 模型、FAIM 模型等。北斗单点定位通常采用 Klobuchar 模型。

2. 对流层效应的距离偏差及其改正误差

对流层是地面至 50 km 高度的大气层,属于非电离大气层,它和电离层不同的是基本上可以当作是一种非弥散性介质。因此,它的折射率与电磁波的频率无关,即在对流层中 GNSS 信号的群速和相速相等。对流层的折射率由其所在位置的温度、湿度和压力决定,而对流层中的延时会随着折射率的变化而变化,如果不对对流层进行修正,在天顶方向的误差可以达到 2 m,而当高度角小于 10°时,误差可以达到 20 m 左右。

3.5.3 接收机端相关误差

本节所提到的接收机噪声含义较为宽泛,主要有:天线、放大器和各部分电子器件的热噪声,信号量化误差,卫星信号间的互相关性,测定码相位与载波相位的算法误差,接收机软件中的各种计算误差等。接收机噪声值的正负、大小一般很难准确得到,具有一定的随机性。通常,接收机噪声引起的伪距误差在 1 m 之内,而载波相位误差约为几个毫米。与多路径效应类似,接收机噪声误差通常也被包含在 GPS 观测方程式的 ε_ρ 和 ε_ϕ 中。

这里需要注意,我们所说的从卫星到用户接收机的距离,实际上指的是卫星天线零相位中心点到接收机天线零相位中心点的距离。如果用户或用户接收机与接收机天线零相位中心点位置不重合,那么这一差异必须加到接收机定位所给出的天线零相位中心位置上。如果我们忽略这一差异,或者我们测量得到的差异值与其真实值不吻合,那么这一偏差也将最终表现为 BDS 定位误差。不同类型的用户接收机有着不同的天线零相位中心位置偏差,其值一般在 5 mm 以内。在以后的篇幅中,我们认为这一偏差很小或者已经被正确处理好了,因而我们以后不再考虑用户、用户接收机与接收机天线零相位中心点等各个位置之间的差异。

接收机跟踪回路也会引起测量误差。在延迟锁相环中,主要的伪测量误差的来源是热噪声抖动和干扰的影响。接收机噪声和分辨率误差影响锁相环的载波相位测量。

3.6 信号接收

3.6.1 信号的传播过程

BDS 信号通过卫星的发射天线发送后,经自由空间传播后到达地面的接收天线。本小节对 BDS 信号在自由空间传播过程中的信号功率变化进行了介绍。

如图 3-23 所示,设卫星经发射天线发送的信号功率为 P_T,且发射天线增益为 G_T,此时信号经过空间传播到达接收机天线处的接收功率为

$$P_R = \frac{P_T G_T}{4\pi d^2} A_R \qquad (3-22)$$

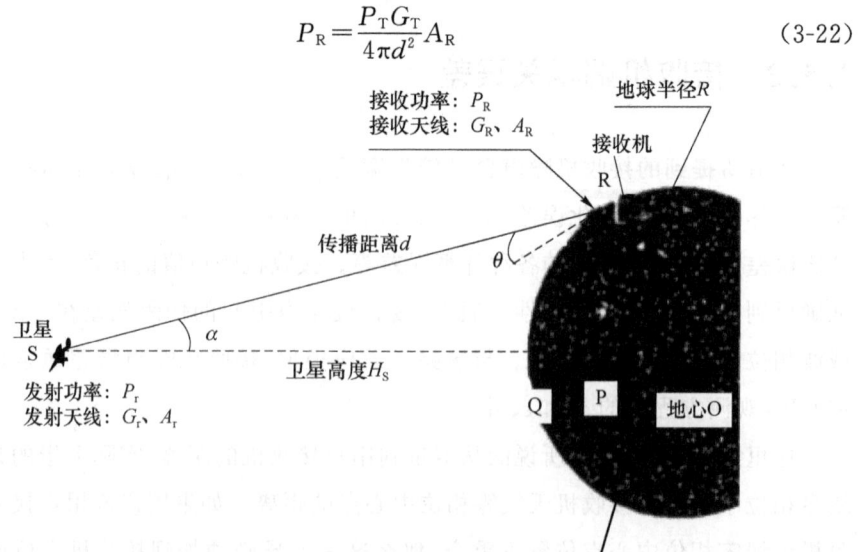

图 3-23 电磁波的传播

其中，$4\pi d^2$ 和 A_R 分别是传播距离为 d 的球面积和接收天线的有效面积。天线的有效面积和增益之间的关系为

$$G = \frac{4\pi A_R}{\lambda^2} \tag{3-23}$$

其中，λ 为信号的波长。由式(3-23)可以看出：天线越大，增益越高；对于同一天线，波长越短(频率越高)，增益越高，这也是卫星将要发射的信号通过载波调制到高频的原因之一。

式(3-22)表明，信号的传播距离也会影响接收功率，由于地面上接收机与卫星的相对运动会造成传播距离的改变，地面上仰角为 90°的位置比 0°位置的距离要短，因此大约会造成 2.1 dB 的接收功率差异。

接收功率的大小并不能用来完全反映信号到达接收天线时的质量好坏，通信中经常用信噪比(SNR)来衡量信号的质量，其定义为接收功率与噪声功率的比值。信噪比越大，信号质量越高，信噪比的定义如下：

$$\text{SNR} = \frac{P_R}{N} \tag{3-24}$$

其中，N 为噪声功率，其定义为

$$N = kTB_n \tag{3-25}$$

其中，$k = 1.38 \times 10^{-23}$ J/K 是玻耳兹曼常数，T 是噪声温度(单位为开尔文 K)，B_n 是噪声带宽，其与信噪比大小有关。每当发射信号时给定一个信噪比限制，还需要说明噪声所采用的带宽，给设计者带来了一定的麻烦。因此，定义了如下所示的载噪比(其大小跟噪声带宽无关，有利于不同接收机之间性能的比较)：

$$C/N_0 = \frac{P_R}{N_0} \tag{3-26}$$

其中，$N_0 = kT$，$N_0/2$ 称为噪声功率谱密度。对于一般的接收机，N_0 的典型值为 -205 dBW/Hz。信噪比与载噪比的关系如下：

$$C/N_0 = \text{SNR} \times B_n \tag{3-27}$$

3.6.2 接收机天线

接收天线作为接收机处理信号的第一个器件，它的性能直接影响了后续接收机的所有数据处理过程。本小节我们对接收天线在设计方面的几个参考因素进行介绍。

由 3.6.1 小节可知，天线在某一方向上的增益为 G_T，而为了增大信号发射功

率,卫星天线一般在发射信号前会对信号进行处理,使得天线向四周各个方向发射的功率被集中起来向地面发射;同样地,接收天线也需要设计适合的增益分布,从而加强其信号接收能力和抗干扰能力。例如,手持设备希望在各个方向上都能收到信号,因此设计为全向天线;而地面的基准站天线则需要减小地平线之下空间的增益分布,因为反射信号是从地面斜向上进入天线的。

除了天线的增益分布需要考虑外,我们还要考虑设计天线的尺寸,式(3-28)为天线设计中的一条重要原则:

$$增益 \times 带宽 \div 体积 = 常数 \tag{3-28}$$

可以看出天线的尺寸越大,增益和带宽乘积相应增大,其性能越好。但是对于地面用户来说,则希望所持设备越小越好,这导致了天线尺寸与用户期望之间的矛盾,需要在实际中考虑两者的关系。

接收天线可以分为有源天线和无源天线两种。两者的区别在于有源天线里安装了一个低噪声放大器来降低器件损耗等带来的误差,因此有源天线的性能要好于无源天线,但由于有源天线需要额外的电源对其供电,相比于无源天线耗费了更多的能量。

在各种 BDS 接收天线中,应用最广的要属四螺旋天线和贴片天线,两者的体积都比较小,通常作为接收机的内置天线。前者的灵敏度较高,有着较高的天线增益,比较轻松地就可以捕获低仰角卫星信号,但类似于全向天线容易受到多径干扰;后者构造简单、价格低,但其对低仰角信号的捕获能力较差,因此反倒不容易受多径影响。

3.6.3　射频前端处理

射频前端指的是靠近接收天线部分的设备,其主要目的是将天线接收到的高频模拟信号经过下变频和离散采样变为低频的数字中频信号。比较经典的架构是图 3-24 所示的超外差接收机,其主要分为射频信号调整、下变频混频、中频信号滤波放大以及模数转换几个阶段;到达接收天线的信号首先经过带通滤波器滤去带外噪声后,再利用放大器提高信号的功率;混频阶段利用本地接收机产生的载波与信号相乘,使其频率下变到中频,便于后面的采样离散处理;经过滤波放大后的中频信号通过模数(A/D)转换器转变为数字信号用于后续的捕获过程。

A/D 转换器的采样率遵循奈奎斯特定理,即采样频率应大于原模拟信号带宽

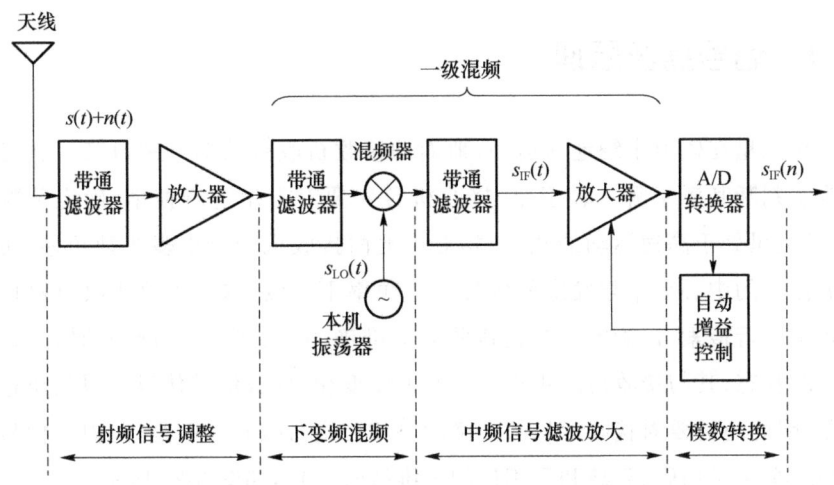

图 3-24 超外差接收机

的 2 倍。为了防止产生频谱混叠，影响后续对数字信号的处理，BDS 信号采样率通常设为信号带宽的 4 倍以上。位数越多的 A/D 转换器分辨率越高，n 位的 A/D 转换器的分辨率为 2^n。除了满足奈奎斯特采样定理以外，因接收信号中存在伪码，为了防止采样率与伪码码率形成整数倍关系，BDS 信号采样率不能是 1.023 MHz 的整数倍，实际中考虑到伪码的多普勒偏移，采样频率不能是码率与码多普勒之和的整数倍。

在对模拟信号进行采样后，还需对每个采样值的大小进行量化。因为每个采样值大小不一，对其处理很困难。量化的基本原理是将信号幅值（纵轴）进行分割，当一个输入信号的幅值落在某一区域时，就取其区域相对应的值，从而将无限多的幅值变少了，简化了后续的数据处理过程。

由于量化是将一个区域内所有不同的幅度值用一个值代替，因此它们之间的差异一定为在信号中产生量化误差，BDS 中接收机射频前端的 A/D 转换器一般采用一位、两位或三位输出，在无限射频带宽（采样率高到完全不会发生频谱混叠）的条件下，由它们引起的量化误差损耗分别为 1.96 dB、0.55 dB 和 0.16 dB。

为了更好地实现对卫星信号的跟踪，接收机首先要进行捕获以获得粗略估计的信号参数值，这些信号参数的估计误差必须满足可进入跟踪过程的条件，一旦搜索到 BDS 信号并确定后，则捕获结束，进入跟踪阶段。为了对 BDS 信号的伪码相位值和载波频率进行粗略的估计，首先需要接收机根据当前已知信息确定一个估计范围，然后在范围内再对其可能的值进行搜索得到估计结果，这就是下面将要介绍的三维搜索。

3.6.4 信号捕获原理

北斗卫星在轨道中绕地球运动,地面的接收机收到的信号来自某一颗可见卫星。为了判断其属于哪一颗卫星,接收机首先要对卫星进行搜索;确定某颗卫星后,由于卫星处于高速运动的状态,相对于地面接收机会产生多普勒频移,实际接收到的信号的中心频率与发出的信号中心频率不一致,这就需要接收机对信号的载波频率进行搜索,以确定接收机接收时刻准确的中心频率;与此同时,卫星由于处于运动状态,其与接收机的距离会不断发生变化,导致信号伪码的码相位也在不断变化,因此还需要对接收信号的准确的码相位进行搜索。于是,对卫星信号的搜索就是一个关于伪码、载波和码相位的三维搜索过程,如图 3-25 所示。

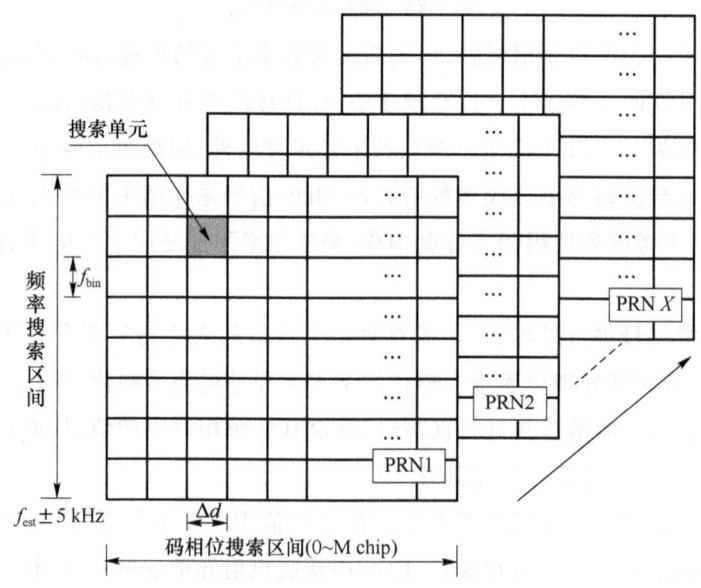

图 3-25 卫星信号的三维搜索

接收机对某个卫星信号在搜索单元里进行的二维搜索首先是通过复制一定频率的载波和一定相位的伪码,然后将其与卫星信号进行混频和相关来检测两者之间的相关程度,而只有当接收机内部所复制的载波和伪码与接收信号相一致时,相关器的输出功率才会达到最大值,因此接收机声明信号是否捕获成功是通过判断相关器的输出功率大小来确定的。二维搜索区间越小,捕获时间越快。除此之外,信号强弱、搜索算法、相关器数量和捕获条件等也会影响捕获速度。

1. 信号检测

接收机对卫星信号的捕获过程涉及二维信号的复制生成。信号捕获电路如图 3-26 所示,在 BDS 系统中,接收机首先根据预先设定好的信号捕获条件控制本地的载波数控振荡器和伪码数控振荡器,让它们生成某一搜索单元里要与接收信号做混频和自相关运算的载波和伪码信号。在每个搜索单元里的停留时间 T_d 内,本地载波首先与 I、Q 两路信号进行混频,接着与本地伪码进行自相关运算并对其结果做相干积分清零,然后通过非相干积分来估计包络 $V=\sqrt{I^2+Q^2}$,最后比较门限和包络的大小来确定卫星信号是否存在(若存在则声明信号已捕获,反之进入下一搜索单元进行检测)。每个搜索单元可能存在噪声但无信号,可能存在信号加噪声,因此信号检测是一个统计过程。

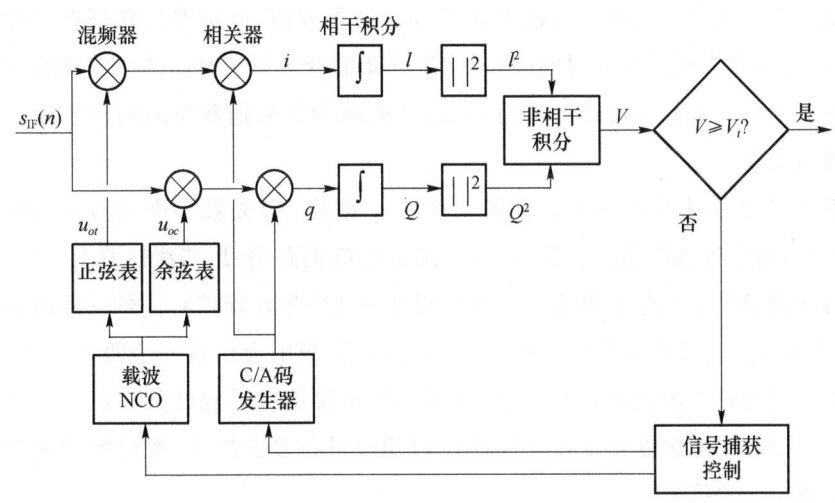

图 3-26 信号捕获电路

2. 时域搜索

由图 3-25 可知,信号的捕获是在伪码、载波和码相位上的三维捕获过程,其中主要的操作是将本地码与卫星信号中的伪码进行相关运算,根据峰值判断是否捕获成功。而相关运算既可以在时域内由数字相关器硬件实现,也可以在频域内运用数字信号处理(DSP)技术来完成。传统的 GNSS 信号捕获算法根据运算域的不同可以分为时域和频域两类。

利用数字相关器在时域内对所选卫星信号的多普勒频移和码相位进行二维搜索,这种方法通常称为线性搜索。三维搜索过程就是一种最基本的线性搜索方法,利用图 3-26 所示的接收通道捕获电路就可以实现,接收信号经混频相关后直接利用相干积分清零和非相干积分计算幅值,并与判决门限比较。线性搜索的优点在于只利用少数几个数字相关器就可以实现捕获,且后续的跟踪也可以用这些相关器,从而降低了硬件设计的复杂程度。

在确定卫星及其二维搜索范围后,线性搜索算法首先从载波频率范围的中心出发,在搜索完一单元后依次交替地向两边进行搜索直至搜索完整个频带;在对某一频带进行搜索时,伪码的相位搜索方法与载波频率不同,其按照由大到小的顺序依次搜索,原因是直射波比反射波先到达接收天线,这种搜索方式有利于在多径干扰增大前提前搜索到直射信号。

3. 频域搜索

(1) 并行频率搜索

虽然在时域内进行的线性搜索捕获方法简单方便,但是因为它每次只搜索一个单元,使得搜索到信号的时间过长,这里介绍的减小捕获时间的方法就是利用傅里叶变换对频率与码相位进行并行搜索,从而减少信号捕获所需的计算量并提升信号搜索速度。

图 3-27 所示为并行频率搜索捕获算法的流程。首先数字中频信号与本地载波混频后,与本地伪码做自相关运算,得到 I 和 Q 两路信号;与线性搜索方法不同,我们将相关结果 $I+jQ$ 经傅里叶变换后变为频域信号在频域对信号的幅值进行分析;当本地伪码与接收信号伪码相位一致时,在频域中会出现一个明显的峰值,此时峰值对应的频率值就是频率误差,从而估算出接收信号载波频率值。于是对某卫星信号的二维搜索变为了在一维内对码相位进行多次搜索,而对频带的搜索通过一次傅里叶变换即可。

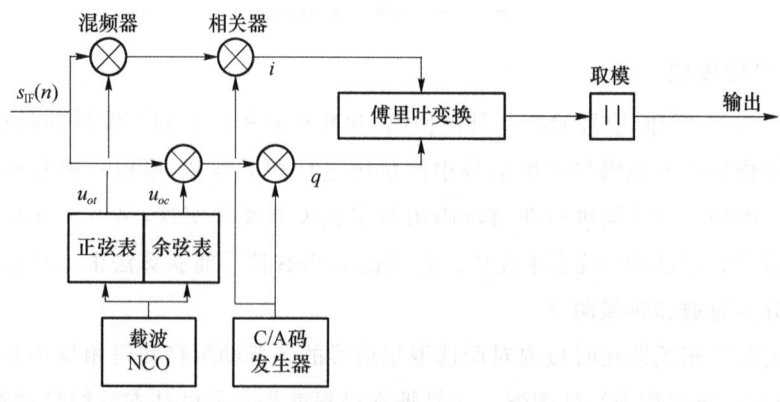

图 3-27 并行频率搜索捕获算法

当并行频率搜索捕获算法在一个较大的捕获范围内检测到一个或多个有可能是由信号引起的检测量峰值后,接收机可转而采用线性搜索法对峰值邻近的较小搜索范围重新进行搜索与确认。此时,接收机可以还可以在时域利用并行相关器进行处理,显著提升信号搜索速度。

(2) 并行码相位搜索

除并行频率搜索时将一维频率全部搜索外,还有一种方法将一维码相位全部搜索,这就是并行码相位搜索。例如,若二维搜索范围为20个频带和1 024个码相位,线性搜索需要执行20×1 024次运算,而并行频率搜索时范围缩小到1×1 024次搜索,而并行码相位搜索更是迅速下降到20×1次搜索。图3-28所示为并行码相位搜索算法流程图。

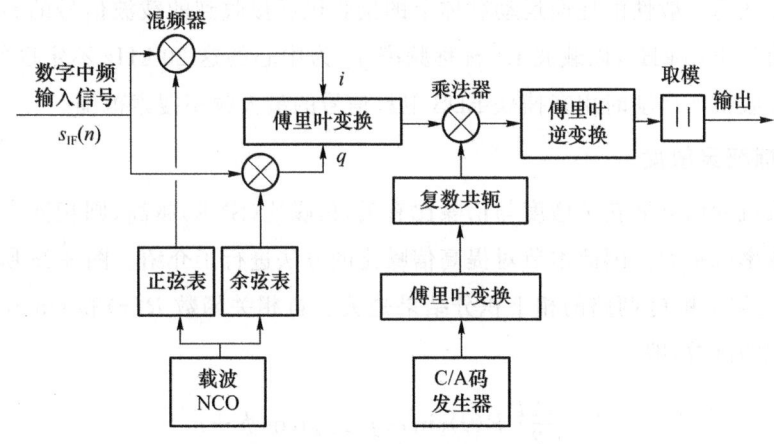

图 3-28　并行码相位搜索算法流程图

如图 3-28 所示,当数字中频信号与本地载波信号混频后,并行码相位搜索算法不直接让混频结果与本地伪码做相关运算,而是先对复数形式的混频结果 $i+jq$ 进行傅里叶变换,然后将变换结果与本地伪码的傅里叶变换的共轭值相乘;接着将所得结果经傅里叶逆变换得到两者在时域内的相关结果;最后取模运算对结果进行检测来判断信号是否存在。在完成了对一个频带的搜索与检测后,接收机接着生成本地载波,进行下一个频带的搜索与检测。同一卫星信号的不同频带搜索中,本地伪码相位可保持不变,相应地其傅里叶变换及其共扼值也保持不变。当搜索另一个卫星信号时,接收机可让伪码发生器复制相应的另一个 C/A 码,然后重复上述过程。

尽管并行码相位搜索的捕获速度远超时域线性搜索,但是在搜索过程中,其需要反复地对信号进行傅里叶逆换和傅里叶逆变换计算,所需的运算量很大,于是如何利用软硬件更有效地完成这些计算成为关键。

除了以上介绍的几种信号捕获的方法,信号捕获算法还包括差分式相关、扩充式并行相关和组合码相关等,它们的整体性能还有待进一步验证,感兴趣的读者可以自行查阅相关文献。

卫星信号的多普勒频移是由用户接收机与卫星在二者连线方向上的相对运动引起的。通过地球半径、卫星到地心的距离和卫星速度等参数即可计算得到多普勒频移的最大值,确定由卫星运动产生的多普勒频移值的范围。而对于非静态接收机来说,用户的运动会引入另一部分多普勒频移。除了卫星与接收机之间的相对运动外,BDS 卫星时钟频漂和接收机晶体振荡频率漂移也影响着接收机对载波中心频率的测量值。例如,对于标称频率为 1 575.42 MHz 的接收机晶体振荡器来说,1 ppm 的频率偏差率相当于 1 575.42 Hz 的频率偏移量。综合以上各种因素,我们可以认为一般性的地面运动载体上的接收机所接收到的载波信号的最大多普勒频移值为 ± 10 kHz,以载波 L1 标称频率 f_1 为中心的这 20 kHz 不定区间,通常就作为接收机冷启动时用来捕获 BDS 卫星信号的最大频率搜索范围。

4. 捕获灵敏度

接收机的信号捕获灵敏度与信噪比有关,信噪比(SNR)越高,则相同虚警率下的检测概率就越大。因此本节对提高信噪比的方法进行了介绍。图 3-26 所示的捕获电路,已知 I 和 Q 两路的相干积分结果是关于自相关函数 $R(\tau)$ 和 $\mathrm{sin}\,c(f_e T_{\mathrm{coh}})$ 两者乘积的函数,即

$$I = \frac{\sqrt{2P}}{2} R(\tau) \sin c(f_e T_{\mathrm{coh}}) \cos \phi_e + n_I \quad (3\text{-}29)$$

$$Q = \frac{\sqrt{2P}}{2} R(\tau) \sin c(f_e T_{\mathrm{coh}}) \sin \phi_e + n_Q \quad (3\text{-}30)$$

其中,P 为信号功率,τ 为接收伪码与本地伪码的相位差,f_e 为接收载波频率与本地搜索频率的差异,ϕ_e 为两载波之间的相位差。n_I 和 n_Q 是两路均值为零,方差为 σ_n^2 的互不相关的噪声,其功率为:

$$\sigma_n^2 = \frac{N_0}{T_{\mathrm{coh}}} \quad (3\text{-}31)$$

其中:$N_0 = kT$,k 和 T 分别为玻尔兹曼常数(1.38×10^{-23} J/K)和噪声温度(单位为开尔文 K);T_{coh} 是相干积分时间。

由于积分前后信号功率不变,我们发现通过加长相干积分时间和减小噪声功率可以提高信噪比,从而相应地提高信号捕获的灵敏度。积分前后噪声功率从 $N_0 B_{\mathrm{pd}}$(B_{pd} 是积分前带宽)变为如式(3-31)所示结果,此时前后信噪比之差和相干

积分增益为

$$\Delta \text{SNR} = \frac{P}{N_0/T_{\text{coh}}} - \frac{P}{N_0 B_{\text{pd}}} = \text{SNR}_{\text{pd}}(B_{\text{pd}} T_{\text{coh}} - 1) \tag{3-32}$$

$$G_{\text{coh}} = 10\lg(B_{\text{pd}} T_{\text{coh}}) \tag{3-33}$$

加长相干积分时间固然可以提高信号的捕获灵敏度,但是长为 20 ms 的数据码限制了接收机不能无限地加长积分时间。例如,伪码周期为 1 ms,因此在进行相干积分时 T_{coh} 一般也为 1 ms,但为了提高灵敏度,在进行信号捕获时通常需要加长相干积分时间,而为了防止数据比特沿的跳变带来的影响,信号捕获的相干积分时间最长取 10 ms。

为了消除数据跳变给积分结果带来的误差,可在相干积分后执行非相干积分运算,即:

$$V = \frac{1}{N_{\text{nc}}} \sum_{n=1}^{N_{\text{nc}}} \sqrt{I^2 + Q^2} \tag{3-34}$$

其中,N_{nc} 是非相干积分数目,此时非相干积分时间为

$$T_{\text{nc}} = N_{\text{nc}} T_{\text{coh}} \tag{3-35}$$

非相干积分过程中因噪声的存在,导致存在一定的损耗,非相干积分增益为

$$G_{\text{nc}} = 10\lg(N_{\text{nc}}) - L_{\text{SQ}} \tag{3-36}$$

其中,L_{SQ} 是平方损耗,是非相干积分特有的,图 3-29 给出了在不同相干积分信噪比的条件下平方损耗的值。

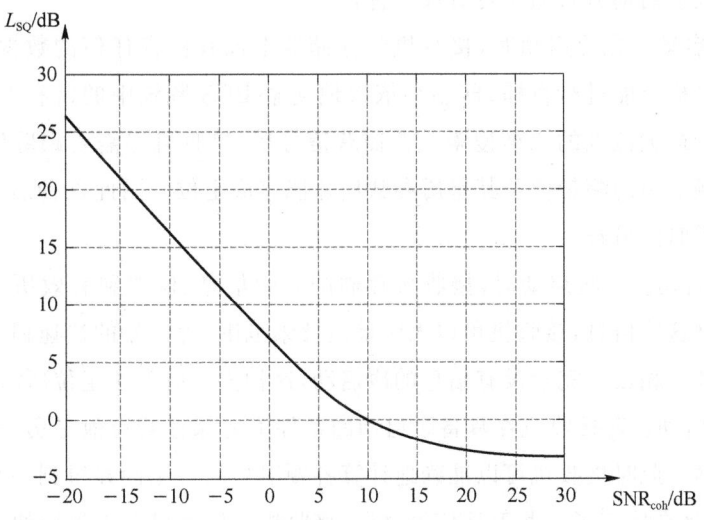

图 3-29 非相干积分的平方损耗

图 3-29 表明，平方运算对信号强度越弱的信号造成的平方损耗越大。为了抑制平方损耗，需要在非相干积分之前由较大的相干积分信噪比 SNR_{coh}。而为了得到较大的 SNR_{coh}，又需要加长相干积分时间，但 T_{coh} 又受到数据码周期长度的影响，且过长的相干积分时间一方面导致 $sinc$ 函数主峰变窄，使其更容易受到频率误差的影响，另一方面增加了搜索时间，降低了捕获速度。为了使捕获时间不变，则需要增加相关器个数或增加 FFT 规模。因此如何解决长时间积分带来的问题也是提高捕获灵敏度的核心研究问题。例如，差分相干积分方法就是利用相邻相关值的非相关性来减小平方损耗。

5. 启动方式

在开始进行信号搜索之前，我们首先需要判断各颗 BDS 卫星的可见性，并估算出各颗可见卫星的二维搜索范围。为了有效地确定搜索范围，接收机必须至少拥有卫星历书（或星历）、接收机的位置以及当前的 BDS 时间值这三方面的信息：根据有效的卫星历书（或星历）和 BDS 时间值，接收机可以粗略地计算出卫星的位置和速度；然后再根据所给的接收机位置，可以进一步计算出卫星的可见性、几何距离和多普勒频移。因此，这三方面信息的准确程度直接影响着搜索范围的确定，地面上的接收机通常在每次关机之前会将当前的接收机位置、时间、各个有效星历和历书等数据保存在非易失性存储器中，方便下次开机启动时的信号捕获和定位所用。根据接收机启动时其存储的各种数据信息的不同，影响首次定位所需时间长短的接收机启动方式通常可分成三种：

① 冷启动。在冷启动时，接收机的存储器上没有保存任何的数据。因此，冷启动时接收机只能进行盲捕，即逐个依次地搜索 BDS 系统中的所有卫星，并对每颗卫星进行最大范围的二维搜索。在捕获信号后，接收机还需要跟踪解调电文获得至少 4 颗卫星的测量值及其星历参数后才能完成定位。因此这种启动方式的首次定位所需时间最长。

② 暖启动。在暖启动时，接收机存储的时间信息、位置和有效历书存在较小误差。根据这些信息，接收机可以大致确定搜索范围，为信号的快速捕获创造一个良好的条件。相较于完全没有信息的冷启动，这种方式的首次定位所需时间较短。

③ 热启动。若接收机在具备暖启动的条件下还保存着有效星历，那么就可以进行热启动。此时接收机可以准确地计算各颗卫星的可见性并得到一个很小的搜索范围，而且在捕获了一些卫星信号之后，接收机可以凭借有效星历快速地实现定位。热启动是三种启动方式中最快的一种。

除接收机本身之外,通过外部提供定位所需信息也可以缩短首次定位时间,而我们把这种方式称为辅助 GNSS,接收机通过通信网可以获得其大致位置信息和当前星历信息,使得接收机不但缩小了信号捕获范围,而且无须从接收信号中解调出星历等参数,从而加快了捕获速度。辅助 GNSS 的启动方式时间与热启动相近。

3.6.5 信号跟踪原理

在信号跟踪阶段,信号通道从捕获阶段获得的对当前这个卫星信号载波频率和码相位的粗略估计值出发,通过跟踪环路逐步精细对这两个信号参量的估计,同时输出对信号的各种测量值,再顺便解调出信号中的导航电文数据比特。简单地讲,接收机对卫星信号的跟踪是一个与该接收信号同步的二维信号的复制过程。卫星首先利用伪码对所要播发的数据码进行扩频调制,再将伪码与数据码的组合码通过 BPSK 机制对载波进行调制。在信号接收端,如果接收机内部能同时复制出相应的载波和伪码信号,并且两者又分别与接收到的该卫星信号中的载波和伪码保持同步与一致,那么复制载波与接收信号进行混频可以实现载波剥离及将信号下变频到基带,而复制伪码与接收信号进行相乘可以实现伪码剥离和信号解扩,这时在接收信号中剩下的便只是数据码。在跟踪信号的同时,接收机可以根据复制载波信号的参数获得该卫星信号的多普勒频移和载波相位测量值,又可以根据复制伪码的参数获得该卫星信号的码相位和伪距测量值。

由于卫星与接收机之间的相对运动以及卫星时钟与接收机晶体振荡器的频率漂移等原因,接收到的卫星信号的载波频率和码相位会随着时间的推移而变化,并且这些变化通常又是不可预测的,因而信号跟踪环路一般需要以闭环反馈的形式周期性地连续运行,以达到卫星信号的持续锁定。信号跟踪环路实际上是由载波跟踪环路(简称载波环)与码跟踪环路(简称码环)两部分组成的,它们分别用来跟踪接收信号中的载波与伪码。

码环通过其内部的码发生器尽量复制出一个与接收信号中的伪码相一致的伪码,然后让两者做相关运算,以剥离接收信号中的伪码,这同时也提高了原本淹没在噪声中的信号的信噪比。基于伪码的良好自相关特性,码环接着检测其复制的伪码与接收伪码之间的一致性程度,从而调整复制的伪码的相位,使得它在下一时刻仍与接收的伪码的相位相一致,尽管不同卫星同时播发中心频率相同的载波信号,但是由于不同卫星信号被不同的伪码所调制,因而当接收机的某一信号通道决定跟踪某一颗被指定的卫星时,它只需要复制这颗卫星的伪码,并使其与接收信号做相关运算,那么该通道在伪码良好自相关性的机制作用下,可将这一卫星信号提取出来,同时又在接近于正交的互相关性机制作用下,将其他卫星信号成分压制成接近于零的噪声。为了最大限度地将所希望跟踪的那个卫星信号通过伪自相关性机制提取出来,复制伪码的相位必须与接收信号中的伪码相位一致。当它们两者之间的相位一致时,自相关值会达到最大,而相关运算后的结果信号的功率也达到最强;否则,当两者相位不一致时,它们之间的自相关值会很小,相关结果信号的功率会很低,该卫星信号也就很难被码环所跟踪。

作为另一个跟踪环路,载波环的目的是尽力使其所复制的载波信号与接收到的卫星载波信号保持一致,从而通过混频机制彻底地剥离卫星信号中的载波。若复制载波与接收载波不一致,则接收信号中的载波就不能被彻底剥离,也就是说接收信号不能被下变频到真正的基带。不仅如此,若复制载波与接收载波不一致,则码环所得的伪码自相关幅值也会受到削弱。我们知道,接收机射频前端已经将接收到的卫星信号从射频下变频到中频。因此,在基带数字信号处理部分,我们所讲的接收信号的载波频率,有时实际上是指射频前端输出的数字中频信号 $s_{IF}(n)$ 的载波频率。而这两个频率之间的差异为一个值固定的射频前端本机振荡频率。因为上文已经对下变频混频机制做了分析,所以我们这里探讨包含混频过程的载波环。

BDS 接收机的设计者载设计载波跟踪环的预检测积分时间、鉴别器和环路滤波器功能时要解决一个矛盾。为了容忍动态应力,预检测积分时间应当短,鉴别器应为一个锁频环(FLL)载波环滤波器的带宽应该宽。然而,为了使载波测量精确(即具有低的噪声),预检测积分时间应该长,鉴别器应为锁相环(PLL),且载波环滤波器噪声带宽应该窄。实际上,为了解决这个矛盾,设计时需要折中处理。

为了彻底剥离数字中频输入信号中的载波,使其从中频下变频到基带,载波环必定包含一个混频器,并且它所复制的载波必须与输入载波保持一致。如果载波环通过检测其复制载波与输入载波之间的相位差异,然后再相应地调节复制载波的相位,使两者的相位保持一致,那么这种载波环的实现形式称为相位锁定环路;如果载波环通过检测其复制载波与输入载波之间的频率差异,然后再相应地调节复制载波的频率,使两者的频率保持一致,那么这种载波环的实现形式称为频率锁定环路。

在码环和载波环分别彻底地剥离了数字中频信号中的伪码和载波后,尚留存在接收信号中的则是完整无损的导航电文数据比特。为了将导航电文数据比特通过 BPSK 机制解调出来并且再将一系列比特组成字,接收机在进入信号跟踪阶段后还需要完成位同步和帧同步这两个阶段的任务,只有找到了数据比特边沿以实现位同步,接收机才能将接收信号一比特接着一比特地划分开来。在实现位同步之后，只有找到了子帧边沿以实现帧同步，相邻的每 30 个数据比特才能被正确地划分成一个个有结构意义的字，并最终从字中解译出有实用价值的导航电文参数。接收机基带数字信号处理模块处理卫星信号的过程，可以依次分为捕获、跟踪、位同步和帧同步四个阶段。由于信号阻挡、用户接收机的高动态等原因，信号跟踪环路时常会对正处于跟踪阶段中的卫星信号失锁甚至丢失。当信号丢失后，跟踪、处理该卫星信号的信号通道可能又得回到信号捕获阶段，接着再重新完成跟踪、位同步和帧同步这一过程。

3.6.6 定位解算

同样地，对于三维情况，我们至少通过三个球来确定两个点，如图 3-30 所示。我们上面通过假设接收机已知自身的概略位置来排除错误点，这个假设看似不合理，但是对于地球与卫星这个尺度来讲，正确的点应该在地面附近，而错误的点在太空中，因此在卫星导航中错误的点很容易被排除掉。当然，如果接收机可以收到第 4 颗甚至更多的卫星，则错误点也就自然被排除掉了。

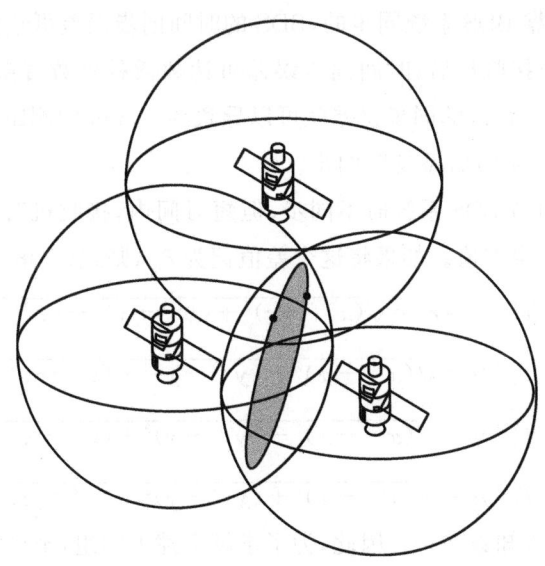

图 3-30 三维定位示意图

对于 3 颗卫星的情况，根据两点间距离公式，列出方程组(3-37)，其中 $r_i(i=1,2,3)$ 表示接收机测量的其与卫星之间的距离，$(x^{(i)}, y^{(i)}, z^{(i)})$ 表示假设已知的卫星坐标，(x, y, z) 表示待解的接收机坐标。

$$\begin{cases} r_1 = \sqrt{(x^{(1)}-x)^2+(y^{(1)}-y)^2+(z^{(1)}-z)^2} \\ r_2 = \sqrt{(x^{(2)}-x)^2+(y^{(2)}-y)^2+(z^{(2)}-z)^2} \\ r_3 = \sqrt{(x^{(3)}-x)^2+(y^{(3)}-y)^2+(z^{(3)}-z)^2} \end{cases} \quad (3\text{-}37)$$

假设卫星坐标是已知的，则式(3-37)中的关键在于接收机如何测得其与卫星间的距离 r。显然，这个距离等于信号的传播时间（信号从离开卫星到到达接收机的时间）乘以光速。因此式(3-37)可写为

$$\begin{cases} (T_r - T_t^{(1)})c = r_1 = \sqrt{(x^{(1)}-x)^2+(y^{(1)}-y)^2+(z^{(1)}-z)^2} \\ (T_r - T_t^{(2)})c = r_1 = \sqrt{(x^{(2)}-x)^2+(y^{(2)}-y)^2+(z^{(2)}-z)^2} \\ (T_r - T_t^{(3)})c = r_1 = \sqrt{(x^{(3)}-x)^2+(y^{(3)}-y)^2+(z^{(3)}-z)^2} \end{cases} \quad (3\text{-}38)$$

其中，T 表示时刻，下标 r 表示接收，下标 t 表示发射。但式(3-38)有一个隐含的假设：接收机和每颗卫星都是同步的，但实际情况是不可能的。卫星导航系统通过地面站来监控卫星状态，其中一项就是监测各颗卫星是否与系统时间同步。这样，在地面站的监测下，我们可以认为各颗卫星的发射时间是同步的。但是，接收机的时间却并不与 BDS 的系统时同步。目前，许多接收机（如手机等）是通过通信网同步的，而通信网也是靠 BDS 系统同步的，BDS 的时间同步误差可达数十纳秒，经过通信网处理到达用户接收机后，时间同步误差可达数微秒到数百微秒。我们知道光速约为 3×10^8 m/s，1 ns 的同步误差就可以导致约 0.3 m 的测距误差。因此，接收机的时间不能视为与 BDS 系统时同步。

虽然接收时间与 BDS 系统时不同步，但短时间内，接收机时间与 BDS 系统时之间仅存在一个恒定差值。如果将这个差值记为 δ_{t_u}，则式(3-38)可改写为

$$\begin{cases} \rho_1 = (T_r - T_t^{(1)})c = r_1 = \sqrt{(x^{(1)}-x)^2+(y^{(1)}-y)^2+(z^{(1)}-z)^2} + c\delta_{t_u} \\ \rho_2 = (T_r - T_t^{(2)})c = \sqrt{(x^{(2)}-x)^2+(y^{(2)}-y)^2+(z^{(2)}-z)^2} + c\delta_{t_u} \\ \rho_3 = (T_r - T_t^{(3)})c = \sqrt{(x^{(3)}-x)^2+(y^{(3)}-y)^2+(z^{(3)}-z)^2} + c\delta_{t_u} \\ \rho_4 = (T_r - T_t^{(4)})c = \sqrt{(x^{(4)}-x)^2+(y^{(4)}-y)^2+(z^{(4)}-z)^2} + c\delta_{t_u} \end{cases} \quad (3\text{-}39)$$

其中，δ_{t_u} 也可视为未知数之一。因此，为了求解上述方程组，至少需要 4 个方程，即至少测量接收机与 4 颗卫星之间的距离，才能进行定位。因此，对于 BDS 系统，在没有其他辅助信息存在的情况下，至少需要 4 颗卫星才能进行定位。接收机可以利用卫星信号计算其自身的位置、速度和时间（Position，Velocity and Timing；PVT），此过程称为 PVT 解算。

第 4 章

5G 移动通信定位

4.1　5G 定位架构

3GPP TS 23.273 定义了 5G 定位的相关架构。与 5G 核心网络架构类似,5G 定位架构中网络功能(Network Function,NF)间的交互以两种方式进行描述:一种是基于参考点(Reference Point)的描述形式;另一种是基于服务化接口(Service-based Interface,SBI)的描述形式。下面以 5G 核心网络架构为例,简单说明这两种描述方式的区别和特点。

基于参考点形式的架构由网络功能以及不同网络功能之间的接口组成,可体现出不同网络功能之间如何交互。参考点可以看作是两个不同网络功能之间相互约定且一对一的互访问接口。例如,(R)AN 通过 N2 接口连接至 AMF,二者之间的信令交互通过 N2 接口传输,这里的 N2 接口即为 1 个参考点。这种架构侧重于描述功能之间的点对点的交互,是通信中传统的点到点架构。5G 以前的网络架构都是基于参考点,优点在于架构清晰、易于交流,但由于参考点是唯一且固定的,因此不具备扩展性。

基于服务化接口形式的架构由一条总线和不同网络功能提供的服务组成,网络功能可通过总线向通过授权的其他网络功能提供服务。5G 核心网络架构中的服务化接口借鉴了互联网领域成熟的面向服务架构、微服务和云原生等技术理念,3GPP 在 R15 协议中首先提出将控制面的网络功能划分为多个服务的形式进行呈现,每个网络功能通过基于服务的接口展现其功能,完成与其他功能体的交互。例如,控制平面的网络功能 AMF 允许其他授权的网络功能接入自身的服务。这种架构侧重服务和功能,必要时包含参考点。采用基于服务化接口的架构具备开放能力、可编程性、灵活性和可扩展性,能够实现网络功能的灵活快速部署,能够适应 5G 业务需求的多样化,更好地支持各行各业的发展。

为了更好地满足垂直行业对 5G 定位业务的需求,5G 定位架构也支持参考点形式和服务化接口形式,以下分别基于这两种形式介绍漫游和非漫游场景下的 5G 定位架构。非漫游场景指 UE 注册到归属地公共移动网络(HPLMN),漫游场景指 UE 注册到拜访公共移动网络(VPLMN)。

在非漫游场景下,基于参考点形式的 5G 定位架构如图 4-1 所示。该架构体现了不同网络功能之间的逻辑连接以及不同网元之间使用的接口。例如,GMLC(网关移动定位中心)通过 NL2 接口向 AMF(接入和移动性管理功能)发送定位消息,AMF 在 LMF(位置管理功能)和(R)AN 之间中转定位消息。

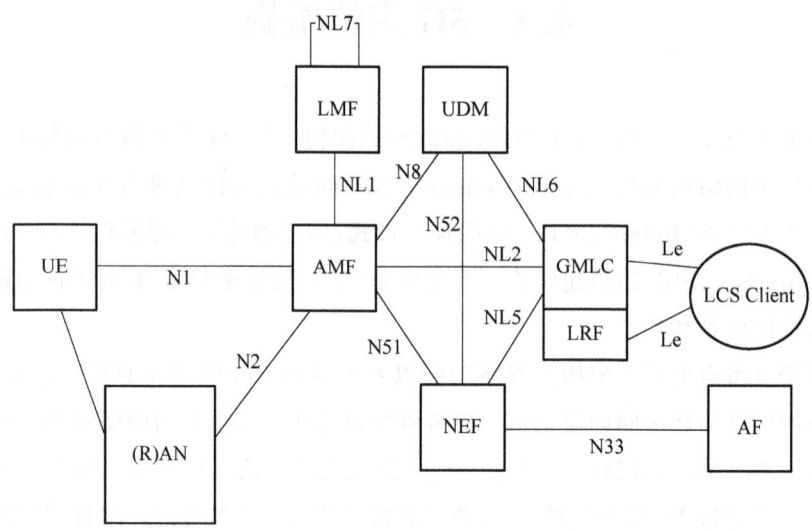

图 4-1　基于参考点形式的 5G 定位架构(非漫游场景)

在非漫游场景下,基于服务化接口形式的 5G 定位架构如图 4-2 所示。在该架构中,NEF(网络开放功能)、UDR(统一数据存储)、UDM(统一数据管理)、AF、AMF、LMF 和 GMLC 提供的服务都连接到同一总线上,被授权的网络功能可通过总线调用某个网络功能提供的服务。以 GMLC 提供的服务为例,其提供的服务以 Ngmlc 命名,GMLC、AMF 和 NEF 可通过总线调用 GMLC 提供的服务。另外,AMF 与(R)AN 之间仍旧采用参考点 N2 接口的形式进行交互。

在漫游场景下,基于参考点形式的 5G 定位架构如图 4-3 所示。UE 的所有定位请求都被发送到 HPLMN 内的 HGMLC(归属网关移动定位中心),由 HGMLC

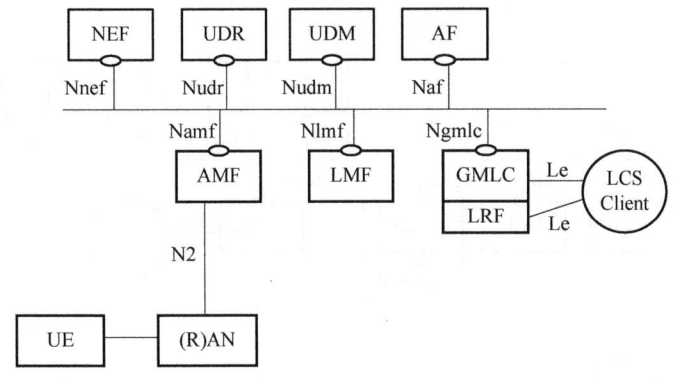

图 4-2 基于服务化接口形式的 5G 定位架构(非漫游场景)

负责选择 VPLMN 内的 VGMLC(拜访网关移动定位中心),并将定位请求发送给 VGMLC。

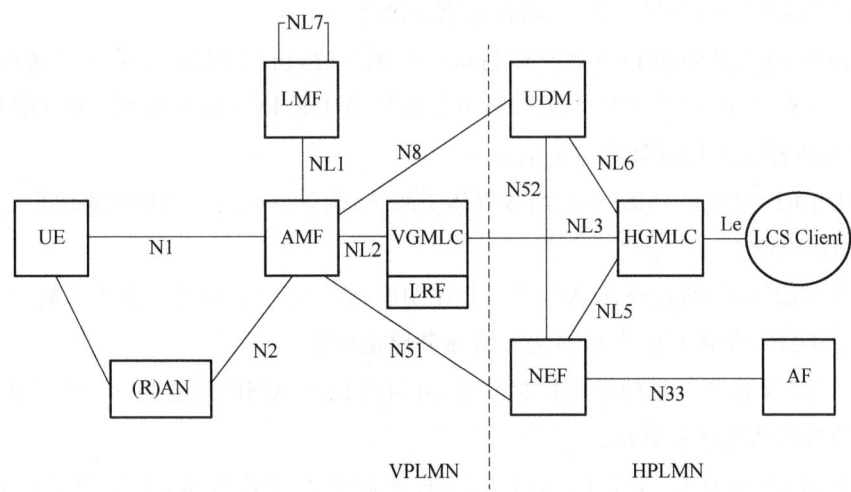

图 4-3 基于参考点形式的 5G 定位架构(漫游场景)

在漫游场景下,基于服务化接口形式的 5G 定位架构如图 4-4 所示。

由上述 5G 定位架构图可知,5G 定位架构包括 UE(用户终端)、RAN((无线)接入网络)、AMF(接入和移动性管理功能)、LMF(定位管理功能)、GMLC(网关移动位置中心)、NEF(网络开放功能)、LRF(位置检索功能)、UDM(统一数据管理功能)、UDR(统一数据存储库)和 LCS Clients(LCS 客户端)、AF(应用程序功能)和 NF(网络功能)等模块。下面简要介绍这些模块的功能。

① UE 根据定位请求获取位置测量信息,在本地计算位置或将测量信息转发至 LMF 进行位置计算。

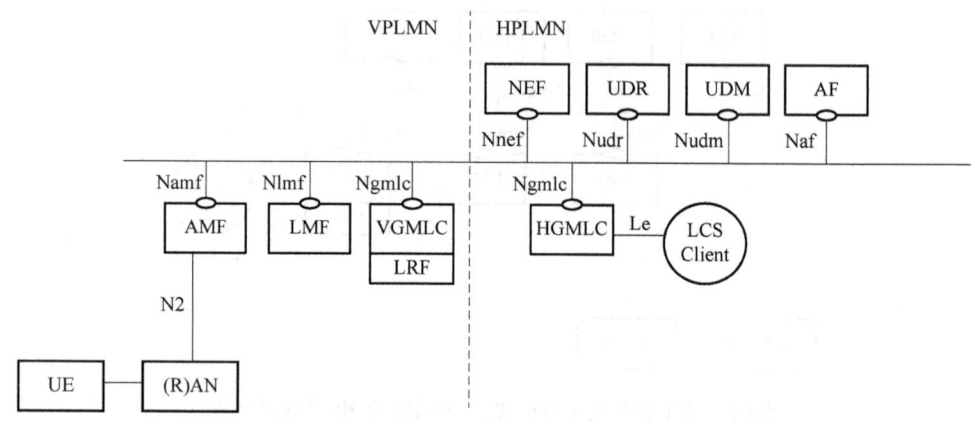

图 4-4　基于服务化接口形式的 5G 定位架构(漫游场景)

② (R)AN 参与对目标 UE 进行定位的过程,向 LMF 提供定位相关信息,并在 AMF 或 LMF 和目标 UE 之间传输定位消息。

③ GMLC 是外部 LCS 客户端请求定位服务时,访问 PLMN(公共移动网)的第一个节点,GMLC 从 UDM 获取路由信息以及 UE LCS 隐私属性,进行隐私检查,然后根据路由信息转发定位消息。

④ LRF 为发起 IMS(互联网多媒体子系统)紧急会话的 UE 提供路由信息,可与 GMLC 进行合设。

⑤ NEF 提供通过外部 AF(应用程序功能)或内部 AF 访问位置服务的手段。

⑥ UDM 存储 UE 的 LCS 隐私设置和路由信息。

⑦ UDR 包含 UE 的隐私数据信息,并且可以由 AMF 通过 UDM 使用从 UE 接收的新隐私信息来更新。

⑧ AMF 管理从 GMLC、NEF 或 UE 接收到的定位请求,为定位请求选择 LMF,支持加密辅助数据广播。

⑨ LMF 负责管理和调度对 UE 进行定位所需的资源,当从服务 AMF 接收到定位请求时,LMF 与 UE 和接入网络交互获取定位辅助数据或位置信息。

⑩ AFs 和 NFs 可以使用 Ngmlc 接口从同一信任域(例如,在同一 HPLMN 或 VPLMN 中)中的 GMLC 访问 LCS 服务,或者使用 Namf 接口从相同信任域中的 AMF 访问具有位置信息的事件报告。LCS 客户端可以使用 Le 参考点从 GMLC (如 HGMLC)访问 LCS 服务。

5G 定位架构中除了上述网络功能模块外,还有支持定位服务的参考点和支持定位服务的服务化接口,相关的介绍如表 4-1 和表 4-2 所示。

表 4-1 5G 定位架构中的参考点及功能

参考点	功能描述
N1	在 AMF 与 UE 之间传输补充服务信息;支持经由 AMF 在 UE 和 LMF 之间传输定位协议消息和位置事件报告
N2	支持经由 AMF 在 LMF 和 RAN 节点之间传输定位消息
NL7	支持两个 LMF 之间的位置信息传输
NL1	支持从 UE 的 AMF 向 LMF 发送的 UE 定位请求
NL2	支持 GMLC 向 UE 的 AMF 发送的定位请求
NL3	支持由 HGMLC 转发到 VGMLC 的定位请求
NL5	支持 NEF 或其他 NF 向 GMLC 发送的定位请求
NL6	支持从 HGMLC 向 UDM 查询 UE 的隐私订阅信息和路由信息
N51	支持从 NEF 向服务 AMF 查询 UE 的位置
N52	支持从 NEF 向 UDM 查询目标 UE 的隐私订阅信息和路由信息;还支持从 NEF 到 UDM 的请求,以将位置请求从 NEF 转发到 AMF
Le	支持 LCS 客户端向 GMLC 或 LRF 发送的定位请求

表 4-2 5G 定位架构中的服务化接口及功能

服务化接口	功能描述
Nlmf	LMF 提供的基于服务的接口
Ngmlc	GMLC 提供的基于服务的接口

UE 和 LMF 之间沿用了 4G 系统的 LTE 定位协议(LPP),LMF 和 gNB 之间采用了 NR 专用的 NR 定位协议 A(NRPPA)。NR 无线定位协议架构如图 4-5 所示。

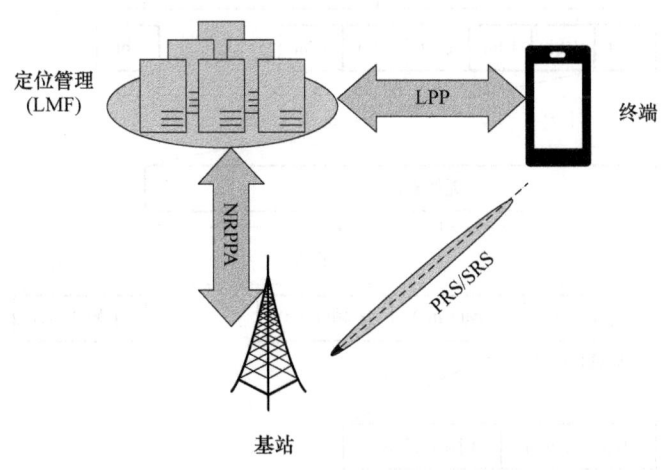

图 4-5 NR 无线定位协议架构

4.2 共频带定位信号体制

1. 共频带定位参考信号结构

共频带定位参考信号(Positioning Reference Signal,PRS)主要由导航电文和伪随机序列(Pseudo Random Number,PRN)两部分组成。使用 PRN 对导航电文进行扩频调制后映射至时频资源栅格,经正交频分复用(Orthogonal Frequency Division Multiplexing,OFDM)调制获得定位信号,以低功率与通信信号进行叠加后经射频播发,如图 4-6 所示。

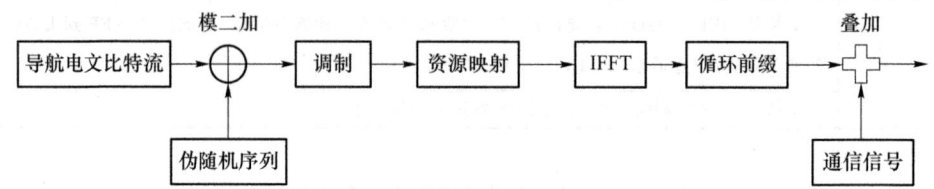

图 4-6 共频 PRS 信号生成流程

室外基站和室内分布系统使用不同的导航电文,室外导航电文长度为 1 200 bit,室内导航电文长度为 600 bit,1 bit 电文时长为 10 ms,对应 5G 通信信号的 1 个无线帧。PRN 周期长度为 1 ms,对应 5G 通信信号的 1 个子帧。共频带 PRS 信号帧结构与 5G 通信信号帧结构对齐,帧结构如图 4-7 所示。

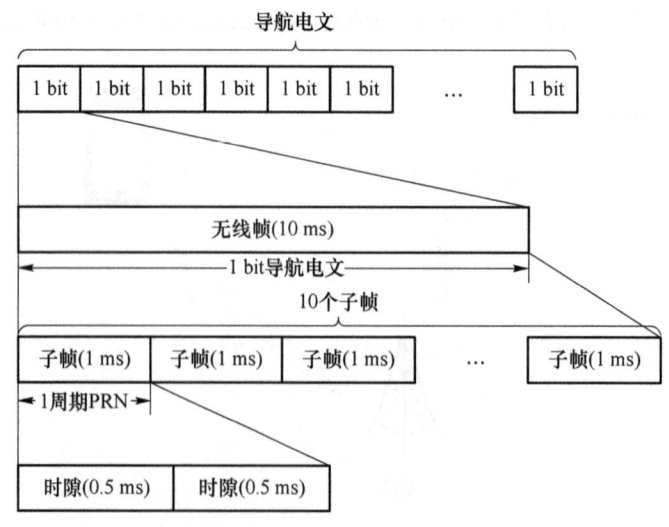

图 4-7 共频 PRS 信号帧结构示意图

2. 伪随机序列生成

伪随机序列是由 31 位的 Gold 码定义的。PRN(n)的生成公式如下：

$$\text{PRN}(t) = (x_1(t+N_C) + x_2(t+N_C)) \bmod 2 \tag{4-1a}$$

$$x_1(t+31) = (x_1(t+3) + x_1(t)) \bmod 2 \tag{4-1b}$$

$$x_2(t+31) = (x_2(t+3) + x_2(t+2) + x_2(t+1) + x_2(t)) \bmod 2 \tag{4-1c}$$

其中，序列 $x_1(n)$ 初始化为 $x_1(0)=1, x_1(n)=0, n=1,2,\cdots,30$。序列 $x_2(n)$ 的初始化过程由 $c_{\text{init}} = \sum_{i=0}^{30} x_2(i) \cdot 2^i$ 决定。

3. 扩频调制

共频带 PRS 信号生成过程的第一步需将导航电文 NM(t) 经伪随机序列 PRN(t) 模二加后获得新的序列 $s(t)$，如下所示：

$$s(t) = \text{NM}(t) \oplus \text{PRN}(t) \tag{4-2}$$

获得 $s(t)$ 的过程示意图如图 4-8 所示。

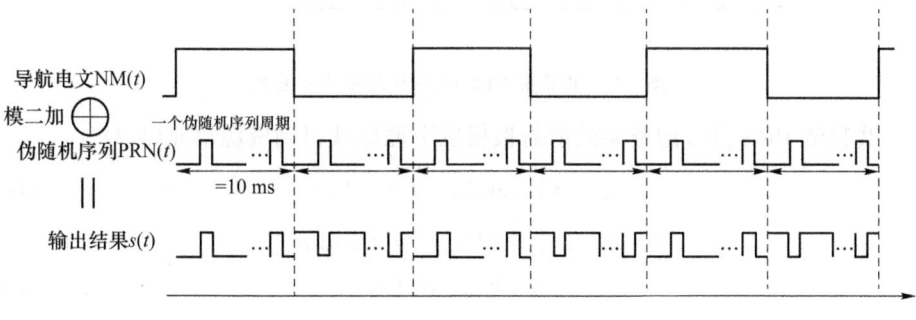

图 4-8 导航电文与伪随机序列调制示意图

4. 调制

在进行资源映射前序列 $s(t)$ 需要进行正交相移键控（Quadrature Phase Shift Keying，QPSK）调制获得 $r(t)$，调制过程定义如下：

$$r(t) = \frac{1}{\sqrt{2}}(1-2s(2t)) + j\frac{1}{\sqrt{2}}(1-2s(2t+1)) \tag{4-3}$$

5. 资源映射

每一个时隙的 5G 信号在时序上包含 14 个符号，在频率上包含多个子载波，由符号与子载波的对应得到图 4-9 所示的资源栅格。图中 $N_{\text{RB}}^{\text{DL}}$ 为信号中包含的资源块数量（100 MHz 带宽子载波间隔为 30 kHz 时 $N_{\text{RB}}^{\text{DL}}=273$），每个资源块包含 12 个子载波。

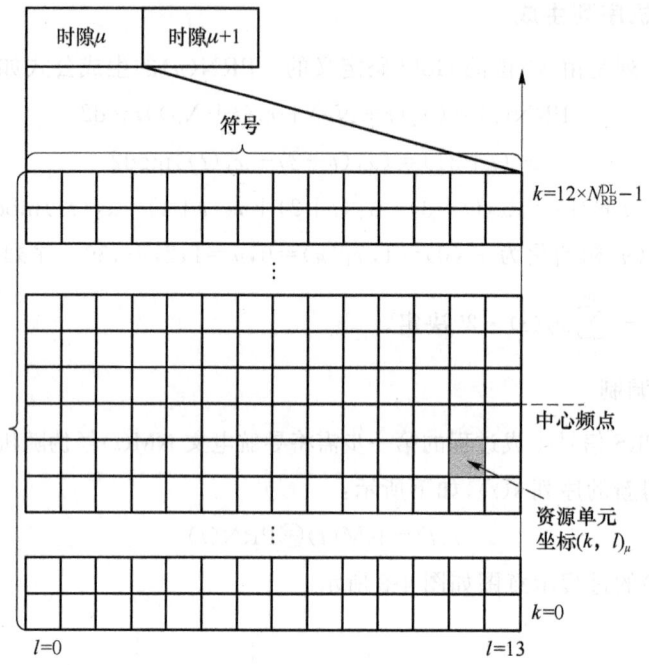

图 4-9 共频带 PRS 时隙资源栅格示意图

共频带 PRS 信号的资源映射需根据以下原则映射到资源单元 $(k,l)_\mu$：

$$a_{k,l}^{\mu}=\beta_{PRS}r(t),\quad t=0,1,\cdots \qquad (4\text{-}4)$$

$$k=t\times K_{comb}^{PRS}+(k_{offset}^{PRS}+k')\bmod K_{comb}^{PRS} \qquad (4\text{-}5)$$

$$l=2,3,\cdots,13 \qquad (4\text{-}6)$$

其中，序列 $r(t)$ 按因子 β_{PRS} 进行缩放，$a_{k,l}^{\mu}$ 是子载波下第 μ 个时隙中坐标为 (k,l) 的资源单元处的映射的序列 $r(t)$ 值，梳状结构大小 $K_{comb}^{PRS}\in\{2,4,6,12\}$ 由运营商配置，以便将相邻基站的共频带 PRS 信号映射到不同的资源单元上，提高抗远近效应能力。资源单元偏移量 $k_{offset}^{PRS}\in\{0,1,\cdots,K_{comb}^{PRS}-1\}$ 由运营商配置，相邻基站配置不同的偏移量。k' 是共频带 PRS 信号在不同符号内映射资源单元位置的子载波偏移量，由 K_{comb}^{PRS} 和 l 通过表 4-3 确定。

表 4-3 子载波偏移量 k'

K_{comb}^{PRS}	l											
	2	3	4	5	6	7	8	9	10	11	12	13
2	0	1	0	1	0	1	0	1	0	1	0	1
4	0	2	1	3	0	2	1	3	0	2	1	3

续表

K_{comb}^{PRS}	l											
	2	3	4	5	6	7	8	9	10	11	12	13
6	0	3	1	4	2	5	0	3	1	4	2	5
12	0	6	3	9	1	7	4	10	2	8	5	11

以 $K_{comb}^{PRS}=4$ 时为例，当 k_{offset}^{PRS} 分别配置为 0,1,2,3 时，对应基站的共频带 PRS 信号映射位置应如图 4-10 所示。

⋮

3	1	2	0	3	1	2	0	3	1	2	0	k=10
2	0	1	3	2	0	1	3	2	0	1	3	
1	3	0	2	1	3	0	2	1	3	0	2	
0	2	3	1	0	2	3	1	0	2	3	1	
3	1	2	0	3	1	2	0	3	1	2	0	
2	0	1	3	2	0	1	3	2	0	1	3	
1	3	0	2	1	3	0	2	1	3	0	2	
0	2	3	1	0	2	3	1	0	2	3	1	k=0

l=2　　k_{offset}^{PRS} 编号对应位置　　l=13

图 4-10　$K_{comb}^{PRS}=4$ 时 k_{offset}^{PRS} 分别配置为 0,1,2,3 的信号映射位置示意图

6. 逆快速傅里叶变换

完成资源映射后按照符号顺序进行逆快速傅里叶变换(Inverse Fast Fourier Transform,IFFT)获得调制后的未加前缀的 OFDM 信号基带信号 $S'_{pos}(t)$。如图 4-11 所示，IFFT 变换过程中需要输入数据个数为 2 的整数次方，但由于带宽限制，子载波个数无法满足 2 的整数次方限制，需通过尾部补零将数据量扩充至 2 的整数次方。

7. 循环前缀

每个符号的数据经过 IFFT 获得 OFDM 基带信号后需要添加循环前缀，每个符号的循环前缀采样点数遵循如下准则：

$$N_{CP,l}=\begin{cases}(144+16\times N_{slot}^{sub})\times N_{ifft}/2\,048, & l_{sub}=0 \text{ 或 } l_{sub}=7\times N_{slot}^{sub}\\ 144\times N_{ifft}/2\,048, & l_{sub}\neq 0 \text{ 且 } l_{sub}\neq 7\times N_{slot}^{sub}\end{cases} \tag{4-7}$$

其中，N_{slot}^{sub} 是子帧中的时隙个数，N_{ifft} 是 IFFT 的点数。

一个符号的信号经过 IFFT 后获得的基带信号具有 N_{ifft} 个采样间隔，加循环前缀的过程为将后 $N_{CP,l}$ 个采样间隔信号复制移动到信号前端，获得最终的共频带

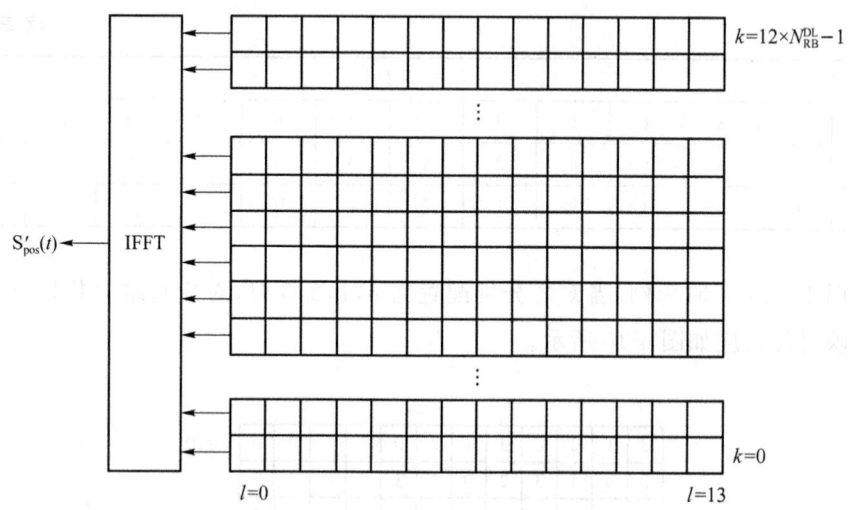

图 4-11 IFFT 过程示意图

PRS 信号基带信号 $S_{pos}(t)$,过程如图 4-12 所示。

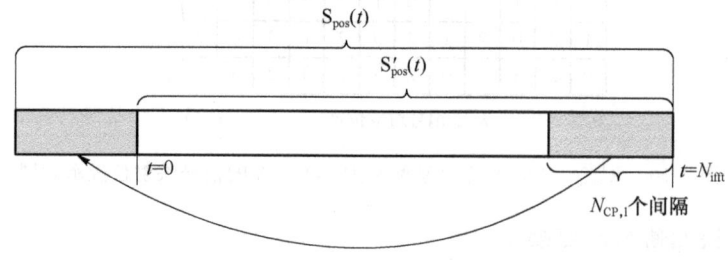

图 4-12 循环前缀添加过程示意图

8. 叠加

完成共频带定位信号基带信号的调制后,需要将共频带定位信号 $S_{pos}(t)$ 和通信信号 $S_{com}(t)$ 叠加合成融合信号:

$$S_{In}(t) = S_{com}(t) + S_{pos}(t) \tag{4-8}$$

其中,$S_{In}(t)$ 为最终的通信导航一体化基带信号,$S_{com}(t)$ 为通信基带信号,$S_{pos}(t)$ 为共频带 PRS 基带信号。

9. 电文

室外基站播发的导航电文包括基本导航信息:基站经纬度、基站高度以及其他系统时间同步信息、校验信息等。基站导航电文每帧电文长度为 1 200 符号位。每帧电文分为两个子帧,两个子帧编码前长度均为 312 bit。两个子帧分别由帧同步头、导航电文数据及校验码三部分组成。发射数据流顺序为高位(MSB)先发。基本的电文帧结构如图 4-13 所示。

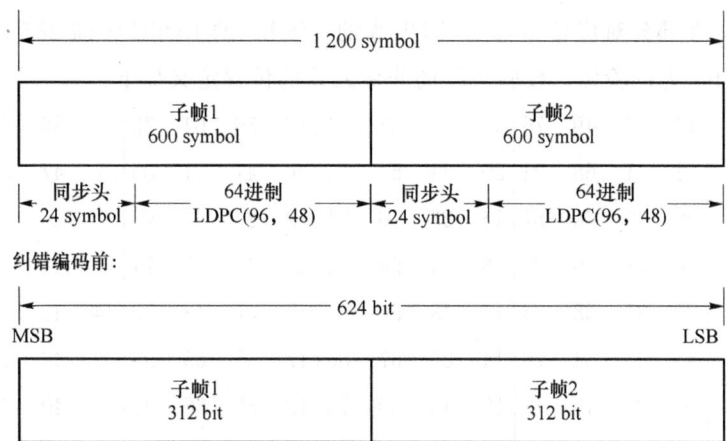

图 4-13　室外基站导航电文帧结构

各电文帧子帧除去同步头之外的导航电文部分经过 LDPC(96,48) 编码后，还需要采用块交织的方式进行交织，整体流程如图 4-14 所示。

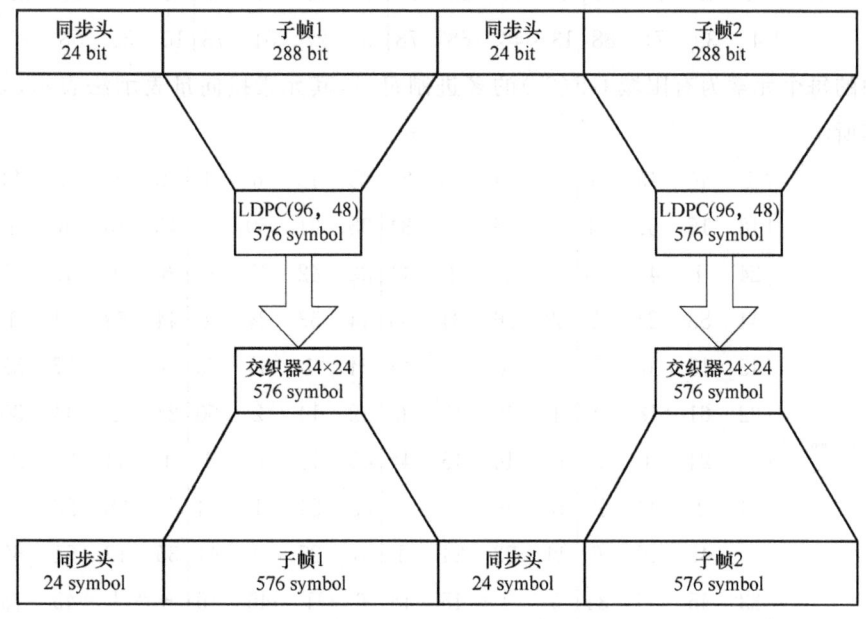

图 4-14　LDPC 编码

室外基站导航电文采用 64 进制的 LDPC(96,48) 编码，其每个码字符号同样由 6 bit 构成，定义于本原多项式为 $p(x)=1+x+x^6$ 的有限域 $GF(2^6)$。多进制符号与二进制比特的映射采用向量表示法，且高位在前。信息长度 $k=48$ 码字符号，即288 bit,每6 bit组成一个码字符号。其校验矩阵是一个48×96的稀疏矩阵,定义于本原多项式为$p(x)=1+x+x^6$的有限域$GF(2^6)$,前48×48部分对应信息符号,后48×48部分对应校验符号,即生成的576 bit的LDPC码前288 bit为信息位,后288 bit为校验位。校验矩阵的非零元素的位置定义如下:

$$H_{48,96,\text{index}} = \begin{bmatrix} 19 & 46 & 49 & 76 & 5 & 29 & 53 & 71 & 17 & 30 & 64 & 72 & 22 & 36 & 59 & 82 \\ 22 & 41 & 68 & 94 & 20 & 44 & 54 & 75 & 9 & 41 & 61 & 86 & 6 & 47 & 60 & 89 \\ 8 & 40 & 60 & 87 & 15 & 26 & 66 & 81 & 19 & 24 & 67 & 95 & 2 & 26 & 50 & 72 \\ 5 & 38 & 70 & 89 & 16 & 34 & 64 & 92 & 21 & 45 & 55 & 74 & 0 & 24 & 48 & 78 \\ 23 & 37 & 58 & 83 & 15 & 43 & 56 & 91 & 18 & 47 & 48 & 77 & 14 & 42 & 57 & 90 \\ 6 & 30 & 54 & 76 & 14 & 27 & 67 & 80 & 17 & 35 & 65 & 93 & 7 & 46 & 61 & 88 \\ 1 & 25 & 49 & 79 & 12 & 45 & 69 & 79 & 18 & 25 & 66 & 94 & 23 & 40 & 69 & 95 \\ 8 & 36 & 51 & 84 & 3 & 38 & 56 & 86 & 0 & 29 & 62 & 85 & 2 & 39 & 57 & 87 \\ 11 & 33 & 59 & 81 & 20 & 43 & 74 & 93 & 13 & 32 & 63 & 91 & 11 & 35 & 52 & 83 \\ 16 & 31 & 65 & 73 & 4 & 28 & 52 & 70 & 1 & 28 & 63 & 84 & 12 & 33 & 62 & 90 \\ 21 & 42 & 75 & 92 & 7 & 31 & 55 & 77 & 9 & 37 & 50 & 85 & 10 & 43 & 53 & 82 \\ 4 & 39 & 71 & 88 & 13 & 44 & 68 & 78 & 3 & 27 & 51 & 73 & 10 & 32 & 58 & 80 \end{bmatrix},$$

其中的每个元素为有限域$GF(2^6)$的多进制符号,其元素按向量表示法表示,如下矩阵所示:

$$H_{48,96,\text{element}} = \begin{bmatrix} 1 & 46 & 15 & 6 & 1 & 44 & 53 & 24 & 45 & 15 & 6 & 1 & 30 & 24 & 1 & 44 \\ 18 & 15 & 32 & 61 & 3 & 55 & 9 & 34 & 35 & 31 & 50 & 44 & 45 & 15 & 6 & 1 \\ 24 & 1 & 44 & 53 & 30 & 24 & 1 & 44 & 32 & 42 & 47 & 37 & 6 & 1 & 45 & 15 \\ 44 & 53 & 24 & 1 & 39 & 36 & 34 & 33 & 44 & 53 & 24 & 1 & 44 & 53 & 24 & 1 \\ 45 & 15 & 6 & 1 & 6 & 1 & 45 & 15 & 24 & 1 & 44 & 53 & 9 & 41 & 57 & 58 \\ 32 & 61 & 18 & 40 & 1 & 45 & 15 & 6 & 22 & 14 & 2 & 50 & 24 & 1 & 44 & 30 \\ 30 & 24 & 1 & 44 & 15 & 46 & 45 & 44 & 15 & 6 & 1 & 1 & 44 & 30 & 24 \\ 24 & 1 & 44 & 53 & 15 & 6 & 1 & 45 & 53 & 24 & 1 & 44 & 7 & 38 & 23 & 54 \\ 1 & 45 & 15 & 6 & 44 & 53 & 24 & 1 & 57 & 25 & 9 & 41 & 35 & 13 & 51 & 60 \\ 33 & 45 & 36 & 34 & 6 & 1 & 45 & 15 & 6 & 1 & 45 & 15 & 6 & 1 & 45 & 15 \\ 44 & 35 & 31 & 50 & 26 & 27 & 37 & 5 & 24 & 1 & 44 & 30 & 33 & 42 & 14 & 5 \\ 24 & 1 & 44 & 30 & 24 & 1 & 44 & 30 & 1 & 44 & 53 & 24 & 1 & 44 & 30 & 24 \end{bmatrix}.$$

以上矩阵自上而下按栏读取,一栏读完后自左向右换下一栏继续读取。一栏中,每行的 4 个数字对应矩阵中一行 4 个非零元素。

各电文帧子帧除同步头之外的部分经过 LDPC 编码后,包含 576 symbol,再采用块交织方式进行交织,具体的交织方式可以由一个 24 行和 24 列的矩阵来实现。块交织过程如图 4-15 所示。编码后的电文采用交错方式按行依次写入上述矩阵,高位先写;然后再按列依次读出。

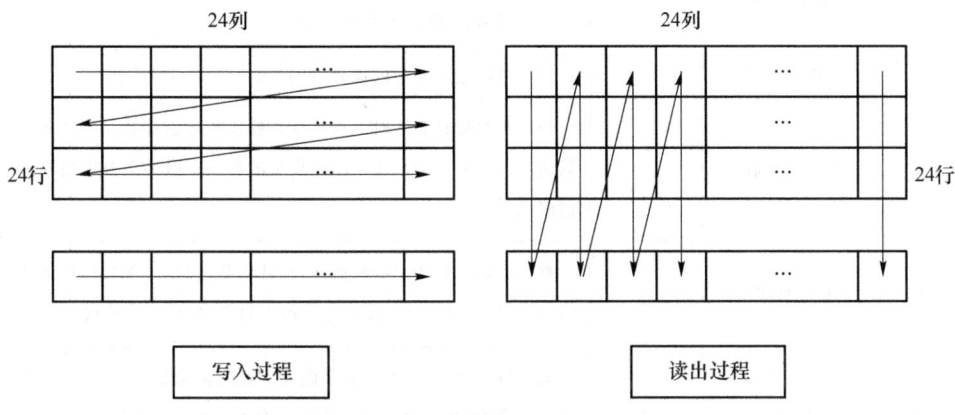

图 4-15 块交织过程示意图

每电文帧分为 2 个子帧,每一电文帧子帧长度为 600 symbol,各电文帧子帧的前 24 symbol 为帧同步头(Pre),其值为 0xE24DE8,采用高位先发。帧同步头不参与纠错编码。每电文帧子帧帧同步头后经过纠错编码后的电文符号长度为 576 symbol。

电文帧子帧 1 在纠错编码前的编排格式如图 4-16 所示。

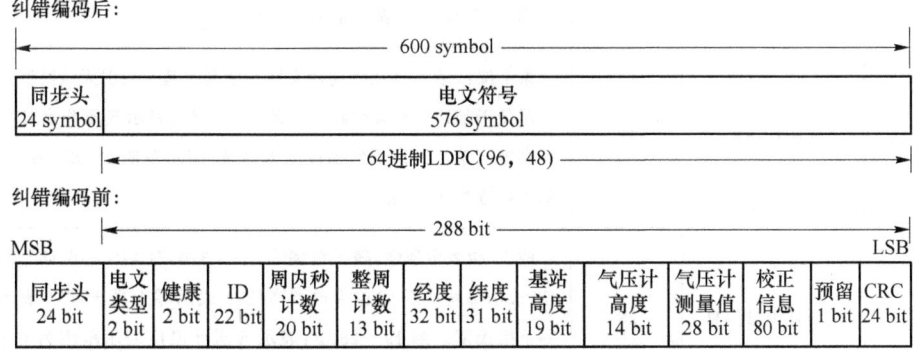

图 4-16 室外基站导航电文帧子帧 1 的编排格式

电文帧子帧 1 中各参数说明如表 4-4 所示。

表 4-4 室外基站导航电文帧子帧 1 各参数说明

序号	电文参数	数据位	参数定义及描述
1	同步头	24	0xE24DE8
2	电文类型	2	第1位固定为0,代表室外基站导航电文。第2位:0代表子帧1,1代表子帧2
3	健康状态	2	第1位:0 表示基站健康,1 表示基站不可用。第2位:0 表示气压计健康,1 表示气压计不可用
4	基站 ID	22	以二进制表示基站的编号,可有基站编号 419 万个
5	周内秒计数	20	周内秒每周日北斗时 0 点 0 分 0 秒从零开始计数。周内秒计数所对应的秒时刻是指本帧同步头的第一个脉冲上升沿所对应的时刻
6	整周计数	13	整周计数为北斗时的整周计数,其值范围为 0～8 191,以北斗时 2006 年 1 月 1 日 0 点 0 分 0 秒为起点,从零开始计数
7	经度	32	第1位:1 表示东经,0 表示西经。经度值乘以 10^{-7} 后取其低 31 位。例如:东经 116.943 278 4,存为 0xC5B420D0,高位不足补零。基本单位为 0.01 m
8	纬度	31	第1位:1 表示北纬,0 表示南纬。纬度值乘以 10^{-7} 后取其低 30 位。例如:北纬 39.854 568 3,存为 0x57C15313,高位不足补零。基本单位为 0.01 m
9	基站高度	19	第1位:1 表示高于海平面,0 表示低于海平面。后 18 位表示基站发射天线的海拔高度,以二进制表示,高位不足补零,表示范围 0～5 242 m。基本单位为 0.01 m
10	气压计高度	14	第1位:1 表示气压测高计安装高度高于基站发射天线高度,0 表示低于基站发射天线高度。第 2～14 位:表示气压测高计所处高度与基站发射天线高度的偏移量,表示范围 0～81.91 m。基本单位为 0.01 m
11	气压计测量信息	28	前 17 位表示压强,表示范围为 0～1 310.71 kPa。第 18～28 位:表示温度。第 18 位为温度高位;1 表示零上摄氏度,0 表示零下摄氏度。第 19～28 位:表示气压计温度表示范围为 0～102.0 ℃。基站气压基本单位 0.01 kPa。温度基本单位 0.1 ℃
12	预留	33	补 1

续 表

序号	电文参数	数据位	参数定义及描述
13	CRC 校验	24	校验范围从子帧号开始,到预留位结束。实现方式为 CRC-24Q,生成多项式为 $g(x)=x^{24}+x^{23}+x^{18}+x^{17}+x^{14}+x^{11}+x^{10}+x^{7}+x^{6}+x^{5}+x^{4}+x^{3}+x+1$,寄存器初始值设置为全 0

电文帧子帧 2 的编排格式如图 4-17 所示。

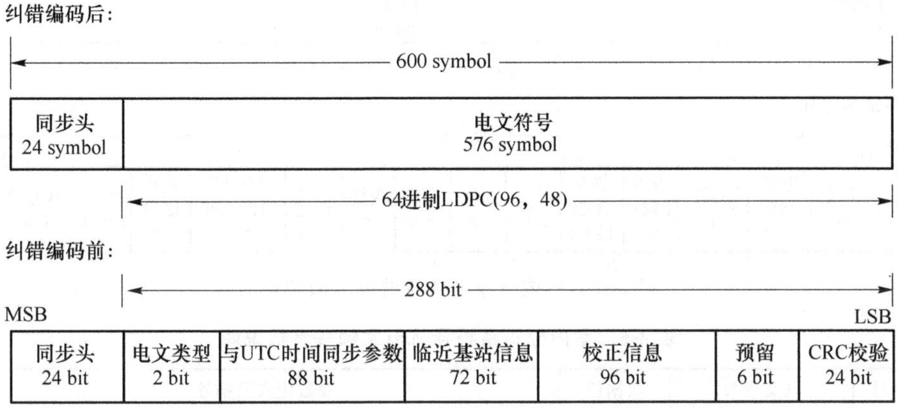

纠错编码后:

同步头 24 symbol	电文符号 576 symbol

←──── 600 symbol ────→

64 进制 LDPC(96,48)

纠错编码前:

←──── 288 bit ────→

MSB ─────────────────────────────────── LSB

同步头 24 bit	电文类型 2 bit	与UTC时间同步参数 88 bit	临近基站信息 72 bit	校正信息 96 bit	预留 6 bit	CRC校验 24 bit

图 4-17 室外基站导航电文帧子帧 2 编排格式

电文帧子帧 2 中各参数说明如表 4-5 所示。

表 4-5 室外基站导航电文帧子帧 2 各参数说明

序号	电文参数	数据位	参数定义及描述
1	同步头	24	0xE24DE8
2	电文类型	2	第 1 位固定为 0,代表室外基站导航电文。第 2 位:0 代表子帧 1,1 代表子帧 2
3	UTC 同步参数	88	参见附录 B"BDT 与 UTC 时间同步参数及算法"
4	临近基站信息	72	采用蜂窝网结构,保存临近 6 个基站的序列 ID 号 $n_{\mathrm{ID,seq}}^{\mathrm{PRS}}$,用 12 bit 表示,邻近信息共 6×12=72 位
5	预留	54	补 1
6	CRC	24	校验范围从电文类型开始,到预留位结束。实现方式与子帧 1 相同

室内分布系统播发的导航电文包括基本导航信息：发射天线所处的经度、纬度、发射天线所处楼层和连接发射天线与射频单元的线长。室内分布系统导航电文每帧电文长度为600 symbol，编码前长度为312 bit，由帧同步头、导航电文数据及校验码三部分组成。发射数据流顺序为高位（MSB）先发。纠错编码和电文交织方式与室外基站导航电文相同。

室内分布系统导航电文帧结构以及纠错编码前的编排格式如图4-18所示。

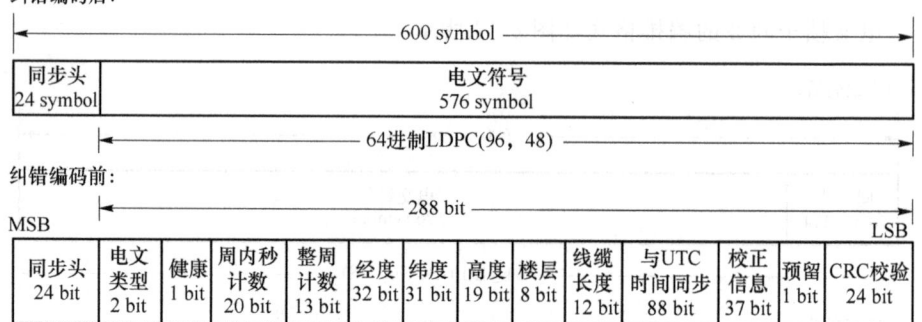

图4-18　室内分布系统导航电文帧结构图

表4-6　室内分布系统导航电文帧各参数说明

序号	电文参数	数据位	参数定义及描述
1	同步头	24	0xE24DE8
2	电文类型	2	第1位固定为1，代表室内导航电文；第2位预留
3	健康状态	1	0表示健康，1表示不可用
4	周内秒计数	20	参见室外基站导航电文参数定义
5	整周计数	13	参见室外基站导航电文参数定义
6	经度	32	参见室外基站导航电文参数定义
7	纬度	31	参见室外基站导航电文参数定义
8	楼层	8	室内分布系统节点所在楼层，以二进制表示，表示范围—10～246层，二进制值减10为当前楼层，例如00000000代表第—10层，00010001代表第7层
9	线缆长度	12	室内分布系统天线到室内分布系统射频单元的线长，以二进制表示，表示范围0～409.5 m，基本单位为0.1 m
10	UTC同步参数	88	BDT与UTC时间同步参数及算法
11	预留	9	补1
12	CRC校验	24	校验范围从电文类型开始，到预留位结束。实现方式与室外基站导航电文相同

4.3 5G 定位参考信号

5G NR 中定义了专门用于定位的下行定位参考信号(Downlink Positioning Reference Signal, DL PRS)和增强的上行探测参考信号(Sounding Reference Signal, SRS),用来实现上行定位功能。两种信号均采用 OFDM 调制,在生成序列和资源映射上有一定区别。本节将对这两种信号进行详细介绍,并对其他也可用于定位的参考信号进行简要介绍。

4.3.1 下行定位参考信号

PRS 是由基站播发给终端的下行参考信号,终端通过测量 PRS,获得下行定位测量值,包括下行 PRS 参考信号时间差(DL PRS RSTD)、下行 PRS 参考信号接收功率(DL PRS RSRP)、UE 收发时间差和其他上报量,终端将这些测量值上报给基站,进而实现 UE 位置的解算。由于终端是通过寻找参考信号的相关峰来确定传播时延或时间差,因此设计 PRS 序列时需要保证各基站播发的 PRS 之间干扰随机化并拥有良好的自相关特性。TS 38.211 协议中已定义 PRS 信号使用长度为 31 阶的 Gold 码伪随机序列,不同基站播发使用不同序列的 PRS 信号。伪随机序列 $c(n)$ 的生成方式如下:

$$c(n) = (x_1(n+N_C) + x_2(n+N_C)) \bmod 2 \tag{4-9a}$$

$$x_1(n+31) = (x_1(n+3) + x_1(n)) \bmod 2 \tag{4-9b}$$

$$x_2(n+31) = (x_2(n+3) + x_2(n+2) + x_2(n+1) + x_2(n)) \bmod 2 \tag{4-9c}$$

其中, N_C 被设定为 1 600, $x_1(n)$ 和 $x_2(n)$ 是两组 M 序列, $x_1(n)$ 的初始状态为 $x_1(0)=1, x_1(n)=0, n=1,2,\cdots,30$,而 $x_2(n)$ 的初始状态由参数 c_{init} 换算获得:

$$c_{\text{init}} = \sum_{i=0}^{30} x_2(i) \cdot 2^i \tag{4-10}$$

参数 c_{init} 由 PRS 的标识号(可用于区分基站)和时隙号决定:

$$c_{\text{init}} = \left(2^{22} \left\lfloor \frac{n_{\text{ID,seq}}^{\text{PRS}}}{1\,024} \right\rfloor + 2^{10}(N_{\text{symb}}^{\text{slot}} n_{\text{sf}}^{\mu} + l + 1) \right.$$

$$\left. \times (2(n_{\text{ID,seq}}^{\text{PRS}} \bmod 1\,024) + 1) + (n_{\text{ID,seq}}^{\text{PRS}} \bmod 1\,024) \right) \bmod 2^{31} \tag{4-11}$$

其中：$n_{\text{ID,seq}}^{\text{PRS}}$ 是 PRS 标识号，取值范围从 0～4 095，因此 PRS 信号支持 4 096 种不同的伪随机序列；$N_{\text{symb}}^{\text{slot}}$ 表示一个时隙中的符号数量；n_{sf}^{μ} 表示时隙编号；l 表示当前 OFDM 符号在时隙中的编号。

PRS 使用的参考信号序列 $r(m)$ 是由伪随机序列 $c(n)$ 经正交相移键控（Quadrature Phase Shift Keying，QPSK）调制后获得的，如式（4-12）所示：

$$r(m)=\frac{1}{\sqrt{2}}(1-2c(2m))+\mathrm{j}\frac{1}{\sqrt{2}}(1-2c(2m+1)) \tag{4-12}$$

参考信号序列 $r(m)$ 在时频资源上的映射方式如式（4-13）所示：

$$\left.\begin{aligned}&a_{k,l}=\beta_{\text{PRS}}r(m)\\&m=0,1,\cdots\\&k=mK_{\text{comb}}^{\text{PRS}}+((k_{\text{offset}}^{\text{PRS}}+k')\bmod K_{\text{comb}}^{\text{PRS}})\\&l=l_{\text{start}}^{\text{PRS}},l_{\text{start}}^{\text{PRS}}+1,\cdots,l_{\text{start}}^{\text{PRS}}+L_{\text{PRS}}-1\end{aligned}\right\} \tag{4-13}$$

其中：$a_{k,l}$ 表示在第 l 号符号上的第 k 号子载波上映射的 PRS 信号；$K_{\text{comb}}^{\text{PRS}}$ 是 PRS 信号的梳数（Comb Number），即两个映射了 PRS 信号的子载波之间隔的子载波数，取值为 2、4、6、12；$k_{\text{offset}}^{\text{PRS}}$ 是 PRS 信号在频域上的偏移量；k' 决定了相邻符号上 PRS 信号映射在不同子载波上；L_{PRS} 是 PRS 信号在一个时隙内占用的符号数量，取值为 2、4、6、12（5G 网络采用普通循环前缀时 1 个时隙共有 14 个符号）；$l_{\text{start}}^{\text{PRS}}$ 是 PRS 信号在时隙中符号上的偏移量；β_{PRS} 是用于调节 PRS 信号幅度的因子。

PRS 的梳齿尺寸 $K_{\text{comb}}^{\text{PRS}}$ 和符号数 L_{PRS} 的配置需要遵循以下原则：L_{PRS} 等于 $K_{\text{comb}}^{\text{PRS}}$ 或者 L_{PRS} 是 $K_{\text{comb}}^{\text{PRS}}$ 的整数倍，以确保相干合成后的自相关值只有一个主峰，而没有侧峰，定位精度会有所提高。

例如，当 PRS 带宽为 100 MHz 时，频域上共包含 273 个资源块，每个资源块包含 12 个子载波，子载波间隔为 30 kHz。时域上，一个时隙的 PRS 信号包含 14 个符号。若梳数为 4，则一个时隙内一个资源块中包含 PRS 信号的资源单元（时域上的一个符号和频域上的一个子载波构成的一个资源单位）如图 4-19 所示，其中 14 个符号中前 12 个包含 PRS 信号，灰色部分代表的资源单元为映射 PRS 信号序列的单元。

4.3.2　上行探测参考信号

与 PRS 信号不同，SRS 信号是终端播发至基站的上行信号，该信号并非专用

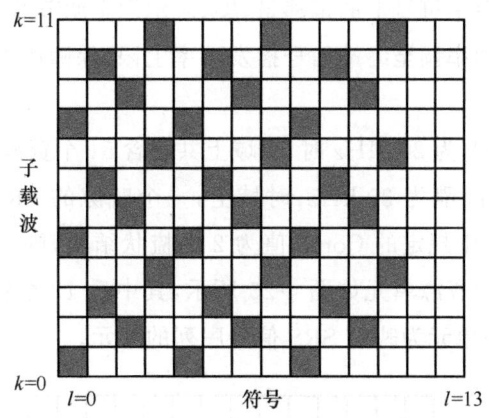

图 4-19 PRS 信号资源栅格图

于定位,还负责上行链路信道探测的功能,用于基站估计上行信道。在 5G Release 16 标准中,SRS 信号的定位能力得到增强,包括提高了信号播发功率,增加了符号数量,增强了信号的可听性,提高了测量能力。其主要应用于基站侧 MIMO(多入多出)阵列天线的 DOA 测量,以及与 PRS 联合提供 TOF 观测信息。

SRS 序列 $r(n,l')$ 由 Low-PAPR 序列产生,$0 \leqslant n \leqslant M_{sc,b}^{SRS}-1$,$l' \in \{0,1,\cdots,N_{symb}^{SRS}-1\}$,$M_{sc,b}^{SRS}$ 代表序列长度,l' 是符号序号,N_{symb}^{SRS} 是 SRS 信号在一个时隙中占用的符号数,可配置为 1、2、4、8、12。

$$M_{sc,b}^{SRS} = m_{SRS,b} N_{SC}^{RB}/K_{TC} \tag{4-14}$$

其中:N_{SC}^{RB} 表示每个资源块中的子载波数量,固定为 12;K_{TC} 是 SRS 信号的梳数,可设置为 2、4、8;$m_{SRS,b}$ 是 SRS 信号占用的资源块数量。

为了满足定位性能的需求,UE 发送的 SRS 不但要被服务基站接收,还应该尽可能多地被相邻基站接收。为了减少不同 UE 发送的 SRS 信号之间的碰撞以及上行干扰,SRS 的序列个数增加到 PRS 的 64 倍,即从 1 024 个 ID 扩充到 65 536 个 ID。

参考信号序列 $r(n,l')$ 在时频资源上的映射方式如下:

$$a_{K_{TC}k'+k_0,\,l'+l_0} = \begin{cases} \dfrac{1}{\sqrt{N_{ap}}}\beta_{SRS}r(k',l'), & k'=0,1,\cdots,M_{sc,b}^{SRS}-1 \\ & l'=0,1,\cdots,N_{symb}^{SRS}-1 \\ 0, & 其他 \end{cases} \tag{4-15}$$

其中,$a_{K_{TC}k'+k_0,\,l'+l_0}$ 表示在第 $l'+l_0$ 号符号上的第 $K_{TC}k'+k_0$ 号子载波上映射的 SRS 信号,k_0 表示 SRS 信号在频域上的起始位置,N_{ap} 表示天线端口数量,l_{start}^{SRS}

表示 SRS 信号在时隙中符号上的偏移量，β_{SRS} 表示用于调节 SRS 信号幅度的因子，可将 SRS 信号播发功率调至终端信号播发功率上限，保障距离较远的基站能够接收到 SRS 信号。

例如，当 SRS 带宽为 20 MHz 时，频域上共包含 51 个资源块，每个资源块包含 12 个子载波，子载波间隔为 30 kHz；时域上，一个时隙的 PRS 信号包含 14 个符号。若信号采用标准中规定的 Comb 值为 2 的梳状结构，则一个时隙内一个资源块中包含 SRS 信号的资源单元如图 4-20 所示，其中后 12 个符号包含 SRS 信号，灰色部分代表的资源单元为映射 SRS 信号序列的单元。

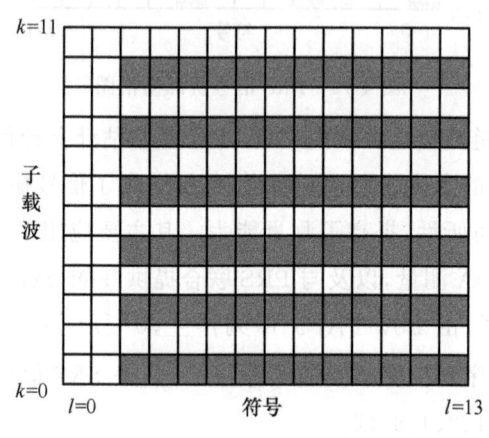

图 4-20　SRS 信号资源栅格图

4.3.3　其他可用于定位的参考信号

除具有定位功能的 PRS 和 SRS 外，5G 网络中常用的参考信号还有信道状态参考信号（Channel State Information Reference Signal，CSI-RS）和同步信号（Synchronization Signal，SS）等。由于终端通过检测参考信号的相关峰来确定传播时延，理论上任何链路参考信号均可作为定位参考信号用于距离测量。

1. 信道状态参考信号

CSI-RS 信号自 LTE R10 阶段引入，用于衡量信道情况的信道状态信息。CSI 代表着通信链路的传播特性，描述了无线信号在发射机和接收机之间的传播过程，其中包含了距离、散射、衰落等多种效应对信号的影响。CSI-RS 的伪随机序列与 PRS 使用的伪随机 Gold 序列相同。在 R16 阶段，设计 PRS 序列时参考了已有的 CSI-RS 序列，二者采用相同的伪随机序列，能够使得 PRS 和 CSI-RS 进行 RE 级的资源复用,从而简化基站和 UE 的实现。

CSI-RS Gold 序列初始化函数 c_{init} 由 n_{ID} 和时隙号决定,如式(4-16)所示:

$$c_{init}=(2^{10}(N_{symb}^{slot}n_{sf}^{\mu}+l+1)\times((2n_{ID}+1)+n_{ID})\bmod 2^{31} \quad (4-16)$$

其中,N_{symb}^{slot} 表示一个时隙中的符号数量,n_{sf}^{μ} 表示时隙编号,l 表示当前 OFDM 符号在时隙中的编号,n_{ID} 是高层参数 ID(取值范围为 0~65 535)。

CSI-RS 生成序列表示与 PRS 信号相同,如式(4-17)所示:

$$r(m)=\frac{1}{\sqrt{2}}(1-2c(2m))+j\frac{1}{\sqrt{2}}(1-2c(2m+1)) \quad (4-17)$$

在时频资源上映射如下所示:

$$\begin{cases} a_{k,l}=\beta_{CSIRS}w_f(k')r_{l,n_s,f}(m') \\ m'=\lfloor n\alpha \rfloor+k'+\left\lfloor \frac{\overline{k}\rho}{N_{sc}^{RB}} \right\rfloor \\ k=nN_{sc}^{RB}+\overline{k}+k' \\ l=\overline{l}+l' \\ \alpha=\begin{cases} \rho, & X=1 \\ 2\rho, & X>1 \end{cases} \\ n=0,1,\cdots \end{cases} \quad (4-18)$$

其中:k 为频域子载波索引;l 为时域符号索引;β_{CSIRS} 为功率控制因子,当 CSI-RS 为 NZP 时,$\beta_{CSIRS}>0$;ρ 表示 CSI-RS 密度,由高层参数给定;N_{sc}^{RB} 表示一个频域 RB 中的子载波个数;X 表示端口数,由高层参数给出;$(\overline{k},\overline{l})$ 表示在不同密度和 CDM Type 时的时频资源组合,$\overline{k},\overline{l},k',l'$ 均可由表得到,具体可参看 3GPP 38.211 R17 中表 7.4.1.5.3-1;$w_f(k'),w_t(l'())$ 表示不同 CDM Type 对应的正交码权值,由表给定,具体可参看 3GPP 38.211 R17 中表 7.4.1.5.3-2 至表 7.4.1.5.3-5。

CSI-RS 配置灵活并可以支持较多的端口。可将时域和频域连续的一个或者多个资源格作为 1 个基本单元,通过不同的复用以及组合形式构造出不同端口数的 CSI-RS 图样。

在多基站场景中,尽管 CSI-RS 的频率复用因子为 1,但是可以通过设置零功率(Zero Power,ZP)与非零功率(Nonzero Power,NZP)的信号来进行干扰测量,利用测量的干扰值和 CSI-RS 提供的多径信息,CSI-RS 可辅助 PRS 进行精确的定位。

2. 同步信号

5G 包含 1 008 个物理小区 ID(N_{ID}^{cell},取值范围为 0~1 007),小区的标识号由组内 ID（$N_{\text{ID}}^{(2)}$，取值为 0,1,2）和组 ID（$N_{\text{ID}}^{(1)}$，取值范围为 0~335）组成。播发同步信号主要是为了确保 UE 能够检测到 NR 小区及其 ID，并确定小区的初始时间、频率同步等信息。同步信号分为主同步信号（PSS）和辅同步信号（SSS），都属于 M 序列。为了 5G 的 UE 实现下行同步，PSS 和 SSS 还将与 PBCH 解调参考信号（Demodulation Reference Signal,DM-RS）同时发送，简称 SSB。

PSS 序列长度为 127，并与 $N_{\text{ID}}^{(2)}$ 有关。生成序列公式如下所示：

$$\left. \begin{array}{l} d_{\text{PSS}} = 1 - 2x(m) \\ m = (n + 43 N_{\text{ID}}^{(2)}) \bmod 127 \\ 0 \leqslant n \leqslant 127 \end{array} \right\} \quad (4\text{-}19)$$

其中，

$$\left. \begin{array}{l} x(i+7) = (x(i+4) + x(i)) \bmod 2 \\ [x(6) \quad x(5) \quad x(4) \quad x(3) \quad x(2) \quad x(1) \quad x(0)] = [1110110] \end{array} \right\} \quad (4\text{-}20)$$

SSS 序列长度为 127，并与 $N_{\text{ID}}^{(2)}$ 和 $N_{\text{ID}}^{(1)}$ 有关。生成序列公式如下所示：

$$\left. \begin{array}{l} d_{\text{SSS}}(n) = [1 - 2x_0((n + m_0) \bmod 127)][1 - 2x_1((n + m_1) \bmod 127)] \\ m_0 = 15 \left\lfloor \dfrac{N_{\text{ID}}^{(1)}}{112} \right\rfloor + 5 N_{\text{ID}}^{(2)} \\ m_1 = N_{\text{ID}}^{(1)} \bmod 112 \\ 0 \leqslant n \leqslant 127 \end{array} \right\} \quad (4\text{-}21)$$

其中，

$$\left. \begin{array}{l} x_0(i+7) = (x_0(i+4) + x_0(i)) \bmod 2 \\ x_1(i+7) = (x_1(i+1) + x_1(i)) \bmod 2 \\ [x_0(6) \quad x_0(5) \quad x_0(4) \quad x_0(3) \quad x_0(2) \quad x_0(1) \quad x_0(0)] = [0 \ 0 \ 0 \ 0 \ 0 \ 0 \ 1] \\ [x_1(6) \quad x_1(5) \quad x_1(4) \quad x_1(3) \quad x_1(2) \quad x_1(1) \quad x_1(0)] = [0 \ 0 \ 0 \ 0 \ 0 \ 0 \ 1] \end{array} \right\}$$
$$(4\text{-}22)$$

每个 SSB 在频域上由 240 个连续的子载波组成，时域上占用 4 个连续的 OFDM 符号。其中 PSS 为 SSB 时域上的第一个 OFDM 符号，频域上占用中间的 127 个子载波，两边分别有 56 和 57 个子载波不传输任何信号，便于 UE 区分 PSS 与其他信号；SSS 在 SSB 上的第三个 OFDM 符号，也是占用 127 个子载波，两边分别有 8 和 9 个子载波不传输任何信号，便于将 SSS 与 PBCH 区分开。SSB 的资源分配特点使得 PSS、SSS 可以作为定位用的参考信号，在小区搜索阶段就能快速地进行定位，满足紧急定位的要求。

CSI-RS 和 SS 信号是用于支持数据通信目的而设计的，在通信过程中终端仅需对单个基站进行连接以保证资源优化和干扰最小化。所以，终端难以从相邻小区中捕获足够数量的其他参考信号进行OTDOA解算。

4.4 定位基站

基站定位信号发生器原理框图如图4-21所示。基站定位信号发生器主要由以下部分组成：时钟管理模块、采集模块、基带信号处理单元、射频模块。

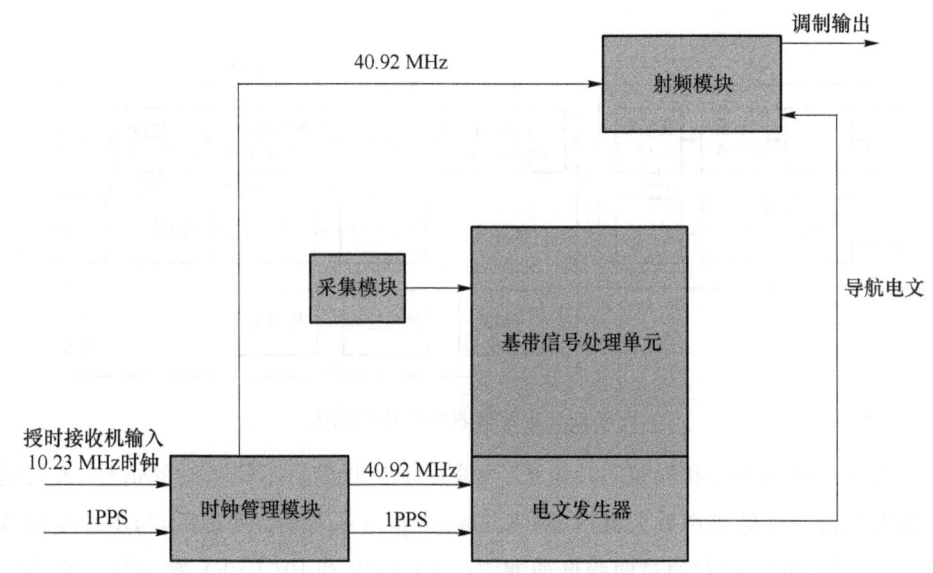

图4-21 基站定位信号发生器原理框图

(1) 时钟管理模块

时钟管理模块有两个主要功能：一是将授时接收机输入的时钟信号倍频后供给基带信号处理单元和射频模块；二是为基带信号处理单元提供时间戳用以写入电文。

(2) 采集模块

负责采集基站当前位置的气压与温度信息。

(3) 基带信号处理单元

基带信号处理单元上集成了SOC（System on Chip），可以对时钟管理模块和射频模块进行初始化，具有处理伪码码号、信号频点、带宽和功率等参数的在线配置并存储有当前基站的位置信息的功能。该单元模块同时也负责按照前文所述的规则生成导航电文并叠加在存储的扩频码上,最后送入射频模块。

(4)射频模块

负责将基带信号处理单元传来的导航电文信息调制到载波上并发射出去。

4.5 定位接收机

图 4-22 为定位接收机整体结构图,主要分为射频部分和基带部分和解算部分。

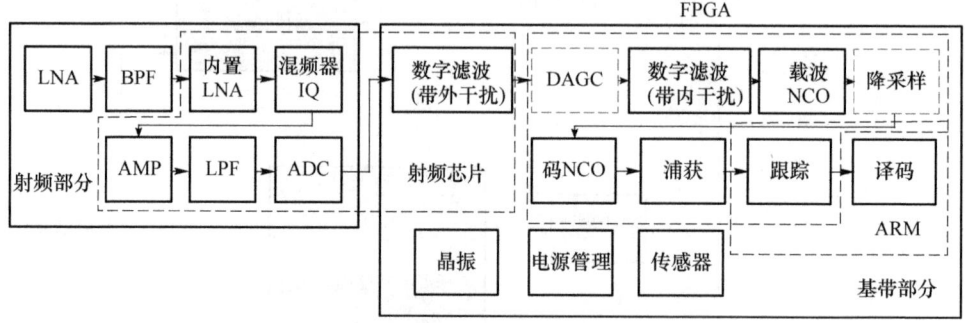

图 4-22 定位接收机整体结构图

射频部分由天线和射频芯片组成,天线用于接收来自不同基站的信号,天线输出的模拟信号经低噪声放大器(Low Noise Amplifier,LNA)处理后,与本地复制载波进行混频(Mixer)和通过两级低通滤波(TIA LPF 和 BB LPF),接着进入模数转换(A/D)模块,将接收的模拟中频信号转换成基带可处理的数字中频信号,最后经过三级半带滤波器(Half-band Filter,HBF)和有限长单位冲激响应滤波器(Finite Impulse Response,FIR),最终输出 I 和 Q 路数据给基带信号处理模块。

带外滤波主要目的是滤除带外干扰并保证带内信号不失真。FIR 滤波器具有可以设计成任意幅频特性,同时保证精确、严格的线性相位特性的优点,因此选择设计 FIR 滤波器滤除带外信号干扰。FIR 滤波器通过 FPGA 的乘累加运算即可实现,可以设计出高速 FIR 数字滤波器。FIR 滤波器的系统函数为

$$H(z) = \sum_{n=0}^{N-1} h(n) z^{-n}$$

可以看出 FIR 滤波器是由一个抽头延迟线加法器和乘法器的集合构成,设计不同的滤波器就是设计不同阶数的系数。有了滤波器系数,通过 FIR 滤波器的系

统函数即可在 FPGA 上设计 FIR 数字滤波器,通过移位寄存,与系数相乘、累加实现。主要结构有串行、并行和分布式结构,也可以调用 IP 核实现。带内滤波主要考虑同频带通信信号带来的强干扰问题。

捕获伪码部分,为了实现高灵敏度信号捕获。我们提出了基于码长最小公约数的可重构 PMF+FFT 弱信号捕获方法,实现了对弱信号的高灵敏度捕获。利用 PMF 对所有的伪码相位进行遍历,利用 FFT 对剥离伪码后的接收信号载波频率进行计算,捕获完成时能够同时输出时域的伪码相位和频域的残留载波频率估计值。基于 PMF+FFT 的捕获方法需要 K 个同相和正交两路基于部分匹配滤波器的相关器,相关器的个数与相关器的长度的乘积 $K \times M$。在实际的使用中,将 2 倍采样后的接收信号存储在接收机的随机存储器(RAM)中,通过提高接收机的工作频率实现对一个匹配滤波器的复用,从而节约接收机中的 FPGA 资源。将 PMF 依次计算出的 K 个相关结果作为 FFT 的输入,通过进行 FFT 输出的最大值检测来估计残留载波频率。需要注意,FFT 是基于 2 的整数次幂运算,因此需要在 K 个相关结果后补零再进行 FFT。

整个捕获算法结构如图 4-23 所示。若采样匹配滤波器对接收信号进行解扩,正确捕获后的归一化相关输出值表示为

$$G_{\text{DMF}} = \frac{1}{N_{\text{P}}} \sum_{n=0}^{N_{\text{P}}-1} r(n) c_{\text{local}}(n-\tau) e^{-j(2\pi f_d n T_c + \Delta\phi)} \tag{4-23}$$

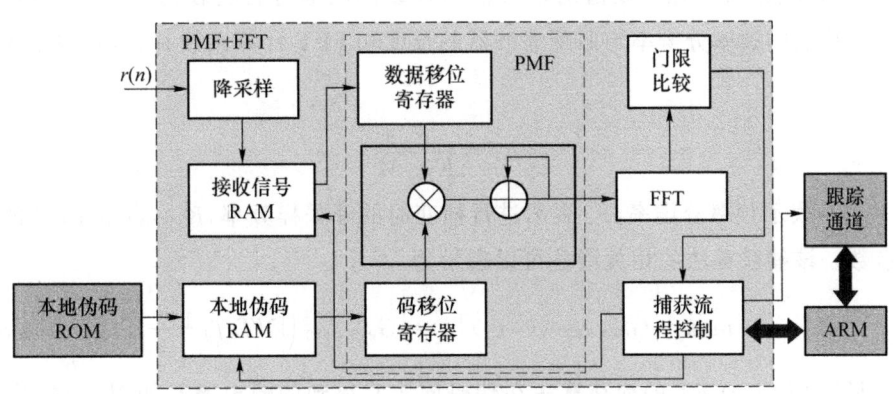

图 4-23　基于 PMF+FFT 的捕获算法架构图

令 $\Delta\phi=0$ 和 $r(n)c_{\text{local}}(n-\tau)=1$,则式(4-23)变为

$$G_{\text{DMF}} = \frac{1}{N_{\text{P}}} \sum_{n=0}^{N_{\text{P}}-1} e^{-j(2\pi f_d n T_c + \Delta\phi)} \tag{4-24}$$

式(4-24)表示全匹配滤波器的输出响应,若将 N_{P} 长的全匹配滤波器分成 K

段长度为 M 的部分匹配滤波器,则式(4-24)可表示为

$$G_{\text{PMF}} = \frac{1}{N_{\text{P}}}\left(\sum_{n=0}^{M-1} e^{-j2\pi f_d nT_c} + \sum_{n=M}^{2M-1} e^{-j2\pi f_d nT_c} + \cdots + \sum_{n=(K-1)M}^{KM-1} e^{-j2\pi f_d nT_c}\right)$$

$$= \frac{1}{N_{\text{P}}}\sum_{n=0}^{M-1} e^{-j2\pi f_d nT_c} \sum_{i=0}^{K-1} e^{-j2\pi f_d iMT_c} \tag{4-25}$$

由式(4-25)可知,部分匹配滤波器的输出经过组合就可以得到全匹配滤波器的输出响应。当残留载波多普勒存在时,第 i 段长为 M 的部分匹配滤波器的输出值会引入 $2\pi f_d iMT_c$ 的频差,利用 FFT 可以进行频差估计和补偿,从而式(4-25)可变换成

$$G_{\text{PMF}} = \frac{1}{N_{\text{P}}}\sum_{n=0}^{M-1} e^{-j2\pi f_d nT_c} \sum_{i=0}^{K-1} e^{-j2\pi f_d iMT_c} W_{K_{\text{FFT}}}^{ki} \tag{4-26}$$

其中,$W_{K_{\text{FFT}}}^{ki} = e^{-j2\pi ki/M}$ 为频率补偿因子,K_{FFT} 为进行 FFT 的点数。FFT 输出的第 k 点的归一化频率响应为

$$G_{\text{PMF+FFT}}(k, f_d) = \frac{1}{N_{\text{P}}} \frac{\sin(\pi f_d T_c M)}{\sin(\pi f_d T_c)} \frac{\sin(\pi f_d T_c N_{\text{P}} - \pi k)}{\sin\left(\pi f_d T_c M - \pi \dfrac{k}{K_{\text{FFT}}}\right)} e^{j\varphi(k, f_d)} \tag{4-27}$$

其中,$\varphi(k, f_d)$ 表示 PMF+FFT 的相位特性,数学表示为

$$\varphi(k, f_d) = \pi(K_{\text{FFT}} - 1)\left(f_d MT_c - \frac{k}{K_{\text{FFT}}}\right) - \pi f_d T_c(M-1) \tag{4-28}$$

将 K_{FFT} 点 FFT 输出模值的最大值与预设门限值进行比较,判断捕获成功与否。该算法的频率分辨率与匹配滤波器的长度和 FFT 计算点数有关,其数学关系如下:

$$\Delta F = \frac{F_s}{K_{\text{FFT}} M} \tag{4-29}$$

其中,ΔF 表示频率分辨率,F_s 表示进行捕获时的降采样频率,K_{FFT} 表示 FFT 的计算点数。该捕获算法的相关增益可以表示为

$$A(f_d) = \max\{|G_{\text{PMF+FFT}}(k, f_d)|\} = \left|G_{\text{PMF+FFT}}\left(\left\lfloor NT_c f_d + \frac{1}{2}\right\rfloor, f_d\right)\right| \tag{4-30}$$

基于 PMF+FFT 的捕获算法在伪码同步时得到的输出增益如图 4-24 所示,细线是每频偏下的相关值,粗线表示 PMF+FFT 算法的输出相关值,可以发现基于 PMF+FFT 的捕获算法在一定程度上可以有效解决大频偏时相关值衰减明显的问题。

跟踪信号部分,针对实际场景需求,需要设计一种载波环。当目标处于高动态状态时,能具有锁频环那样的鲁棒性,紧密牢固地牵入、锁定高动态信号,在信号失

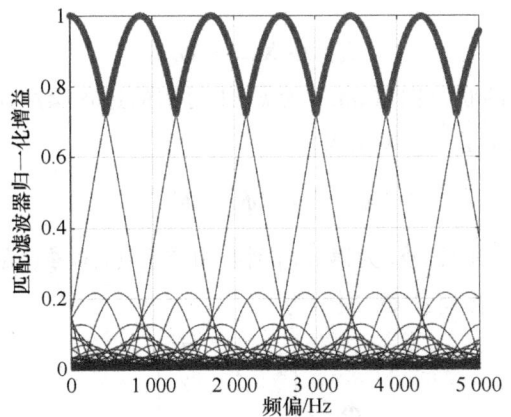

图 4-24　基于 PMF+FFT 的捕获算法输出增益

锁的时候也能尽快重捕信号；在目标动态性较低时，能像锁相环一样准确地跟踪信号，并解调出准确率高的比特位信息，当信号出现振荡时，环路能自适应地切换工作状态。因此，设计这种载波环需要结合两者的优势，使之在高动态和低动态的情况下表现出锁频环和锁相环两者的优势，达到稳定的跟踪效果。

针对这一问题，接收机采用二阶锁频辅助三阶锁相环路，其架构图如图 4-25 所示，因为锁频环滤波后输出的是频率差异，而锁相环滤波后输出的是相位差异，频率差异要经过一次积分才能变成相位差异，所以一般都是 N 阶锁频环辅助 $N+1$ 阶锁相环，又考虑到三阶及三阶以上的环路不再是无条件稳定的环路，设计的数字环路因为器件的延时也会使本来无条件稳定的环路变得不稳定，而且室内环境的动态性并不是很高，所以不需要太高阶数的环路，因此二阶锁频辅助三阶锁相适合室内环境的需求。

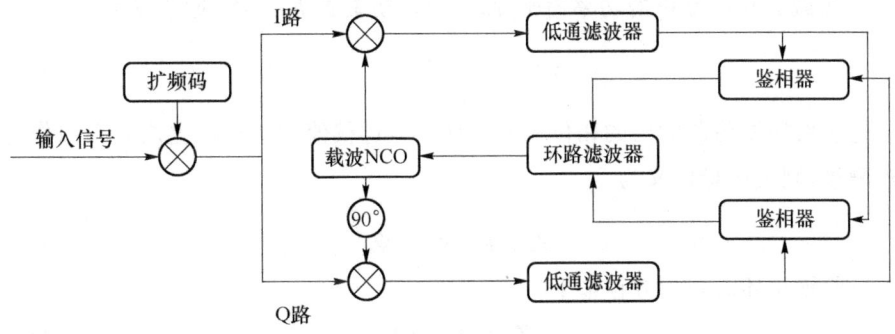

图 4-25　锁频环辅助锁相环的结构

三阶锁相环要准确地跟踪相位的变化率的变化率，基于卡尔曼滤波的三阶锁

相环的状态方程为

$$X_k = \Phi_k X_{k-1} + \omega_{k-1} \tag{4-31}$$

X_k 为第 k 时刻的状态向量，ω_{k-1} 为 $k-1$ 时刻的过程噪声向量，Φ_k 为 k 时刻的状态转移向量，状态向量 X_k 表示为

$$X_k = \begin{bmatrix} \phi_k & \dot{\phi}_k & \ddot{\phi}_k \end{bmatrix}^T \tag{4-32}$$

ϕ_k 为第 k 时刻的相位，$\dot{\phi}_k$ 为第 k 时刻的相位变化率，$\ddot{\phi}_k$ 为第 k 时刻相位变化率的变化率。状态转移向量 Φ_k 表示为

$$\Phi_k = \begin{bmatrix} 1 & T & \frac{T^2}{2} \\ 0 & 1 & T \\ 0 & 0 & 1 \end{bmatrix} \tag{4-33}$$

三阶锁相环的状态方程可以表示为

$$\begin{bmatrix} \phi_k \\ \dot{\phi}_k \\ \ddot{\phi}_k \end{bmatrix} = \begin{bmatrix} 1 & T & \frac{T^2}{2} \\ 0 & 1 & T \\ 0 & 0 & 1 \end{bmatrix} \begin{bmatrix} \phi_{k-1} \\ \dot{\phi}_{k-1} \\ \ddot{\phi}_{k-1} \end{bmatrix} + \omega_{k-1} \tag{4-34}$$

过程噪声的功率谱密度用 q_p 表示，过程噪声协方差向量 Q_k 可以表示为

$$Q_k = (2\pi f_L)^2 \begin{bmatrix} Tq_\varphi + \frac{T^3 q_a}{3} + \frac{T^5 q_a}{20c^2} & \frac{T^2 q_\omega}{2} + \frac{T^4 q_a}{8c^2} & \frac{T^3 q_a}{6c^2} \\ \frac{T^2 q_\omega}{2} + \frac{T^4 q_a}{8c^2} & Tq_\omega + \frac{T^3 q_a}{3c^2} & \frac{T^2 q_a}{2c^2} \\ \frac{T^3 q_a}{6c^2} & \frac{T^2 q_a}{2c^2} & \frac{Tq_a}{c^2} \end{bmatrix} \tag{4-35}$$

q_ω 为载波相位噪声的功率谱密度，由接收机晶振 h_0 参数决定，表示为

$$q_\omega = \frac{h_0}{2} \tag{4-36}$$

选取数控振荡器输出的相位先验估计和经过权值调整相位差之和近似作为相位观测量，则观测量定义为

$$Z_k = \phi_k = \hat{\phi}_k^- + \hat{\phi}_{e,k} \tag{4-37}$$

三阶锁相环的观测方程如下：

$$Z_k = H X_k + V_k \tag{4-38}$$

其中，V_k 为观测噪声向量，噪声的方差为 σ_p^2，H 为关系向量，$H = \begin{bmatrix} 1 & 0 & 0 \end{bmatrix}^T$。

卡尔曼滤波器的测量残余为

$$Z_k - H\hat{X}_k^- = \hat{\phi}_{e,k} \tag{4-39}$$

$\hat{\phi}_{e,k}$ 为经过权值调整的鉴相器输出本地复现载波与接收信号的相位差。状态向量的后验估计 $\hat{X}_k$ 表示为

$$\hat{X}_k = \hat{X}_k^- + K_k(Z_k - H\hat{X}_k^-) \tag{4-40}$$

$\hat{X}_k^-$ 为状态向量的先验估计，K_k 为卡尔曼增益，$\hat{\phi}_k^-$ 为载波相位的先验估计，$\hat{\dot{\phi}}_k^-$ 为相位变化率的先验估计，$\hat{\ddot{\phi}}_k^-$ 为相位变化率的变化率的先验估计；$\hat{\phi}_k$、$\hat{\dot{\phi}}_k$、$\hat{\ddot{\phi}}_k$ 分别为相位、相位变化率、相位变化率的变化率的后验估计。

由于 NCO 的更新存在时间 T 的延迟，可近似认为第 k 时刻与第 $k+1$ 时刻频率的变化量近似相等，采用第 k 时刻的频率误差近似代替 $k+1$ 时刻的频率误差，则 NCO 表示为

$$\begin{aligned}\hat{\phi}_{\text{nco},k} &= \hat{\phi}_{k+1} = \frac{\hat{\phi}_{k+1} - \hat{\phi}_k}{T} = \hat{\dot{\phi}}_k + \frac{\hat{\ddot{\phi}}_k T}{2} + \frac{K_{(k+1)_1} \hat{\phi}_{e,k+1}}{T} \\ &\approx \hat{\dot{\phi}}_k + \frac{\hat{\ddot{\phi}}_k T}{2} + \frac{K_{k_1} \hat{\phi}_{e,k}}{T}\end{aligned} \tag{4-41}$$

将 $\hat{\phi}_{\text{nco}}$ 与 $\hat{\phi}_e$ 进行 z 变换，可以得到三阶锁相环等效环路滤波器的传输函数为

$$F_L(z) = \frac{\hat{\phi}_{\text{nco}}(z)}{\hat{\phi}_e(z)} = \frac{K_{k_1}}{T} + \frac{K_{k_2}}{T}\left(\frac{Tz}{z-1}\right) + \frac{(z+1)K_{k_3}}{2Tz}\left(\frac{Tz}{z-1}\right)^2 \tag{4-42}$$

以鉴相误差为系统输入，以 NCO 输出为系统输出，可得系统的闭环传输函数为

$$\begin{aligned}H(z) &= \frac{N(z)F_L(z)}{1+N(z)F_L(z)} \\ &= \frac{(2K_{k_1}+2K_{k_2}T+K_{k_3}T^2)z^2+(K_{k_3}T^2-2K_{k_2}T-4K_{k_1})z+2K_{k_1}}{2z^3+(2K_{k_1}+2K_{k_2}T+K_{k_3}T^2-6)z^2+(K_{k_3}T^2-2K_{k_2}T-4K_{k_1}-6)z+2K_{k_1}-2}\end{aligned}$$

(4-43)

其中，$N(z)$ 为 NCO 的 z 域表达式。

在译码结算部分，伪距观测方程定义如下：

$$\rho^{(n)} = r^{(n)} + \delta t_u - \delta t^{(n)} + \varepsilon_\rho^{(n)} \tag{4-44}$$

其中，$n=1,2,\cdots,N$ 是基站的编号。在当前观测时刻，接收机共对 N 个可见基站所有伪距测量值。若上式误差校正后的伪距测量值 $\rho_c^{(n)}$ 为

$$\rho_c^{(n)} = \rho^{(n)} + \delta t^{(n)} \tag{4-45}$$

则校正后的伪距观测方程为

$$r^{(n)} + \delta t_u = \rho_c^{(n)} - \varepsilon_\rho^{(n)} \tag{4-46}$$

其中,$r^{(n)}$是接收机到基站n的几何距离,即

$$r^{(n)} = \|\boldsymbol{x}^{(n)} - \boldsymbol{x}\| = \sqrt{(x^{(n)}-x)^2 + (y^{(n)}-y)^2 + (z^{(n)}-z)^2} \tag{4-47}$$

其中,$\boldsymbol{x} = [x, y, z]^T$为接收机位置坐标,$\boldsymbol{x}^{(n)} = [x^{(n)}, y^{(n)}, z^{(n)}]^T$为基站$n$的位置坐标。导通融合系统的定位算法就是求解以下四元非线性方程组:

$$\begin{cases} \sqrt{(x^{(1)}-x)^2 + (y^{(1)}-y)^2 + (z^{(1)}-z)^2} + \delta t_u = \rho_c^{(1)} \\ \sqrt{(x^{(2)}-x)^2 + (y^{(2)}-y)^2 + (z^{(2)}-z)^2} + \delta t_u = \rho_c^{(2)} \\ \vdots \\ \sqrt{(x^{(N)}-x)^2 + (y^{(N)}-y)^2 + (z^{(N)}-z)^2} + \delta t_u = \rho_c^{(N)} \end{cases} \tag{4-48}$$

在上述方程组中,通过基站自身播发的导航电文来确定基站的位置坐标($x^{(n)}$,$y^{(n)}$,$z^{(n)}$),误差校正后的伪距$\rho_c^{(n)}$则由接收机基带信号处理部分测量得到。由于基站分布位置的高度基本一致,导致直接求解上述方程会使得高度误差较大,为此,车载终端同时采用气压计辅助测高,因此未知数z成为已知值。最终定位解算流程如图4-26所示。

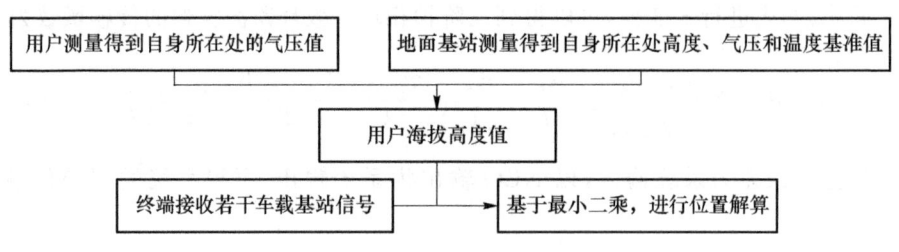

图4-26 定位解算流程图

当大气处于流体静力学平衡时,按流体力学原理有:

$$P = P_0 \exp\left(-\frac{1}{R_d} \int_{h_0}^{h} \frac{g}{T} dh\right) \tag{4-49}$$

其中:P为测量大气压值;P_0为参考点的大气压;h_0为参考点高度;h为测量点高度;R_d为气体常数;T为大气温度;g为重力加速度。对于真实大气,在不失精度的条件下,式(4-49)可修改为

$$h = h_0 + \frac{R_d}{g} \int_P^{P_0} T d\ln P_0 \tag{4-50}$$

通常假设所涉及的大气层内的平均温度为T_m,从而得到简化的等温大气中的

压高公式：

$$h - h_0 = 29.97 \cdot T_m \cdot \ln \frac{P_0}{P} \tag{4-51}$$

其中，T_m 是平均温度（单位为 K）。显然，两等压面 P_0 和 P 值之间的平均温度越高，厚度越大，若采用摄氏温度值 t_m，则式(4-51)可表示为

$$h - h_0 = 67.4 \cdot (273.15 + t_m) \cdot \lg \frac{P_0}{P} \tag{4-52}$$

所以根据终端测量得到的气压值 P 和基站的气压值 P_0，由上式可求得 P 和 P_0 之间的高度差 Δh，则终端高度为

$$h = h_0 + \Delta h \tag{4-53}$$

将方程(4-50)线性化处理后，迭代求解下述矩阵方程：

$$H \Delta X = \Delta \rho \tag{4-54}$$

其中，H 为近似车载终端至各个车载基站的方向余弦矩阵。在终端高度已知情况下，也就是在 z 已知情况下，上述矩阵方程为

$$\begin{bmatrix} \cos \alpha_1 & \cos \beta_1 & 1 \\ \vdots & \vdots & \vdots \\ \cos \alpha_N & \cos \beta_N & 1 \end{bmatrix} \begin{bmatrix} \Delta x \\ \Delta y \\ \Delta t \end{bmatrix} = \begin{bmatrix} \rho_c^{(1)} - \cos r_1 \Delta z \\ \vdots \\ \rho_c^{(N)} - \cos r_N \Delta z \end{bmatrix} \tag{4-55}$$

令

$$\boldsymbol{G} = \begin{bmatrix} \cos \alpha_1 & \cos \beta_1 & 1 \\ \vdots & \vdots & \vdots \\ \cos \alpha_N & \cos \beta_N & 1 \end{bmatrix}$$

$$\boldsymbol{x} = \begin{bmatrix} \Delta x & \Delta y & \Delta t \end{bmatrix}^T$$

$$\boldsymbol{b} = \begin{bmatrix} \rho_c^{(1)} - \cos r_1 \Delta z \\ \vdots \\ \rho_c^{(N)} - \cos r_N \Delta z \end{bmatrix}$$

利用最小二乘法求解上述基站伪距定位线性矩阵方程式，可得式(4-54)的最小二乘法解为

$$\begin{bmatrix} \Delta x \\ \Delta y \\ \Delta \delta t \end{bmatrix} = (\boldsymbol{G}^T \boldsymbol{G})^{-1} \boldsymbol{G}^T \boldsymbol{b} \tag{4-56}$$

根据牛顿迭代及其线性化方法，可得如下更新后的接收机位置坐标 $\boldsymbol{x}_k$ 和钟差值 $\delta t_{u,k}$：

$$\boldsymbol{x}_k = \boldsymbol{x}_{k-1} + \Delta \boldsymbol{x} = \boldsymbol{x}_{k-1} + \begin{bmatrix} \Delta x \\ \Delta y \\ \Delta t \end{bmatrix} \tag{4-57}$$

检查此次迭代计算得到的位移向量 $\Delta \boldsymbol{x}$ 的长度 $\|\Delta \boldsymbol{x}\|$ 或者 $\sqrt{\|\Delta \boldsymbol{x}\|^2 + (\Delta \delta t_u)^2}$ 的值是否已经小到一个预先设定的门限值，若是，则停止迭代，得到最终定位结果；否则 k 值增 1，并继续上述迭代。

第 5 章
5G DOA 估计的基础理论和算法

随着 5G 通信网络的发展,全国各地大规模快速铺设 5G 基站,5G 终端在人们的日常生活中得到了广泛应用。移动通信信号具有高抗干扰能力,移动终端在人群中具有高覆盖率,这些因素都为复杂环境下定位技术的发展提供了新的思路。其中,Massive MIMO 作为 5G 移动通信网络中的重要技术,具有高分辨率的角度测量能力,能够有效抑制复杂环境中多径效应对定位结果的影响,为复杂环境下的高精度定位提供了有效的支撑。

在这种背景下,方向到达估计(DOA 估计)的重要性越发凸显。DOA 估计是利用信号的到达方向来确定信号源位置的技术。本章将深入探讨 DOA 估计的基础理论和算法,这些高分辨率算法在 5G 网络中的应用,不仅能够提高用户定位的准确性,还能够优化网络资源的分配和管理。

5.1 一维空间中的到达角估计算法

5.1.1 接收信号模型

以图 5-1 所示均匀线性阵列为接收阵列进行分析。

如图 5-1 所示,接收阵列为均匀线性阵列,有 N 个阵元均匀分布在 X 轴上,且阵元间距为 d。假设有 K 个信号入射到此阵列,入射角度为 $\theta_k, k=1,2,\cdots,K$,且角度各不相同,信号的波长均为 λ。

设第 k 个远场窄带信号为

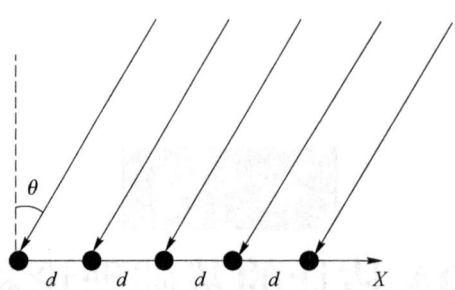

图 5-1 均匀线性阵列

$$s_k(t)=z_k(t)\mathrm{e}^{\mathrm{j}\omega_0 t} \tag{5-1}$$

其中,$z_k(t)$是第 k 个信号的复包络,$\mathrm{e}^{\mathrm{j}\omega_0 t}$表示信源载波,$\omega_0$ 为载波频率。

$$\omega_0=\frac{2\pi\lambda}{c} \tag{5-2}$$

其中,c 为光速。

由于信号为窄带信号,则

$$z_k(t-\tau)=z_k(t) \tag{5-3}$$

则延迟时间 τ 的信号表示为

$$s_k(t-\tau)=z_k(t-\tau)\mathrm{e}^{\mathrm{j}\omega_0(t-\tau)}=s_k(t)\mathrm{e}^{-\mathrm{j}\omega_0\tau},\quad k=1,2,\cdots,K \tag{5-4}$$

以原点阵元为参考,则对于第 k 个信号,到达第 n 个阵元的时间差为

$$\tau_{n,k}=\frac{(n-1)d\sin\theta_k}{c} \tag{5-5}$$

将式(5-5)化为相位差为

$$\varphi_{n,k}=(n-1)\frac{2\pi d\sin\theta_k}{\lambda} \tag{5-6}$$

将式(5-5)、式(5-6)代入式(5-4)可得

$$s_k(t-\tau_{n,k})=s_k(t)\mathrm{e}^{-\mathrm{j}\varphi_{n,k}} \tag{5-7}$$

则第 n 个阵元的接收信号表示为

$$x_n(t)=\sum_{k=1}^{K}s_k(t-\tau_{n,k})+\eta_n(t)=\sum_{k=1}^{K}s_k(t)\mathrm{e}^{-\mathrm{j}\varphi_{n,k}}+\eta_n(t) \tag{5-8}$$

其中,$\eta_n(t)$表示加性噪声。

则整个阵列的接收信号为

$$\boldsymbol{X}=[x_1(t),x_2(t),\cdots,x_N(t)]^{\mathrm{T}}=\boldsymbol{AS}+\boldsymbol{\eta} \tag{5-9}$$

其中:$\boldsymbol{a}(\theta_k)=[\mathrm{e}^{-\mathrm{j}\varphi_{1,k}},\mathrm{e}^{-\mathrm{j}\varphi_{2,k}},\cdots,\mathrm{e}^{-\mathrm{j}\varphi_{N,k}}]^{\mathrm{T}}$,表示第 k 个信号的方向矢量;$\boldsymbol{A}=[\boldsymbol{a}(\theta_1),\boldsymbol{a}(\theta_2),\cdots,\boldsymbol{a}(\theta_K)]$,表示阵列流型;$\boldsymbol{S}=[s_1(t),s_2(t),\cdots,s_N(t)]^{\mathrm{T}}$,表示信源矩阵;$\boldsymbol{\eta}=$

$[\eta_1(t), \eta_2(t), \cdots, \eta_N(t)]^T$，表示噪声矩阵。

求接收数据矩阵 X 的协方差矩阵，即：

$$R_x = E[XX^H] \tag{5-10}$$

其中，R_x 为协方差矩阵，E 为均值函数，0^H 为共轭转置。

将式(5-9)代入式(5-10)可得

$$R_x = E[(AS+\eta)(AS+\eta)^H] = AR_s A^H + \sigma^2 I \tag{5-11}$$

其中，$R_s = E[SS^H]$ 为信源的协方差矩阵，$\sigma^2 I$ 为噪声的协方差矩阵。

当样本数量足够大时，信号的协方差矩阵 R_s 近似等于采样样本的协方差矩阵的均值，即：

$$R_x \approx \hat{R}_x = \frac{1}{L} \sum_{l=1}^{L} X_l(t) X_l^H(t) \tag{5-12}$$

其中，$X_l(t)$ 为第 l 次采样时阵列接收的数据。

5.1.2 一维 MUSIC 算法

MUSIC(Multiple Signal Classification)算法利用信号子空间与噪声子空间相互正交的特性，对信号到达角进行计算。

首先对 R_x 进行特征值分解：

$$R_x = U\Lambda U^H = U_s \Lambda_s U_s^H + U_\eta \Lambda_\eta U_\eta^H \tag{5-13}$$

Λ 为特征值矩阵，将特征值按照从小到大排列，前 K 个构成 Λ_s，后 $N-K$ 个构成 Λ_η，即：

$$\left. \begin{aligned} \Lambda_s &= \mathrm{diag}(\lambda_1, \lambda_2, \cdots, \lambda_K) \\ \Lambda_\eta &= \mathrm{diag}(\lambda_{K+1}, \lambda_{K+2}, \cdots, \lambda_N) \end{aligned} \right\} \tag{5-14}$$

其中，$\lambda_1 \geqslant \lambda_2 \geqslant \cdots \geqslant \lambda_K \geqslant \lambda_{K+1} = \lambda_{K+2} = \cdots = \lambda_N = \sigma^2$。

U_s 为信号子空间，由前 K 个特征向量构成，U_η 为噪声子空间，由后 $N-K$ 个特征向量构成。

在理想情况下，由于 U_s 与 U_η 是根据式(5-13)进行特征值分解所得，基于特征向量相互正交的原理，因此 U_s 与 U_η 也相互正交。而导向矢量 $\alpha(\theta_k)$ 与信号子空间 U_s 表示同一方向，因此 $\alpha(\theta_k)$ 与噪声子空间 U_η 也相互正交，即：

$$U_\eta^H \alpha(\theta_k) = 0 \tag{5-15}$$

在实际情况下，由于传输过程中的噪声影响，导向矢量与噪声子空间矩阵不正交，但其取最小值时两者最接近正交，此时对应的角度即为信号的到达角。

根据式(5-16)构建空间谱函数：

$$P_{\text{MUSIC}}(\theta) = \frac{1}{\boldsymbol{\alpha}^{\text{H}}(\theta)\boldsymbol{U}_\eta \boldsymbol{U}_\eta^{\text{H}}\boldsymbol{\alpha}(\theta)} \tag{5-16}$$

当 $\boldsymbol{U}_\eta^{\text{H}}\boldsymbol{\alpha}(\theta)$ 最小时，对应的 θ 即为信号的入射角度 θ_k，此时 $P_{\text{MUSIC}}(\theta)$ 在函数图像上显示为峰值。因此，通过计算式(5-16)所示空间谱函数 $P_{\text{MUSIC}}(\theta)$ 的峰值，即可实现对信号到达角度的估计。

其步骤总结如下：

① 根据式(5-13)由接收数据计算出协方差矩阵 $\boldsymbol{R}_x$；

② 根据式(5-13)进行特征值分解，由式(5-14)构建噪声子空间 $\boldsymbol{U}_\eta$；

③ 根据式(5-16)构造空间谱函数 $P_{\text{MUSIC}}(\theta)$；

④ 对式(5-16)所示函数 $P_{\text{MUSIC}}(\theta)$ 在角度域上进行峰值搜索，峰值对应的角度 θ 即为信号的入射角度 θ_k。

5.1.3　一维 ESPRIT 算法

ESPRIT（Estimating Signal Parameters via Rotational Invariance Techniques）算法通过划分具有旋转不变性的子阵列，利用子阵列间的旋转不变矩阵进行到达角估计。

ESPRIT 算法原理如图 5-2 所示，将均匀线性阵列划分为两个子阵列，整个阵列的阵元数目为 N，则前 $N-1$ 个阵元构成子阵列 1，后 $N-1$ 个阵元构成子阵列 2。

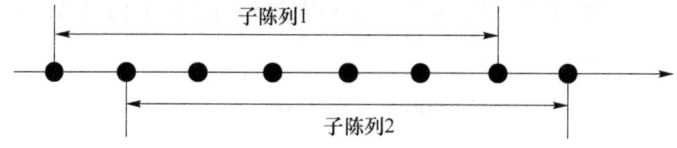

图 5-2　ESPRIT 算法原理

由式(5-9)可得，对于子阵列 1 和子阵列 2，接收数据为

$$\left.\begin{array}{l}\boldsymbol{x}_1 = \boldsymbol{A}_1 \boldsymbol{S} + \boldsymbol{\eta}_1 \\ \boldsymbol{x}_2 = \boldsymbol{A}_2 \boldsymbol{S} + \boldsymbol{\eta}_2\end{array}\right\} \tag{5-17}$$

其中：

$$\boldsymbol{A}_1 = \begin{bmatrix} \exp(-\mathrm{j}\varphi_{1,1}) & \exp(-\mathrm{j}\varphi_{1,2}) & \cdots & \exp(-\mathrm{j}\varphi_{1,K}) \\ \exp(-\mathrm{j}\varphi_{2,1}) & \exp(-\mathrm{j}\varphi_{2,2}) & \cdots & \exp(-\mathrm{j}\varphi_{2,K}) \\ \vdots & \vdots & & \vdots \\ \exp(-\mathrm{j}\varphi_{N-1,1}) & \exp(-\mathrm{j}\varphi_{N-1,2}) & \cdots & \exp(-\mathrm{j}\varphi_{N-1,K}) \end{bmatrix}$$

$$A_2 = \begin{bmatrix} \exp(-j\varphi_{2,1}) & \exp(-j\varphi_{2,2}) & \cdots & \exp(-j\varphi_{2,K}) \\ \exp(-j\varphi_{3,1}) & \exp(-j\varphi_{3,2}) & \cdots & \exp(-j\varphi_{3,K}) \\ \vdots & \vdots & & \vdots \\ \exp(-j\varphi_{N,1}) & \exp(-j\varphi_{N,2}) & \cdots & \exp(-j\varphi_{N,K}) \end{bmatrix}$$

其中，η_1、η_2 分别为各子阵列对应的噪声矩阵。由于子阵列 2 可看作是由子阵列 1 向右平移一个阵元间距 d 得到的，两个子阵列之间存在平移不变性，对应的阵列流型存在旋转不变性，即：

$$A_2 = A_1 \Phi \tag{5-18}$$

其中，

$$\Phi = \text{diag}\left[\exp\left(\frac{-j2\pi d \sin\theta_1}{\lambda}\right), \exp\left(\frac{-j2\pi d \sin\theta_2}{\lambda}\right), \cdots, \exp\left(\frac{-j2\pi d \sin\theta_K}{\lambda}\right)\right]$$

将式(5-18)代入式(5-17)可得

$$X_2 = A_2 S + \eta_2 = A_1 \Phi S + \eta_2 \tag{5-19}$$

构造新的数据矩阵 Y：

$$Y = \begin{bmatrix} X_1 \\ X_2 \end{bmatrix} = \begin{bmatrix} A_1 \\ A_1 \Phi \end{bmatrix} S + \begin{bmatrix} \eta_1 \\ \eta_2 \end{bmatrix} = BS + \eta_y \tag{5-20}$$

其中，

$$B = \begin{bmatrix} A_1 \\ A_2 \end{bmatrix} \tag{5-21}$$

计算矩阵 Y 的协方差矩阵：

$$R_y = E[YY^H] = E[(BS+\eta_y)(BS+\eta_y)^H] = BR_sB^H + \sigma^2 I \tag{5-22}$$

其中，$R_s = E[SS^H]$ 为信号源的协方差矩阵，σ^2 为噪声功率，I 为单位矩阵。对 R_y 进行特征值分解，构建信号与噪声子空间，即：

$$R_y = U_s \Lambda_s U_s^H + U_\eta \Lambda_\eta U_\eta^H \tag{5-23}$$

由于 U_s 与 B 张成空间一致，因此存在唯一的非奇异矩阵 T，使得矩阵 U_s 经过 T 变换后得到 B，即：

$$B = U_s T \tag{5-24}$$

将 U_s 分解为两个子矩阵，U_{s1} 由前 $N-1$ 行构成，U_{s2} 由后 $N-1$ 行构成，即：

$$U_s = \begin{bmatrix} U_{s1} \\ U_{s2} \end{bmatrix} \tag{5-25}$$

则对于两个子阵列有

$$A_1 = U_{s1} T \tag{5-26a}$$

$$A_2 = U_{s2}T \tag{5-26b}$$

将式(5-26)带入式(5-18)可得

$$U_{s2}T = U_{s1}T\Phi \tag{5-27}$$

对式(5-27)变换可得

$$U_{s2} = U_{s1}T\Phi T^{-1} = U_{s1}\Psi \tag{5-28}$$

其中,

$$\Psi = T\Phi T^{-1} \tag{5-29}$$

由式(5-30)可求得

$$\Psi = U_{s1}^+ U_{s2} = (U_{s1}^H U_{s1})^{-1} U_{s1}^H U_{s2} \tag{5-30}$$

由式(5-18)可知,矩阵 Φ 中对角元素为矩阵 Ψ 的特征值,而 Φ 中对角元素的值仅与到达角 $\theta_k(k=1,2,\cdots,K)$ 有关,因此求出 Φ 的特征值即可求出信号的到达角。

对 Ψ 进行特征值分解,特征值记为 $\lambda_k, k=1,2,\cdots,K$

由式(5-31)即可求得到达角:

$$\theta_k = -\arcsin\left(\frac{\lambda}{2\pi d}\arg(\lambda_k)\right) \tag{5-31}$$

其中,λ 为信号波长,d 为阵元间距,$arg(\ )$ 表示求复数的相位角,λ_k 为矩阵 Ψ 的特征值。

算法的步骤如下:

① 将整体阵列划分为具有旋转不变性的子阵列,以整体阵列的接收数据 X 为基础,根据子阵列在阵列中的位置关系构建新的接收信号矩阵 Y;

② 根据式(5-22),由新的信号矩阵 Y 计算协方差矩阵 R_y;

③ 对 R_y 进行特征值分解,由式(5-22)建立信号子空间 U_s;

④ 由式(5-25)将信号子空间 U_s 分块为 U_{s1} 和 U_{s2},由式(5-30)计算旋转不变性矩阵 Ψ;

⑤ 对 Ψ 进行特征值分解,利用得到的特征值,根据式(5-31)即计算出信号的到达角。

5.2 三维空间中的二维 DOA 估计算法

在基于大规模天线的定位算法中,需要通过天线阵列估计出信号的到达角度。

对于二维平面中的定位，仅需要估计一维到达角，但是由于定位的需求，需要在三维空间中对终端坐标进行解算，因此需要对信号的二维到达角进行估计。

5.2.1 三维远场区模型

图 5-3 所示的均匀平面阵列模型，阵元数目为 $M \times N$，所有阵元均匀分布在 X-O-Y 平面上，相邻阵元间距为 d。假设有 K 个信号 $s_i(t), i=1,2,\cdots,K$ 以不同的角度 (θ_i,φ_i) 入射到此阵列上，且所有信号的波长均为 λ。其中，θ_i,φ_i 分别表示第 i 个信源入射到此阵列的平面角与俯仰角。

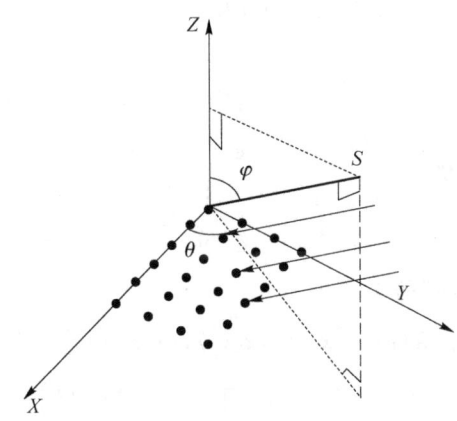

图 5-3 均匀平面阵列

X 轴上的 M 个阵元的接受信号为

$$\boldsymbol{x}_1(t) = \boldsymbol{A}_{x1}\boldsymbol{s}(t) + \boldsymbol{n}_{x_1}(t) \tag{5-32}$$

其中，$\boldsymbol{A}_{x1}$ 为沿 X 轴上阵列的阵列流型，即：

$$\boldsymbol{A}_{x1} = [a_x(u_1), a_x(u_2), \cdots, a_x(u_k)] \tag{5-33}$$

其中：

- $a_x(u_k) = [1, \mathrm{e}^{-\mathrm{j}2\pi du_k/\lambda}, \cdots, \mathrm{e}^{-\mathrm{j}2\pi d(M-1)u_k/\lambda}]^{\mathrm{T}}$ 表示第 k 个信源沿 X 轴的导向矢量。
- $\boldsymbol{s}(t) = [s_1(t), s_2(t), \cdots, s_K(t)]^{\mathrm{T}}$ 为信源矢量矩阵。
- $\boldsymbol{n}_{x_1}(t)$ 为 X 轴的噪声矢量矩阵，且 $u_k = \cos\theta_k \sin\varphi_k, k=1,2,\cdots,K$。

则平行于 X 轴的第 n 个子阵列的信号为

$$\boldsymbol{x}_n(t) = \boldsymbol{A}_{x1}\boldsymbol{\Psi}_x^{n-1}\boldsymbol{s}(t) + \boldsymbol{n}_{x_n}(t) \tag{5-34}$$

其中：

$$\boldsymbol{\Psi}_x = \text{diag}\left(e^{-\frac{j2\pi d v_1}{\lambda}}, e^{-\frac{j2\pi d v_2}{\lambda}}, \cdots, e^{-\frac{j2\pi d v_K}{\lambda}}\right) \tag{5-35}$$

$$\begin{aligned}
\boldsymbol{A}_{x1}\boldsymbol{\Psi}_x^{n-1} &= [a_x(u_1), a_x(u_2), \cdots, a_x(u_K)]\boldsymbol{\Psi}_x^{n-1} \\
&= \begin{bmatrix}
e^{-j2\pi d(n-1)v_1/\lambda} & e^{-j2\pi d(n-1)v_2/\lambda} & \cdots & e^{-j2\pi d(n-1)v_K/\lambda} \\
e^{-j2\pi d(u_1+(n-1)v_1)/\lambda} & e^{-j2\pi d(u_2+(n-1)v_2)/\lambda} & \cdots & e^{-j2\pi d(u_K+(n-1)v_K)/\lambda} \\
\vdots & \vdots & \vdots & \vdots \\
e^{-j2\pi d((M-1)u_1+(n-1)v_1)/\lambda} & e^{-j2\pi d((M-1)u_2+(n-1)v_2)/\lambda} & \cdots & e^{-j2\pi d((M-1)u_K+(n-1)v_K)/\lambda}
\end{bmatrix}
\end{aligned}$$

$v_k = \sin\theta_k \sin\varphi_k, k=1,2,\cdots,K$,$\boldsymbol{n}_{x_n}(t)$ 为平行于 X 轴的第 n 个子阵列的噪声矢量矩阵。

令 $\phi_{m,n,k} = 2\pi d((m-1)u_k + (n-1)v_k)/\lambda$

则有

$$\boldsymbol{A}_{x1}\boldsymbol{\Psi}_x^{n-1} = \begin{bmatrix}
e^{-j\phi_{1,n,1}} & e^{-j\phi_{1,n,2}} & \cdots & e^{-j\phi_{1,n,K}} \\
e^{-j\phi_{2,n,1}} & e^{-j\phi_{2,n,2}} & \cdots & e^{-j\phi_{2,n,K}} \\
\vdots & \vdots & \vdots & \vdots \\
e^{-j\phi_{M,n,1}} & e^{-j\phi_{M,n,2}} & \cdots & e^{-j\phi_{M,n,K}}
\end{bmatrix} \tag{5-36}$$

则整个阵列的接受信号为

$$\begin{aligned}
\boldsymbol{X}(t) &= [\boldsymbol{x}_1(t), \boldsymbol{x}_2(t), \cdots, \boldsymbol{x}_N(t)]^T \\
&= \begin{bmatrix} \boldsymbol{A}_{x1} \\ \boldsymbol{A}_{x1}\boldsymbol{\Psi}_x \\ \vdots \\ \boldsymbol{A}_{x1}\boldsymbol{\Psi}_x^{N-1} \end{bmatrix} \boldsymbol{s}(t) + \begin{bmatrix} \boldsymbol{n}_{x_1}(t) \\ \boldsymbol{n}_{x_2}(t) \\ \vdots \\ \boldsymbol{n}_{x_N}(t) \end{bmatrix} \\
&= \boldsymbol{A}_x \boldsymbol{s}(t) + \boldsymbol{n}_x(t)
\end{aligned} \tag{5-37}$$

其中,$\boldsymbol{A}_x$ 表示整个阵列按照沿 X 轴方向排列的阵列流型,$\boldsymbol{n}_x(t)$ 为噪声矩阵。则

$$\boldsymbol{A}_x = \begin{bmatrix}
e^{-j\phi_{1,1,1}} & e^{-j\phi_{1,1,2}} & \cdots & e^{-j\phi_{1,1,K}} \\
e^{-j\phi_{2,1,1}} & e^{-j\phi_{2,1,2}} & \cdots & e^{-j\phi_{2,1,K}} \\
\vdots & \vdots & \vdots & \vdots \\
e^{-j\phi_{M,N,1}} & e^{-j\phi_{M,N,2}} & \cdots & e^{-j\phi_{M,N,K}}
\end{bmatrix} \tag{5-38}$$

令 $\boldsymbol{A}_x = [\boldsymbol{\alpha}_x(\theta_1,\varphi_1), \boldsymbol{\alpha}_x(\theta_2,\varphi_2), \cdots, \boldsymbol{\alpha}_x(\theta_K,\varphi_K)]$ 表示整个阵列按照沿 X 轴的导向矢量。其中,$\boldsymbol{\alpha}_x(\theta_k,\varphi_k)$ 由式(5-39)表示:

$$\alpha_x(\theta_k,\varphi_k) = [e^{-j\phi_{1,1,k}}, e^{-j\phi_{2,1,k}}, \cdots, e^{-j\phi_{M,N,k}}]^T \tag{5-39}$$

同理,整个阵列的接受信号按照沿 Y 轴方向可以表示为

| 第 5 章 |　5G DOA 估计的基础理论和算法

$$Y(t) = [y_1(t), y_2(t), \cdots, y_M(t)]^T$$

$$= \begin{bmatrix} A_{y1} \\ A_{y1}\Psi_y \\ \vdots \\ A_{y1}\Psi_y^{M-1} \end{bmatrix} s(t) + \begin{bmatrix} n_{y_1}(t) \\ n_{y_2}(t) \\ \vdots \\ n_{y_M}(t) \end{bmatrix}$$

$$= A_y s(t) + n_y(t) \tag{5-40}$$

其中，$y_m(t)$ 为平行于 Y 轴的第 m 个子阵列的接受信号，且满足

$$y_m(t) = A_{y1}\Psi_y^{m-1}s(t) + n_{y_m}(t) \tag{5-41}$$

其中，

$$\Psi_y = \text{diag}\left(e^{-\frac{j2\pi d u_1}{\lambda}}, e^{-\frac{j2\pi d u_2}{\lambda}}, \cdots, e^{-\frac{j2\pi d u_K}{\lambda}}\right) \tag{5-42}$$

A_y 表示整个阵列按照沿 Y 轴方向排列的阵列流型，$n_y(t)$ 为噪声矩阵。

$$A_y = \begin{bmatrix} e^{-j\phi_{1,1,1}} & e^{-j\phi_{1,1,2}} & \cdots & e^{-j\phi_{1,1,K}} \\ e^{-j\phi_{1,2,1}} & e^{-j\phi_{1,2,2}} & \cdots & e^{-j\phi_{1,2,K}} \\ \vdots & \vdots & & \vdots \\ e^{-j\phi_{M,N,1}} & e^{-j\phi_{M,N,2}} & \cdots & e^{-j\phi_{M,N,K}} \end{bmatrix} \tag{5-43}$$

5.2.2　二维 MUSIC 算法

二维 MUSIC 算法与 5.1.2 小节中的一维 MUSIC 算法原理一致。将式(5-37)代入式(5-10)，得到协方差矩阵 R_x，即：

$$R_x = E[(A_x s + n_x(t))(A_x s + n_x(t))^H]$$

$$= A_x R_s A_x^H + \sigma^2 I \tag{5-44}$$

其中，A_x 为阵列沿 X 轴方向的阵列流型。

由式(5-12)计算 R_x，即：

$$R_x \approx \hat{R}_x = \frac{1}{L}\sum_{l=1}^{L} X_l(t)X_l^H(t) = \frac{1}{L}XX^H \tag{5-45}$$

其中，$X_l(t)$ 为阵列第 l 次采样得到的数据。

对 R_x 进行特征值分解：

$$R_x = U\Lambda U^H = U_s\Lambda_s U_s^H + U_\eta\Lambda_\eta U_\eta^H \tag{5-46}$$

根据式(5-46)的结果与式(5-14)构建噪声子空间 U_η。

类似式(5-15)，构造二维空间谱函数：

$$P_{\text{MUSIC}}(\theta,\varphi) = \frac{1}{\boldsymbol{\alpha}^{\text{H}}(\theta,\varphi)\boldsymbol{U}_{\eta}\boldsymbol{U}_{\eta}^{\text{H}}\boldsymbol{\alpha}(\theta,\varphi)} \tag{5-47}$$

通过对式(5-47)的函数搜索峰值即可找到信号的到达角。二维 MUSIC 算法与一维算法原理相同，但是需要在二维函数上搜索峰值，计算较为复杂。

5.2.3 二维 ESPRIT 算法

如图 5-4 所示，取均匀平面阵列按照 X 轴上阵列为子阵列 1，平行于 X 轴，与 X 轴相距一个阵元间距的阵列为子阵列 2。

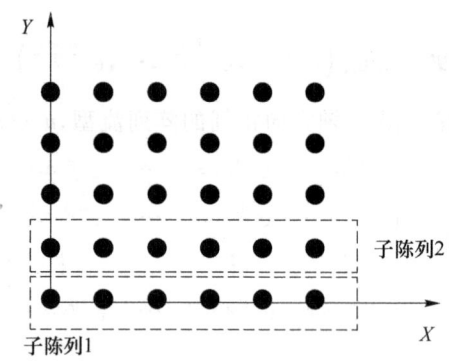

图 5-4 二维 ESPRIT 算法原理——子阵列划分(一)

由式(5-37)可得对应子阵列的信号为

$$\boldsymbol{X}_1(t) = \boldsymbol{A}_{x1}\boldsymbol{s}(t) + \boldsymbol{n}_{x1}(t) \tag{5-48}$$

$$\boldsymbol{X}_2(t) = \boldsymbol{A}_{x2}\boldsymbol{s}(t) + \boldsymbol{n}_{x2}(t) \tag{5-49}$$

其中，$\boldsymbol{A}_{x1}$、$\boldsymbol{A}_{x2}$ 分别为各子阵列的阵列流型，$\boldsymbol{n}_{x1}(t)$、$\boldsymbol{n}_{x2}(t)$ 为子阵列的噪声矩阵。

由于子阵列 2 可看作子阵列 1 经过平移一个阵元间距得到，因此两阵列的阵列流型具有以下关系：

$$\boldsymbol{A}_{x2} = \boldsymbol{A}_{x1}\boldsymbol{\Phi}_x \tag{5-50}$$

其中，

$$\boldsymbol{\Phi}_x = \boldsymbol{\Psi}_x = \text{diag}\left(e^{-\frac{j2\pi dv_1}{\lambda}}, e^{-\frac{j2\pi dv_2}{\lambda}}, \cdots, e^{-\frac{j2\pi dv_K}{\lambda}}\right) \tag{5-51}$$

令

$$\boldsymbol{Z}(t) = \begin{bmatrix} \boldsymbol{X}_1(t) \\ \boldsymbol{X}_2(t) \end{bmatrix} = \begin{bmatrix} \boldsymbol{A}_{x1} \\ \boldsymbol{A}_{x2}\boldsymbol{\Phi} \end{bmatrix}\boldsymbol{s}(t) + \begin{bmatrix} \boldsymbol{n}_{x1}(t) \\ \boldsymbol{n}_{x2}(t) \end{bmatrix} = \boldsymbol{B}\boldsymbol{s}(t) + \boldsymbol{n}_x(t) \tag{5-52}$$

根据式(5-10)，求 $\boldsymbol{Z}(t)$ 的协方差矩阵：

第5章 5G DOA 估计的基础理论和算法

$$\begin{aligned}\boldsymbol{R}_y &= E[\boldsymbol{Z}(t)\boldsymbol{Z}^{\mathrm{H}}(t)] \\ &= E[(\boldsymbol{B}\boldsymbol{s}(t)+\boldsymbol{n}_x(t))(\boldsymbol{B}\boldsymbol{s}(t)+\boldsymbol{n}_x(t))^{\mathrm{H}}] \\ &= \boldsymbol{B}\boldsymbol{R}_s\boldsymbol{B}^{\mathrm{H}}+\sigma^2\boldsymbol{I}\end{aligned} \quad (5\text{-}53)$$

其中,$\boldsymbol{R}_s$ 为信源协方差矩阵,σ^2 为噪声功率。

将 $\boldsymbol{U}_s$ 分为两个子矩阵,$\boldsymbol{U}_{s1}$ 为前 M 行,$\boldsymbol{U}_{s2}$ 为后 M 行,即:

$$\boldsymbol{U}_s = \begin{bmatrix} \boldsymbol{U}_{s1} \\ \boldsymbol{U}_{s2} \end{bmatrix} \quad (5\text{-}54)$$

同理,对于两个子阵列,可得

$$\boldsymbol{A}_{x1} = \boldsymbol{U}_{s1}\boldsymbol{T} \quad (5\text{-}55\text{a})$$

$$\boldsymbol{A}_{x2} = \boldsymbol{U}_{s2}\boldsymbol{T} \quad (5\text{-}55\text{b})$$

将式(5-55)带入式(5-50)可得

$$\boldsymbol{U}_{s2}\boldsymbol{T} = \boldsymbol{U}_{s1}\boldsymbol{T}\boldsymbol{\Phi}_x \quad (5\text{-}56)$$

进一步可得

$$\boldsymbol{U}_{s2} = \boldsymbol{U}_{s1}\boldsymbol{T}\boldsymbol{\Phi}_x\boldsymbol{T}^{-1} = \boldsymbol{U}_{s1}\boldsymbol{\Psi}_1 \quad (5\text{-}57)$$

其中,

$$\boldsymbol{\Psi}_1 = \boldsymbol{T}\boldsymbol{\Phi}_x\boldsymbol{T}^{-1} \quad (5\text{-}58)$$

而 $\boldsymbol{\Psi}_1$ 可由式(5-59)得出:

$$\boldsymbol{\Psi}_1 = \boldsymbol{U}_{s1}^{+}\boldsymbol{U}_{s2} = (\boldsymbol{U}_{s1}^{\mathrm{H}}\boldsymbol{U}_{s1})^{-1}\boldsymbol{U}_{s1}^{\mathrm{H}}\boldsymbol{U}_{s2} \quad (5\text{-}59)$$

由式(5-59)可知,矩阵 $\boldsymbol{\Phi}$ 中对角元素为矩阵 $\boldsymbol{\Psi}_1$ 的特征值,且只由 v_k 决定。对 $\boldsymbol{\Psi}_1$ 进行特征值分解,特征值为 $\lambda_k, k=1,2,\cdots,K$,由式(5-60)即可求出 v_k:

$$v_k = -\arcsin\left(\frac{\lambda}{2\pi d}\arg(\lambda_k)\right) \quad (5\text{-}60)$$

同理,将均匀平面阵列 Y 轴上的阵列记为子阵列3,平行于 Y 轴且与 Y 轴相距单位阵元间距的阵元组成子阵列4,如图5-5所示。

两个子阵列的阵列流型分别为 $\boldsymbol{A}_{y1}$、$\boldsymbol{A}_{y2}$。$\boldsymbol{A}_{y1}$ 与 $\boldsymbol{A}_{y2}$ 具有以下关系:

$$\boldsymbol{A}_{y2} = \boldsymbol{A}_{y1}\boldsymbol{\Phi}_y \quad (5\text{-}61)$$

其中,$\boldsymbol{\Phi}_y = \boldsymbol{\Psi}_y = \mathrm{diag}(\mathrm{e}^{-\mathrm{j}2\pi du_1/\lambda}, \mathrm{e}^{-\mathrm{j}2\pi du_2/\lambda}, \cdots, \mathrm{e}^{-\mathrm{j}2\pi du_K/\lambda})$。

构建矩阵 $\boldsymbol{\Psi}_2$:

$$\boldsymbol{\Psi}_2 = \boldsymbol{T}\boldsymbol{\Phi}_y\boldsymbol{T}^{-1} \quad (5\text{-}62)$$

对 $\boldsymbol{\Psi}_2$ 进行特征值分解够即可求出 u_k。

将 $\boldsymbol{\Psi}_1$ 与 $\boldsymbol{\Psi}_2$ 的特征值分别记为 $\lambda_i, i=1,2,\cdots,K$ 和 $\lambda_j, j=1,2,\cdots,K$,且对应的特征矩阵分别为 $\boldsymbol{T}_1$、$\boldsymbol{T}_2$。$\boldsymbol{\Phi}_x$、$\boldsymbol{\Phi}_y$ 为对角矩阵,且对角元素为 $\lambda_i, i=1,2,\cdots,K$ 和 $\lambda_j, j=1,2,\cdots,K$,且包含了各个信号入射的二维到达角信息。

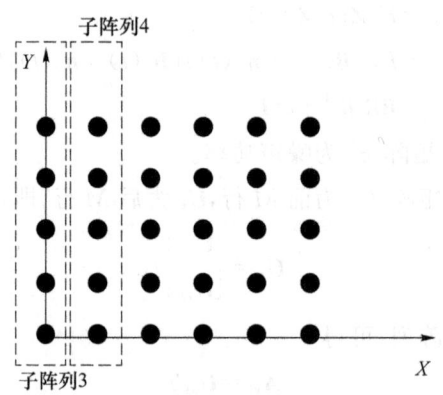

图 5-5 二维 ESPRIT 算法原理——子阵列划分(二)

在理想情况下,T_1 与 T_2 相同,此时 λ_i 与 λ_j 也一一对应,λ_k 包含了同一信号源的到达角信息,可直接求出信号源的二维到达角。但是在实际计算中,由于对矩阵 Ψ_1 与 Ψ_2 进行了独立的特征值分解,因此 T_1 与 T_2 并不相同,导致 λ_k 包含的角度信息来自不同的信号源,因此需要进行二维参数匹配。参数匹配的原理是:利用特征矩阵构造排序矩阵,通过矩阵的相关性对特征值重新排序,使同一信号源对应的特征值一一对应。

构造排序矩阵 G:

$$G = T_2^H T_1 \tag{5-63}$$

对于矩阵 G 而言,元素值的绝对值表示 T_1 与 T_2 中特征向量的相关性。通过判断元素值的大小顺序对 Ψ_2 进行重新排序,再对重新排序后的矩阵进行特征值分解,进而计算出 u_k。此时,v_k 与 u_k 对应同一信号源,完成了二维参数匹配。根据式(5-64)即可计算出方位角 θ_k 与俯仰角 φ_k。

$$\theta_k = \arctan\left(\frac{v_k}{u_k}\right) \tag{5-64a}$$

$$\varphi_k = \arcsin\left(\sqrt{v_k^2 + u_k^2}\right) \tag{5-64b}$$

5.2.4 基于传播算子的到达角估计算法

5.2.3 小节分析了常见的到达角算法:MUSIC 算法和 ESPRIT 算法。这些算法都需要对接收信号的自相关矩阵进行特征值分解。在大规模天线系统中,天线数目的大幅增加使得矩阵的规模也大幅增大,导致现有的到达角估计算法需要花费较大的时间成本,难以满足某些场景对快速定位的要求。

本节提出了一种基于传播算子(PM)的改进算法，通过划分子阵列、构建新的协方差矩阵，并根据重构后的协方差矩阵计算传播算子。该算法直接利用传播算子计算子阵列间的旋转不变矩阵，避免了协方差矩阵的特征值分解过程，降低了计算复杂度，同时实现了平面角与俯仰角的二维参数自动匹配。

1. 传播算子原理

对矩阵 A 进行分块处理，前 K 行构成 A_1，后 $M-K$ 行构成 A_2：

$$A = \begin{bmatrix} A_1 \\ A_2 \end{bmatrix} \tag{5-65}$$

其中，A_1 为 $K \times K$ 阶矩阵，A_2 为 $(M-K) \times K$ 阶矩阵。由于 A_1 为非奇异矩阵，因此必存在唯一的矩阵 P，使得 A_1 经过矩阵 P 的变换后得到 A_2，即：

$$A_2 = P^H A_1 \tag{5-66}$$

将矩阵 P 记为传播算子。

由传播算子 P 与单位矩阵 I 构建新的矩阵 O，即：

$$O = [P^H, -I_{M-K}]^H \tag{5-67}$$

则有

$$O^H A = [P^H, -I_{M-K}] \begin{bmatrix} A_1 \\ A_2 \end{bmatrix} = 0 \tag{5-68}$$

由式(5-68)可知，矩阵 O^H 的行向量与 A 的列向量正交。根据式(5-63)，A 的列向量 $\alpha(\theta_k)$ 为信号的方向矩阵，因此矩阵 O 的列向量与 $\alpha(\theta_k)$ 正交。由于 $\alpha(\theta_k)$ 与噪声子空间相互正交，矩阵 O 与噪声子空间同构，因此在到达角估计算法中可用矩阵 O 代替噪声子空间。

在实际计算中，当采样次数较多时，接受信号的自相关矩阵可由式(5-69)计算：

$$R \approx \hat{R}_x = \frac{1}{L} \sum_{l=1}^{L} X(t) X^H(t) \tag{5-69}$$

对数据矩阵 $X \in \mathbb{C}^{M \times L}$ 与相关矩阵 $R \in \mathbb{C}^{M \times M}$

$$X = \begin{bmatrix} X_1 \\ X_2 \end{bmatrix} \tag{5-70a}$$

$$R = [R_1 \quad R_2] \tag{5-70b}$$

其中，$X_1 \in \mathbb{C}^{K \times L}$，$X_2 \in \mathbb{C}^{(M-K) \times L}$，$R_1 \in \mathbb{C}^{M \times K}$，$R_2 \in \mathbb{C}^{M \times (M-K)}$。在理想情况下，若无噪声影响，有 $X_2 = P_1^H X_1$，$R_2 = P_2^H R_1$。但由于信号传播过程中不可避免地存在噪

声，上述关系不再成立。但是可以通过最小二乘法求解矩阵 P，即：

$$J_1(\hat{\boldsymbol{P}}_1) = \|\boldsymbol{X}_2 - \boldsymbol{P}_1^{\mathrm{H}} \boldsymbol{X}_1\|^2 \tag{5-71a}$$

$$J_2(\hat{\boldsymbol{P}}_2) = \|\boldsymbol{R}_2 - \boldsymbol{P}_2^{\mathrm{H}} \boldsymbol{R}_1\|^2 \tag{5-71b}$$

其最优解分别为

$$\hat{\boldsymbol{P}}_1 = (\boldsymbol{X}_1 \boldsymbol{X}_1^{\mathrm{H}})^{-1} \boldsymbol{X}_1 \boldsymbol{X}_2^{\mathrm{H}} \tag{5-72a}$$

$$\hat{\boldsymbol{P}}_2 = (\boldsymbol{R}_1 \boldsymbol{R}_1^{\mathrm{H}})^{-1} \boldsymbol{R}_1 \boldsymbol{R}_2^{\mathrm{H}} \tag{5-72b}$$

在 MUSIC 算法与 ESPRIT 算法中，信号子空间与噪声子空间的计算通常是由信号协方差矩阵通过特征值分解得到。

2. 基于 PM 的二维 DOA 估计

利用 $\boldsymbol{X}(t)$ 构建两个子矩阵 $\boldsymbol{X}_1(t)$ 和 $\boldsymbol{X}_2(t)$，$\boldsymbol{X}(t)$ 的前 $M(N-1)$ 行记为 $\boldsymbol{X}_1(t)$，后前 $M(N-1)$ 行记为 $\boldsymbol{X}_2(t)$，即：

$$\boldsymbol{X}_1(t) = \boldsymbol{X}(t)(1:M(N-1),:) = \boldsymbol{B}_x \boldsymbol{s}(t) + \boldsymbol{n}_{xB1}(t) \tag{5-73a}$$

$$\boldsymbol{X}_2(t) = \boldsymbol{X}(t)(M+1:NM,:) = \boldsymbol{B}_x \boldsymbol{\Psi}_y \boldsymbol{s}(t) + \boldsymbol{n}_{xB2}(t) \tag{5-73b}$$

其中，$\boldsymbol{B}_x = [\boldsymbol{A}_x, \boldsymbol{A}_x \boldsymbol{\Psi}_x, \cdots, \boldsymbol{A}_x \boldsymbol{\Psi}_x^{M-2}]^{\mathrm{T}}$，$\boldsymbol{n}_{xB1}(t)$ 为 $\boldsymbol{n}_x(t)$ 前 $M(N-1)$ 行子矩阵，$\boldsymbol{n}_{xB2}(t)$ 为 $\boldsymbol{n}_x(t)$ 后 $M(N-1)$ 行子矩阵，且均为加性噪声。

由于 $\boldsymbol{X}(t)$ 为整个阵列的接收数据，且所有阵元排列方式为沿 X 轴方向，$\boldsymbol{X}(t)$ 中每一行对应一个阵元的接收数据。因此，$\boldsymbol{X}_1(t)$ 为前 $M(N-1)$ 个阵元的接收数据，对应图 5-6 中的子阵列 1；同理，$\boldsymbol{X}_2(t)$ 对应 $M(N-1)$ 个阵元的接收数据，对应图 5-6 中的子阵列 2。

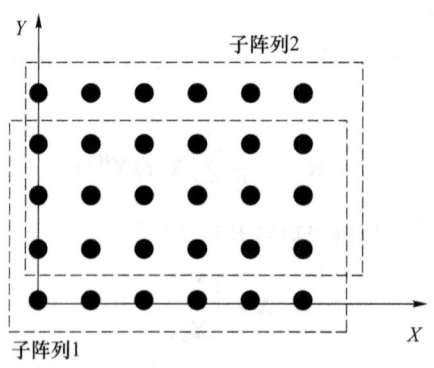

图 5-6 基于 PM 的二维 DOA 估计——子阵列划分(一)

采用类似的方法对 $\boldsymbol{Y}(t)$ 进行处理，阵列划分方式如图 5-7 所示。

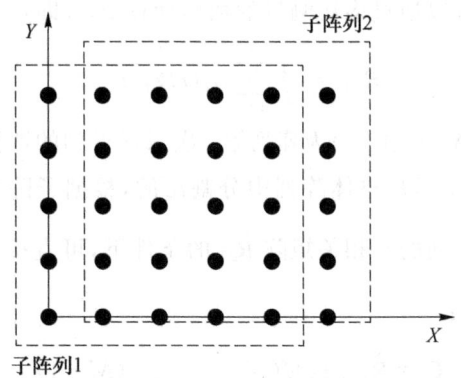

图 5-7 基于 PM 的二维 DOA 估计——子阵列划分(二)

利用 $Y(t)$ 构建两个子矩阵 $Y_1(t)$ 和 $Y_2(t)$，将 $Y(t)$ 的前 $(M-1)N$ 行记为 $Y_1(t)$，后前 $(M-1)N$ 行记为 $Y_2(t)$，即：

$$Y_1(t) = Y(t)(1:(M-1)N,:) = B_y s(t) + n_{yB1}(t) \quad (5\text{-}74\text{a})$$

$$Y_2(t) = Y(t)(N+1:MN,:) = B_y \Psi_y s(t) + n_{yB2}(t) \quad (5\text{-}74\text{b})$$

其中，$B_y = [A_y, A_y\Psi_y, \cdots, A_y\Psi_y^{N-2}]^{\mathrm{T}}$，$n_{yB1}(t)$ 为 $n_y(t)$ 前 $(M-1)N$ 行子矩阵，$n_{yB2}(t)$ 为 $n_y(t)$ 后 $(M-1)N$ 行子矩阵，且均为加性噪声。

由于 $Y(t)$ 为整个阵列的接收数据，且所有阵元沿 Y 轴方向排列，$Y(t)$ 中每一行对应一个阵元的接收数据。因此，$Y_1(t)$ 为前 $(M-1)N$ 个阵元的接收数据，对应图 5-7 中的子阵列 1；同理，$Y_2(t)$ 为后 $(M-1)N$ 个阵元的接收数据，对应图 5-8 中的子阵列 2。

记 $X(t)$ 与 $Y(t)$ 的互相关矩阵为 R_{XY}，计算方式如下：

$$R_{XY} = E\{X(t)Y(t)^{\mathrm{H}}\} \quad (5\text{-}75)$$

将 $X_1(t)$、$X_2(t)$、$Y_1(t)$ 和 $Y_2(t)$ 分别带入式(5-75)，得到各个子阵列的互相关矩阵：

$$C_1 = E\{X_1 Y_1^{\mathrm{H}}\} = B_X R_s B_Y^{\mathrm{H}} + N_1 \quad (5\text{-}76\text{a})$$

$$C_2 = E\{X_2 Y_1^{\mathrm{H}}\} = B_X \Psi_x R_s B_Y^{\mathrm{H}} + N_2 \quad (5\text{-}76\text{b})$$

$$C_3 = E\{X_1 Y_2^{\mathrm{H}}\} = B_X \Psi_y^{\mathrm{H}} R_s B_Y^{\mathrm{H}} + N_3 \quad (5\text{-}76\text{c})$$

$$C_4 = E\{X_2 Y_2^{\mathrm{H}}\} = B_X \Psi_x \Psi_y^{\mathrm{H}} R_s B_Y^{\mathrm{H}} + N_4 \quad (5\text{-}76\text{d})$$

其中，N_1、N_2、N_3、N_4 为噪声矩阵，表达式如下：

$$N_1 = E\{n_{xB1}(t) n_{yB1}(t)^{\mathrm{H}}\} \quad (5\text{-}77\text{a})$$

$$N_2 = E\{n_{xB2}(t) n_{yB1}(t)^{\mathrm{H}}\} \quad (5\text{-}77\text{b})$$

$$N_3 = E\{n_{xB1}(t) n_{yB2}(t)^{\mathrm{H}}\} \quad (5\text{-}77\text{c})$$

$$N_4 = E\{n_{xB2}(t) n_{yB2}(t)^{\mathrm{H}}\} \quad (5\text{-}77\text{d})$$

在实际测量中,可以通过多次测量的数据计算 R_{XY},即:

$$\hat{R}_{XY} = \frac{1}{L}\sum_{i=1}^{L} X_l(t)Y_l(t)^H \tag{5-78}$$

其中,L 为采样次数,$X_l(t)$、$Y_l(t)$ 为阵列第 l 次采样得到的数据。

由于各个子阵列都是从整体阵列中分割出的,根据子阵列在整体阵列中的位置关系,在已知整体阵列的互相关矩阵 $\hat{R}_{XY}$ 的条件下,可直接得到子阵列的互相关矩阵 $\hat{C}_1$、$\hat{C}_2$、$\hat{C}_3$、$\hat{C}_4$,即:

$$\hat{C}_1 = \hat{R}_{XY}[1:M(N-1), 1:N(M-1)] \tag{5-79a}$$

$$\hat{C}_2 = \hat{R}_{XY}[M+1:MN, 1:N(M-1)] \tag{5-79b}$$

$$\hat{C}_3 = \hat{R}_{XY}[1:M(N-1), N+1:MN] \tag{5-79c}$$

$$\hat{C}_4 = \hat{R}_{XY}[M+1:NM, N+1:MN] \tag{5-79d}$$

将 C_1、C_2、C_3、C_4 合并,构造新的互相关矩阵 C:

$$C = \begin{bmatrix} C_1 \\ C_2 \\ C_3 \\ C_4 \end{bmatrix} \tag{5-80}$$

将式(5-76)带入式(5-80)可得

$$C = \begin{bmatrix} B_X \\ B_X \Psi_x \\ B_X \Psi_y^H \\ B_X \Psi_x \Psi_y^H \end{bmatrix} R_S B_y^H + \begin{bmatrix} N_1 \\ N_2 \\ N_3 \\ N_4 \end{bmatrix} = BR_S B_y^H + N \tag{5-81}$$

其中:

$$B = \begin{bmatrix} B_X \\ B_X \Psi_x \\ B_X \Psi_y^H \\ B_X \Psi_x \Psi_y^H \end{bmatrix} \tag{5-82}$$

对矩阵 B 分块:

$$B = \begin{bmatrix} B_1 \\ B_2 \end{bmatrix} \tag{5-83}$$

其中,B_1 为 $K \times K$ 维非奇异矩阵,则必定存在唯一的传播算子矩阵 P,使得 B_1 经

过传播算子矩阵 P 的变换后得到 B_2，即：

$$P^H B_1 = B_2 \tag{5-84}$$

将式(5-84)带入式(5-83)可得

$$B = \begin{bmatrix} B_1 \\ P^H B_1 \end{bmatrix} = \begin{bmatrix} I \\ P^H \end{bmatrix} B_1 \tag{5-85}$$

下面求解传播算子 P。将重构的信号互相关矩阵 C 分块：

$$C = \begin{bmatrix} G \\ H \end{bmatrix} \tag{5-86}$$

由式(5-72)和式(5-86)可得 P 的最小二乘解为

$$P = (GG^H)^{-1} GH^H \tag{5-87}$$

构造矩阵 E：

$$E = \begin{bmatrix} I \\ P^H \end{bmatrix} \tag{5-88}$$

由式(5-85)和式(5-88)可得

$$E = \begin{bmatrix} I \\ P^H \end{bmatrix} = BB_1^{-1} \tag{5-89}$$

将式(5-82)带入式(5-89)可得

$$E = \begin{bmatrix} B_x \\ B_x \Psi_x \\ B_x \Psi_y^H \\ B_x \Psi_x \Psi_y^H \end{bmatrix} B_1^{-1} = \begin{bmatrix} B_x \\ B_x \Psi_x \\ B_x \Psi_y^H \\ B_x \Psi_x \Psi_y^H \end{bmatrix} T^{-1} = \begin{bmatrix} E_1 \\ E_2 \\ E_3 \\ E_4 \end{bmatrix} \tag{5-90}$$

其中，$T = B_1$，$E_1 = B_x T^{-1}$，$E_2 = B_x \Psi_x T^{-1}$，$E_3 = B_x \Psi_y^H T^{-1}$，$E_4 = B_x \Psi_x \Psi_y^H T^{-1}$。

由 E_1、E_2、E_3、E_4 之间的关系构建旋转不变矩阵：

$$\begin{bmatrix} E_3 \\ E_4 \end{bmatrix} = \begin{bmatrix} E_1 \\ E_2 \end{bmatrix} T \Psi_y^H T^{-1} \tag{5-91}$$

$$\begin{bmatrix} E_2 \\ E_4 \end{bmatrix} = \begin{bmatrix} E_1 \\ E_3 \end{bmatrix} T \Psi_x T^{-1} \tag{5-92}$$

令 $Y_x = T \Psi_x T^{-1}$，求得 Y_x 的最小二乘解为

$$\hat{Y}_x = \begin{bmatrix} E_1 \\ E_3 \end{bmatrix}^{-1} \begin{bmatrix} E_2 \\ E_4 \end{bmatrix} \tag{5-93}$$

对 $\hat{Y}_x$ 进行特征值分解，得到的特征值记为 λ_{xi}，$i = 1, 2, \cdots, K$。

$$\boldsymbol{\Psi}_x = \mathrm{diag}\,(\mathrm{e}^{-\mathrm{j}2\pi dv_1/\lambda},\mathrm{e}^{-\mathrm{j}2\pi dv_2/\lambda},\cdots,\mathrm{e}^{-\mathrm{j}2\pi dv_K/\lambda}),\boldsymbol{\Psi}_x$$ 中元素即为 $\boldsymbol{Y}_x$ 的特征值 λ_{xi},且每一元素值仅与 $v_i, i=1,2,\cdots,K$ 有关,则根据 λ_{xi} 即可求出 v_i 的大小,即:

$$\hat{v}_i = \frac{\arg\,(\lambda_{xi})\lambda}{2\pi d} \tag{5-94}$$

其中,arg( )表示求复数的相位角,λ 为信号波长,d 为阵元间距。

同理,令 $\boldsymbol{Y}_y = \boldsymbol{T}\boldsymbol{\Psi}_y^{\mathrm{H}}\boldsymbol{T}^{-1}$,根据式即可求得 $\boldsymbol{Y}_y$ 的最小二乘解,即:

$$\hat{\boldsymbol{Y}}_y = \begin{bmatrix}\boldsymbol{E}_1\\\boldsymbol{E}_2\end{bmatrix}^{-1}\begin{bmatrix}\boldsymbol{E}_3\\\boldsymbol{E}_4\end{bmatrix} \tag{5-95}$$

对 $\hat{\boldsymbol{Y}}_y$ 进行特征值分解,得到的特征值记为 $\lambda_{yi}, i=1,2,\cdots,K$。

$$\boldsymbol{\Psi}_y = \mathrm{diag}\,(\mathrm{e}^{-\mathrm{j}2\pi du_1/\lambda},\mathrm{e}^{-\mathrm{j}2\pi du_2/\lambda},\cdots,\mathrm{e}^{-\mathrm{j}2\pi du_K/\lambda}),\boldsymbol{\Psi}_y$$ 中元素即为 $\boldsymbol{Y}_y$ 的特征值 λ_{yi},且每一元素值仅与 $u_i, i=1,2,\cdots,K$ 有关,则根据 λ_{yi} 即可求出 u_i 的大小,即:

$$\hat{u}_i = \frac{\arg\,(\lambda_{yi})\lambda}{2\pi d} \tag{5-96}$$

又有 $u_i = \cos\theta_i\sin\varphi_i$、$v_i = \sin\theta_i\sin\varphi_i$,将 u_i、v_i 代入式(5-64)可求出信号的二维到达角。

由于 $\boldsymbol{Y}_x$ 与 $\boldsymbol{Y}_y$ 进行了独立的特征值分解,对于同一信号源的平面角与俯仰角,其对应特征值并没有一一对应,因此需要进行参数匹配,常见的参数匹配方法都是在计算出两组特征值后进行匹配,下面介绍一种直接在计算过程中进行参数匹配的方法。

设 $\boldsymbol{Y}_x$ 与 $\boldsymbol{Y}_y$ 的特征向量矩阵分别为 $\boldsymbol{T}_1$ 与 $\boldsymbol{T}_2$,$\boldsymbol{T}_1$ 与 $\boldsymbol{T}_2$ 可以看作 $\boldsymbol{T}$ 矩阵经过置换矩阵 $\boldsymbol{\Pi}$ 变换得到,即:

$$\boldsymbol{T}_1 = \boldsymbol{T}\boldsymbol{\Pi}_1 \tag{5-97}$$

其中,$\boldsymbol{\Pi}_1$ 为每行每列仅有一个元素为1的列置换矩阵,则矩阵 $\boldsymbol{T}_1$ 相较于矩阵 $\boldsymbol{T}$ 仅进行了列向量的顺序变换。

在 $\boldsymbol{Y}_x$ 进行特征值分解后,得到特征向量 $\boldsymbol{T}_1$。

将代入式(5-90)可得:

$$E(\boldsymbol{T}_1) = \begin{bmatrix}\hat{\boldsymbol{E}}_1\\\hat{\boldsymbol{E}}_2\\\hat{\boldsymbol{E}}_3\\\hat{\boldsymbol{E}}_4\end{bmatrix} \tag{5-98}$$

构建新的矩阵 $\hat{\boldsymbol{E}}_1 = \boldsymbol{B}_x\boldsymbol{\Pi}_1$、$\hat{\boldsymbol{E}}_2 = \boldsymbol{B}_x\boldsymbol{\Psi}_x\boldsymbol{\Pi}_1$、$\hat{\boldsymbol{E}}_3 = \boldsymbol{B}_x\boldsymbol{\Psi}_y^H\boldsymbol{\Pi}_1$、$\hat{\boldsymbol{E}}_4 = \boldsymbol{B}_x\boldsymbol{\Psi}_x\boldsymbol{\Psi}_y^H\boldsymbol{\Pi}_1$ 则式(5-91)转化为

$$\begin{bmatrix} \hat{\boldsymbol{E}}_3 \\ \hat{\boldsymbol{E}}_4 \end{bmatrix} = \begin{bmatrix} \hat{\boldsymbol{E}}_1 \\ \hat{\boldsymbol{E}}_2 \end{bmatrix} \boldsymbol{\Pi}_1^{-1}\boldsymbol{\Psi}_y^H\boldsymbol{\Pi}_1 \tag{5-99}$$

令 $\boldsymbol{Y}_y = \boldsymbol{\Pi}_1^{-1}\boldsymbol{\Psi}_y^H\boldsymbol{\Pi}_1$,根据式(5-95)即可求得 $\boldsymbol{Y}_y$ 的最小二乘解,即:

$$\hat{\boldsymbol{Y}}_y = \begin{bmatrix} \hat{\boldsymbol{E}}_1 \\ \hat{\boldsymbol{E}}_2 \end{bmatrix}^{-1} \begin{bmatrix} \hat{\boldsymbol{E}}_3 \\ \hat{\boldsymbol{E}}_4 \end{bmatrix} \tag{5-100}$$

对 $\hat{\boldsymbol{Y}}_y$ 进行特征值分解,将得到的特征值代入式(5-96)即可求得 $\hat{u}_i$。

由式(5-99)可以看出,经过同一置换矩阵变换,方位角与俯仰角已自动完成匹配。

5.3 远近场信号到达角度估计方法

5.3.1 远近场信号接收模型

1. 远近场信源分析

考虑如下判定信源处于远场或是近场的菲涅耳区半径公式:

$$R_{NF} \leqslant \frac{2L^2}{\lambda} \tag{5-101}$$

其中,L 为天线阵列中两个阵元之间的最大距离,也称为阵列孔径,λ 为信号的波长。在5G移动通信基站中,由于使用了大规模天线阵列,阵元间最大距离可达0.5 m至1 m,同时应用波长更短的毫米波,这使得 R_{NF} 的范围明显增大了,即信源很可能处于天线阵列的近场中。处于近场的信源信号不应当被视为平行到达天线阵列各个阵元的平面波,而是应该被等效成一个点信源发出的球面波。

从图5-8可以较为直观地看出,对于一个近场信源发出的信号,不能将其视为平行到达各个阵元。

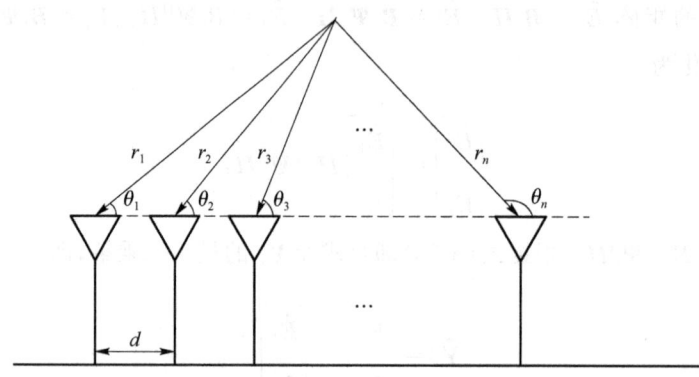

图 5-8　均匀线型阵列接收近场信号示意图

以第 1 个阵元作为参考阵元，第 i 个阵元和参考阵元接收到的第 k 个信号之间的相位差之间存在如下关系：

$$\varphi_{i,k}=ir_k+i^2\phi_k \tag{5-102}$$

其中，

$$r_k=-\frac{2\pi d\cos\theta_k}{\lambda} \tag{5-103}$$

$$\phi_k=\frac{\pi d^2}{\lambda r_k}\sin^2\theta_k \tag{5-104}$$

d 为相邻阵元之间距离，λ 为信号波长，θ_k 即为待估计的第 k 个信号的到达角度，r_k 为第 k 个信号与天线阵列之间的距离。

通过公式可以得出结论：近场信源信号到达天线阵列的每个阵元之间的相位差不仅与信号的到达角度有关，而且与信源和天线阵列之间的距离有关。当信源处于远场时，即 $r\to\infty$ 时，$\phi\to0$，阵元之间接收信号的相位差 φ 就退化成了只与信号到达角度有关。

2. 远近场信号接收模型

假设共有 K 个信号源，其中 K_1 个远场信号源和 K_2 个近场信号源，它们同时入射到由 M 个阵元排列成的均匀线阵中。根据前文的推导，第 i 个阵列单元在时域中的接收信号表达式可以写为

$$X_i(t)=\sum_{k_1=1}^{K_1}s_{k_1,\mathrm{F}}(t)\mathrm{e}^{-\mathrm{j}\varphi_{k_1}}+\sum_{k_2=K_1+1}^{K}s_{k_2,\mathrm{N}}(t)\mathrm{e}^{-\mathrm{j}\varphi_{k_2}}+n_i(t) \tag{5-105}$$

其中，$s(t)$ 的角标 F 和 N 分别表示远场和近场，从整个天线阵列看，可以由式(5-105)得到

第 5 章 5G DOA 估计的基础理论和算法

$$X(t)=As(t)+n(t)=A_F s_F(t)+A_N s_N(t)+n(t) \tag{5-106}$$

其中，

$$X(t)=[X_1(t),X_2(t),\cdots,X_M(t)]^T \tag{5-107}$$

$$A_F=[a_F(\theta_1,r_1),a_F(\theta_2,r_2),\cdots,a_F(\theta_{K_1},r_{K_1})] \tag{5-108}$$

$$S_F(t)=[s_{1,F}(t),s_{2,F}(t),\cdots,s_{K_1,F}(t)]^T \tag{5-109}$$

$$A_N=[a_N(\theta_{K_1+1},r_{K_1+1}),a_N(\theta_{K_1+2},r_{K_1+2}),\cdots,a_N(\theta_K,r_K)] \tag{5-110}$$

$$S_N(t)=[s_{K_1+1,F}(t),s_{K_1+2,F}(t),\cdots,s_{K,F}(t)]^T \tag{5-111}$$

$$n(t)=[n_1(t),n_2(t),\cdots,n_M(t)] \tag{5-112}$$

其中，$X(t)$ 表示天线阵列接收信号矩阵；A_F 和 A_N 分别表示远场信号源对应的阵列流型和近场信号源对应的阵列流型；$S_F(t)$ 和 $S_N(t)$ 分别表示远场信号矩阵和近场信号矩阵；$n(t)$ 为高斯白噪声矩阵。

在远场阵列流型中，由于 $r\to\infty$，所以有

$$a_F(\theta_i,r_i)=[1,e^{j\gamma_i},\cdots,e^{jMy_i}]^T \tag{5-113}$$

近场阵列流型中，有

$$a_N(\theta_i,r_i)=[1,e^{j(r_i+\phi_i)},\cdots,e^{j(Mr_i+M^2\phi_i)}]^T \tag{5-114}$$

5.3.2 基于累积量的远近场信号到达角度估计算法

1. 算法原理

根据累积量的定义，可以得到阵列接收信号的四阶累积量为

$$\mathrm{cum}\{X_m(t),X_n^*(t),X_p(t),X_q^*(t)\}=\sum_{k=1}^{K}c_k e^{j[(m-n+p-q)y_k+(m^2-n^2+p^2-q^2)\dot{k}_k]} \tag{5-115}$$

其中，m,n,p,q 均表示阵元标号。且有

$$\mathrm{cum}\{s_m(t),s_n^*(t),s_p(t),s_q^*(t)\}=\begin{cases}c_k, & m=n=p=q \\ 0, & 其他\end{cases} \tag{5-116}$$

从式(5-115)可以看出，累积量中存在非线性分量，且由于近场信源的存在而不能忽略。因此考虑利用大规模天线阵列阵元的对称性来消去非线性分量。

将 5.3.1 小节中的天线阵列选用为由 $M=2N+1$ 个阵元组成的天线阵列，且将阵列的参考阵元选取为位于阵列正中间的第 $N+1$ 个阵元。令式(5-116)中的 $n=-m,q=-p$，构造四阶累积量矩阵：

$$C(x,y) = \text{cum}\{x_m(t), x_{-m}^*(t), x_p(t), x_{-p}^*(t)\}$$

$$= \sum_{k=1}^{K} c_k e^{j[(m+p)y_k]}$$

$$= \sum_{k=1}^{K} c_k e^{j2my_k} e^{j2py_k} \tag{5-117}$$

其中，$x=M+1+m$，$y=M+1+p$，且 $m,p \in [-N,N]$。可以看出，此时四阶累积量矩阵中的非线性分量被消去。由定义，式(5-117)可以改写为

$$C = A_1 C_{4s} A_2^H \tag{5-118}$$

其中，

$$C_{4s} = \text{diag}\{c_1, c_2, \cdots, c_k\} \tag{5-119}$$

矩阵 A_1 和矩阵 A_2 的第 k 列分别为

$$a_1(\theta_k) = [e^{j2(-N)y_k}, \cdots, 1, \cdots, e^{j2Ny_k}]^T \tag{5-120}$$

$$a_2(\theta_k) = [e^{-j2(-N)y_k}, \cdots, 1, \cdots, e^{-j2Ny_k}]^T \tag{5-121}$$

将四阶累积量矩阵 C 进行奇异值分解，有

$$C = U\Sigma V^H \tag{5-122}$$

其中，Σ 为 C 的奇异值构成的对角矩阵，U 和 V 分别是 C 的奇异值对应的左奇异向量和右奇异向量构成的矩阵。将 Σ 按照奇异值的大小进行排序、拆分，得到

$$C = U_S \Sigma_S V_S^H + U_N \Sigma_N V_N^H \tag{5-123}$$

其中，Σ_S 是由 K 个大奇异值构成的对角矩阵，Σ_N 为 $M-K$ 个小奇异值构成的对角矩阵；U_S 为 K 个大奇异值对应的左奇异向量构成的信号子空间矩阵，V_S 为 K 个大奇异值对应的右奇异向量构成的信号子空间矩阵；U_N 为 K 个大奇异值对应的左奇异向量构成的噪声子空间矩阵，V_N 为 K 个大奇异值对应的右奇异向量构成的噪声子空间矩阵。

利用信号的方向向量与噪声子空间的正交性，构造天线阵列空间谱函数

$$P(\theta) = \frac{1}{a_1^H(\theta) U_N U_N^H a_1(\theta)} \tag{5-124}$$

与 MUSIC 算法类似，进行谱峰搜索，得到的 K 个最大的峰即为远近场信源信号的到达角度估计值。

2. 算法步骤

根据上文的分析，本节所提出的远近场信号到达角度估计算法的步骤总结如下：

算法:基于累积量的远近场信号到达角度估计算法

前提:

接收信号的天线阵列为 $M=2N+1$ 个阵元组成的均匀线阵。

需求:

实现远近场信源的 K 个信号到达角度估计。

输入:

$X(t)$:天线阵列的接收信号。

输出:

θ_k:处于远场或近场的信源的信号到达角度估计值。

步骤:

① 将接收信号 $X(t)$ 按照式(5-117)构造四阶累积量矩阵 C;

② 将四阶累积量矩阵 C 进行奇异值分解;

③ 将 C 的奇异值按照大小排序,得到 K 个较大奇异值和 $M-K$ 个较小的奇异值;

④ 将 C 的左右奇异向量与步骤③中划分出的奇异值对应,得到信号子空间 U_S 和噪声子空间 U_N;

⑤ 利用信号方向向量与噪声子空间的正交性,构造天线阵列空间谱函数 $P(\theta)=\dfrac{1}{a_1^H(\theta)U_N U_N^H a_1(\theta)}$,其中 $a_1(\theta_k)=[e^{j2(-N)_k},\cdots,1,\cdots,e^{j2NN_k}]^T$;

⑥ 改变搜索角度 θ 的值,进行谱峰搜索,得到 $P(\theta)$ 的 K 个最大的峰即为远近场信源信号的到达角度估计值。

5.4 基于相干信号 DOA 估计算法研究

在到达天线阵列的信号为独立信号时,MUSIC 算法在一定的条件场景下可以对信号的 DOA 估计达到较高的准确性。但是在实际情况中,可能会存在同一信号经过多次反射或者其他同频率的强干扰信号,这些情况就会导致天线阵列接收的信号中存在相干信号。当相干信号被天线阵列接收时,MUSIC 算法的估计 DOA 准确度会降低,当两信号角度接近时,会无法识别两信号的 DOA 值。这是因为当完全相干的两个信号被天线阵列接收后,接收到的相干信号数据经过协方差矩阵的秩不为满秩。此时无法准确地区分出信号子空间和噪声子空间,进而影响信号子空间和噪声子空间的参数估计。信号子空间矢量扩散到噪声子空间中,计算得到的两子空间就不满足正交特性,无法准确估计出 DOA。

为了解决相干 DOA 的准确估计问题,需要对天线阵列接收数据的协方差矩阵进行变换来达到恢复矩阵秩为满秩的目的,从而弥补相干信号导致的协方差矩阵秩亏损。相干信号的 DOA 估计算法中具有代表性的是矢量奇异值算法、矩阵分解算法和空间平滑算法,同时这三种相干 DOA 估计算法与本节提出的 IPNSS 算法都属于降维类算法。因此本节将对这三种相干 DOA 估计算法进行分析阐述,并在此基础上提出不变噪声子空间平滑算法。

5.4.1 矢量奇异值算法

矢量奇异值算法通过对矩阵进行特定的数学变换,重新构造出新的计算矩阵,来恢复矩阵的秩,从而识别相干信号的 DOA。在 MUSIC 算法中,若两信号互为相干信号,所得到的信号子空间维度就下降,即特征值的数量减少,而噪声子空间将会扩展。其中,关于噪声子空间 $\boldsymbol{R}_N$ 存在以下定理。

假设天线阵列的天线阵元数量为 M,入射到天线阵列的窄带信号数量为 N,其中 $N \leqslant M-1$。那么天线阵列接收的阵列流型矩阵的秩为 N,数据信号协方差的秩为 K,可以得到 $K \leqslant N$。

对于噪声数据的协方差矩阵 $\boldsymbol{R}_N$,噪声数据并不受相干信号的影响,$\boldsymbol{R}_N$ 为满秩矩阵,有如下关系成立:

$$\boldsymbol{R}_N \boldsymbol{e}_k = \sum_{n=1}^{N} a_k(n) \boldsymbol{a}(\theta_n) \tag{5-125}$$

其中,$\boldsymbol{e}_k$ 为对应的特征矢量,$a_k(n)$ 为每一个入射信号的线性组合变量,$1 \leqslant k \leqslant K$。由式(5-125)可以得出,即使两个信号相干,对接收数据的协方差矩阵进行特征分解后,数据矩阵也会是接收信号导向矢量的线性组合。可以考虑较为特殊条件下,即 $K=1$ 的情况下,此时式(5-125)可以写为

$$\boldsymbol{e}_1 = \sum_{n=1}^{N} a_1(n) \boldsymbol{a}(\theta_n) \tag{5-126}$$

当 $K=1$ 时,可以认为矩阵秩的计算结果是 1,因此 $\boldsymbol{e}_1$ 则包含了信号的所有信息内容。需要注意的是,实际情况中要计算得到式(5-126),需要先对矩阵特征分

解,这会产生一定的计算量。为了采用最大特征矢量来解除相干关系,将天线阵元数量为 M 的均匀线性阵列等分为多个子阵列。每个子阵列中含有的天线阵元数量为 m,因此经过划分的子阵列的数量 $p=M-m+1$,根据式(5-126)构造全新的矢量矩阵 Y:

$$Y=\begin{bmatrix} e_{11} & e_{12} & \cdots & e_{1p-1} & e_{1p} \\ e_{12} & e_{13} & \cdots & e_{1p} & e_{1p+1} \\ \vdots & \vdots & & \vdots & \vdots \\ e_{1m-1} & e_{1m} & \cdots & e_{1M-2} & e_{1M-1} \\ e_{1m} & e_{1m+1} & \cdots & e_{1M-1} & e_{1M} \end{bmatrix} \quad (5\text{-}127)$$

其中,$m>N$。下一步计算式(5-127)的协方差矩阵形式,可以表示为

$$Y=A_1 R_d A_2^{\mathrm{T}} \quad (5\text{-}128)$$

其中:A_1 为信号组成的 $m\times N$ 维阵列流型矩阵;A_2 为 $p\times N$ 维的阵列流型矩阵;R_d 表示的是所有信号数据组成的 $N\times N$ 维对角矩阵,即 $R_d=\mathrm{diag}\,[s_1(t),s_2(t),\cdots,s_N(t)]$。矢量奇异值算法是在重构矩阵 Y 的基础上,使用 MUSIC 算法对 DOA 值进行估计。由于矩阵 Y 是 $m\times p$ 维的矩阵,不是方阵,所以无法进行特征值分解。因此采用奇异值分解的方式获得特征矢量,这也是矢量奇异值算法名称的由来。对 Y 进行奇异值分解可以得到:

$$Y=U\Lambda V^{\mathrm{H}} \quad (5\text{-}129)$$

其中,U 表示左奇异值矢量,V 表示右奇异值矢量,而 Λ 是由奇异值构成的 $m\times p$ 维矩阵。在理想情况下,重构矩阵 Y 的非零奇异值的数量为 N,所以小奇异值对应的左奇异矩阵即为噪声子空间,则可以使用 MUSIC 算法进行 DOA 估计。

5.4.2 矩阵分解算法

矩阵分解算法与上节中的矢量奇异值算法都属于矩阵重构类的相干 DOA 算法,而矩阵分解法对数据协方差矩阵重构的方式不同,是通过对初始接收信号数据的协方差矩阵 R 进行分解,用协方差矩阵 R 中的部分行重新组合成新的矩阵。重构矩阵由于不是方阵,无法进行特征值分解,需要采用奇异值分解的方法进行运算。

矩阵分解算法首先也需要将天线阵列以固定数量阵元的形式采用分隔操作,分隔形成的子阵列数量为 p,每个子阵列含有单位数量为 m。基于一个定理:若存在一个 $K\times M$ 的矩阵 G,且矩阵 G 的行数小于列数,即 $K<M$,矩阵 G 不存在一行

全为零的情况。同时,假设存在一个 $K \times K$ 维的对角矩阵 D,其中对角矩阵 D 的每个对角元素互不相等。定义矩阵 G 的秩等于 r,那么重构矩阵 $[GDG]$ 的秩就等于 $r+1$。同时有

$$\text{rank}\{R^0 \quad R^1 \quad \cdots \quad R^{l_0+k}\} = \text{rank}\{R^0 \quad R^1 \quad \cdots \quad R^{l_0}\} = N \quad (5\text{-}130)$$

其中:l_0 满足 $l_0 < M-m$,并且 $k=1,2,\cdots,N-p-l_0$;N 为到达天线阵列的入射信号数量;M 为天线阵列的所有阵元数量;R 为天线阵列接收的数据信号协方差矩阵;R^{l_0} 是协方差矩阵 R 的第 l_0+1 行到 l_0+p 行构成的 $p \times N$ 维矩阵。式(5-130)在理想条件下成立,在实际情况中,矩阵分解算法的重构协方差矩阵为

$$R_M = [R^0 \quad R^1 \quad \cdots \quad R^{N-p}] \quad (5\text{-}131)$$

该矩阵是满秩矩阵,满足了 MUSIC 算法进行高精度 DOA 估计的条件。需要注意的是,R_M 不是方阵,无法进行特征值分解,因此采用奇异值分解的运算方式。其得到的结果通过 MUSIC 算法运算,即可计算出相干信号的 DOA。

5.4.3 空间平滑算法

空间平滑算法是一种性能较高的相干 DOA 估计算法。当两个相干信号同时入射到天线阵列上时,算法进行处理的矩阵并不是满秩的,此时 MUSIC 算法的精度下降甚至失效无法识别。空间平滑算法的基本原理在于通过将天线阵列的所有阵元划分为多个子阵列,对每个子阵列都采用协方差运算处理,并平均计算所有运算结果,求出矩阵中各个数值的均值作为空间谱 DOA 估计的运算对象。进行空间平滑修正的协方差矩阵是满秩的,进而可以对该空间平滑协方差矩阵进行特征分解,得到信号子空间与噪声子空间,利用其正交特征对空间谱进行峰值搜索即可计算出相干信号的波达方向。

对于均匀线性阵列,在空间平滑算法中,定义每个天线阵元接收的信号数据为

$$x_l(t) = \sum_{i=1}^{N} a_l(\theta_i) s_i(t) + n_l(t), \quad l=1,2,\cdots,M \quad (5\text{-}132)$$

其中,θ_i 表示每个信号的波达方向且满足 $1 \leq i \leq N$,N 为入射到天线阵列的信号数量。其中,$a_l(\theta_i) = e^{-j2\pi d(l-1)\sin\theta_i/\lambda}$,$d$ 为均匀线性阵列中的两阵元间距,λ 是入射信号的波长,M 表示所有的天线阵元个数。假设划分子阵列的数量是 p,每个子阵列的天线个数均为 m,则有 $p=M-m+1$。子阵列中含有的天线数量 m 满足条件 $m \geq N$,子阵列的个数 $p \geq N$。根据以上可以得出第 k 个子阵列的接收信号:

$$X_k(t) = [x_k(t) \quad x_{k+1}(t) \quad \cdots \quad x_{k+m-1}(t)], \quad 1 \leq k \leq p \quad (5\text{-}133)$$

式(5-133)结合式(5-132),可以写作:

$$X_k(t) = AD^{(k-1)}S(t) + N_k(t), \quad 1 \leq k \leq p \quad (5\text{-}134)$$

其中,A 表示子阵列的阵列流型矩阵,对角矩阵 D 为

$$D = \begin{bmatrix} e^{\frac{j2\pi d \sin(\theta_1)}{\lambda}} & 0 & \cdots & 0 \\ 0 & e^{\frac{j2\pi d \sin(\theta_2)}{\lambda}} & \cdots & 0 \\ \vdots & \vdots & & \vdots \\ 0 & 0 & \cdots & e^{\frac{j2\pi d \sin(\theta_N)}{\lambda}} \end{bmatrix} \quad (5\text{-}135)$$

对每个子阵列的接收信号数据进行协方差运算,得到子阵列的协方差矩阵:

$$R_k = AD^{(k-1)}R_s(D^{(k-1)})^H A^H + \sigma I^2, \quad 1 \leq k \leq p \quad (5\text{-}136)$$

空间平滑算法对其使用协方差运算后,求出每个子阵列的协方差矩阵的算术平均值,将其作为后续运算处理矩阵,该矩阵如下:

$$R^* = \frac{1}{P} \sum_{i=1}^{p} R_i \quad (5\text{-}137)$$

平滑后的协方差矢量矩阵 R^* 为满秩状态,并且 R^* 为方阵,可以使用特征分解运算,利用此特征分解的特征矢量进行空间谱估计,在一定范围内进行搜索,得到的极大值对应的角度值就是该算法估计的入射相干信号 DOA。

5.4.4 不变噪声子空间平滑算法

前文中阐述了关于相干 DOA 估计的三种算法,分别为矢量奇异值算法、矩阵分解算法和空间平滑算法。三种算法都可以估计相干信号的波达方向,矢量奇异值算法需要首先通过式(5-126)预处理计算出数据矢量,再利用数据矢量构造成新矩阵 Y,通过对非方阵 Y 运用奇异值分解法后,用 MUSIC 算法进行 DOA 估计。矩阵分解算法是利用式(5-131)直接构造出重构矩阵,空间平滑算法则是通过对各个子阵列的协方差矩阵求算术平均的方式来获得满秩矩阵。三种算法在计算量层面上比较,矢量奇异值的运算量较高;而在算法性能上,当入射信号的信噪比提高时,空间平滑算法的稳定度和性能更好。

下面介绍本书提出的相干 DOA 估计算法:不变噪声子空间平滑算法(简称 IPNSS 算法)。该算法以空间平滑算法为基础,通过引入虚拟信号源的方法,实现相干 DOA 估计。在低信噪比下,该算法的稳定性较高,均方根误差较小。

1. 信号数据预处理

不变噪声子空间平滑算法首先对天线阵列接收的信号数据进行预处理,采用前向平滑与后向平滑相结合的方式。首先将全部的天线阵元划分为多个子阵列,设定子阵列数量为 p,每个子阵列所包含的阵元数量为 m,入射到天线阵列的信号源个数为 N。天线阵列拥有的总阵元数量为 M。同时注意划分子阵列的方向分为前向分区平滑和后向分区平滑,将前向分区平滑的天线子阵列定义为前向分区平滑子阵列 $x_f(k,t)$,后向分区平滑的天线子阵列定义为后向平滑子阵列 $x_b(k,t)$,其中 $1 \leqslant k \leqslant p$ 且 $p = M - m + 1$。具体的划分过程如图 5-9 所示。

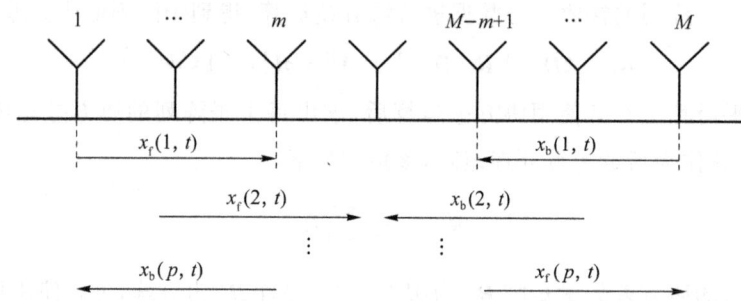

图 5-9 前后向子阵列划分过程

结合图 5-9,划分的前向平滑子阵列 $x_f(k,t)$ 与后向平滑子阵列 $x_b(k,t)$ 为

$$x_f(k,t) = [x_k(t) \quad x_{k+1}(t) \quad \cdots \quad x_{k+m-1}(t)], \quad 1 \leqslant k \leqslant p \tag{5-138}$$

$$x_b(k,t) = [x_{M-k+1}(t) \quad x_{M-k}(t) \quad \cdots \quad x_{M-m+2}(t)], \quad 1 \leqslant k \leqslant p \tag{5-139}$$

对于前向平滑子阵列 $x_f(k,t)$,结合式(5-134)和式(5-135),可以计算出前向平滑子阵列的协方差矩阵为

$$\boldsymbol{R}_k^f = \boldsymbol{A}\boldsymbol{D}^{(k-1)}\boldsymbol{R}_s(\boldsymbol{D}^{(k-1)})^H\boldsymbol{A}^H + \sigma^2\boldsymbol{I}, \quad 1 \leqslant k \leqslant p \tag{5-140}$$

对于后向平滑子阵列,根据图 5-9 的划分关系以及式(5-138)和式(5-139)的表示形式,前向平滑子阵列与后向平滑子阵列存在如下变换关系:

$$x_b(p-k+1,t) = \boldsymbol{J}x_f^*(k,t), \quad 1 \leqslant k \leqslant p \tag{5-141}$$

其中,$x_f^*(k,t)$ 为前向平滑子阵列 $x_f(k,t)$ 的复共轭矩阵,$\boldsymbol{J}$ 为 $m \times m$ 维的交换矩阵:

$$\boldsymbol{J} = \begin{bmatrix} 0 & \cdots & 0 & 1 \\ 0 & \cdots & 1 & 0 \\ \vdots & & \vdots & \vdots \\ 1 & \cdots & 0 & 0 \end{bmatrix} \tag{5-142}$$

依据式(5-141),后向平滑的子阵列的协方差矩阵为

$$R_{p-k+1}^b = JA^* D^{-(k-1)} R_S^* (D^{-(k-1)})^H (A^H J)^* + \sigma^2 I, \quad 1 \leq k \leq p \quad (5-143)$$

其中,存在关系 $JA^* = AD^{-(m-1)}$,将式(5-143)写为

$$R_{p-k+1}^b = AD^{-(m+k-2)} R_S^* D^{(m+k-2)} A^H + \sigma^2 I \quad (5-144)$$

从天线阵列接收的数据矩阵角度分析前向和后向平滑矩阵,可以得出前后向平滑的子阵列矩阵在原始天线阵列接收矩阵中的位置关系。前向平滑分区矩阵 R_k^f 中的数据是原始天线阵列矩阵 R 中的第 k 行至第 $k+m-1$ 行的数据,而依据式(5-141)可以推导出后向平滑分区矩阵为前向平滑分区矩阵的一种变换形式。式(5-140)为前向平滑分区矩阵,式(5-144)为后向平滑分区矩阵,分别对其求出各自的协方差矩阵均值:

$$\overline{R}^f = \frac{1}{p} \sum_{i=1}^{p} R_i^f = A \left(\frac{1}{p} \sum_{i=1}^{p} D^{(i-1)} R_S (D^{(i-1)})^H \right) A^H + \sigma^2 I \quad (5-145)$$

$$\overline{R}^b = \frac{1}{p} \sum_{i=1}^{p} R_{p-l+1}^b = A \left(\frac{1}{p} \sum_{i=1}^{p} D^{-(m+i-2)} R_s^* (D^{(m+i-2)}) \right) A^H + \sigma^2 I \quad (5-146)$$

结合上述中的前向平滑分区均值矩阵和后向平滑分区均值矩阵,在子阵列的数量 p 与每个子阵列所包含的阵元数 m 同时满足大于等于信号源数量 N 的条件下,矩阵 $\overline{R}^f$ 与矩阵 $\overline{R}^b$ 都是满秩的。再求得 $\overline{R}^f$ 和 $\overline{R}^b$ 的算术平均作为后续处理的数据矩阵:

$$\overline{R} = \frac{\overline{R}^f + \overline{R}^b}{2} \quad (5-147)$$

2. 信号的 DOA 估计

不变噪声子空间平滑算法在经过对天线阵列接收数据的预处理后,得到矩阵 $\overline{R}$ 并进行处理获得信号的 DOA。本节之前介绍的矢量奇异值算法、矩阵分解算法以及空间平滑算法在 DOA 信号的估计过程中,都是以 MUSIC 算法为理论基础,利用信号子空间和噪声子空间特征矢量的正交特性,在规定的角度范围内均匀搜索得到 DOA 值。而本节提出的 IPNSS 算法在信号的 DOA 估计阶段,对矩阵 $\overline{R}$ 进行特征分解后除了得到数据信号的信号子空间特征矢量与噪声子空间特征矢量,更关注所得信号子空间与噪声子空间的特征值,即对矩阵进行特征分解后由特征值构成的对角矩阵。特征分解得到的特征值原本反映的是矩阵的线性变化转化为数值的变换,每一个特征值都对应着特征向量。在信号的 DOA 波达方向估计领域中,矩阵特征分解后,得到的特征值大小在一定程度上能够体现出能量大小。

对特征分解后得到特征值以数值大小作为参考重新排序,可以分辨出相比较

远小于平均值的特征值。这些较小的特征值反映出的接收数据的能量较小，因此对应的是噪声数据。如果在理想条件下，到达天线阵列的噪声数据假设为符合 $N(0,\sigma^2)$ 的分布，与到达天线阵列的入射信号相互独立，那么特征分解所得的噪声空间特征值就等于噪声的功率。因为天线阵列接收的噪声与信号相互独立，信号的功率大小不会影响到噪声的功率变化，即当提高或减小到达天线阵列的入射信号的功率时，噪声子空间所对应的特征值和特征向量不会发生变化。不变噪声子空间平滑算法是基于此原理，之后再对数据预处理后得到的协方差矩阵进行 DOA 估计。

提高入射信号的信号功率不会影响噪声子空间的特征值和特征向量，可以通过引入虚拟信号源的方式来提高到达天线阵列的入射信号功率。在数量为 N 的信号源入射到天线阵列基础上，不变噪声子空间平滑算法假设还存在一个虚拟信号源，该虚拟信号源的波达方向设为 θ'，功率设定为 ρ'，入射到均匀线阵上。则不变噪声子空间平滑算法对信号数据预处理得到的协方差矩阵 $\bar{\boldsymbol{R}}$ 在存在虚拟信号源的条件下，可以表示为

$$\boldsymbol{R}_I = \bar{\boldsymbol{R}} + \rho' \boldsymbol{a}(\theta') \boldsymbol{a}(\theta')^H \tag{5-148}$$

其中，θ' 为算法中假设的虚拟信号源的波达方向，ρ' 为虚拟信源的功率，设定 $\rho' = \text{trace}(\bar{\boldsymbol{R}})/m$，即 ρ' 等于数据经过前后向平滑预处理后的协方差矩阵的主对角上值之和除以天线子阵列所包含的阵元数量。可以看出，若假设的虚拟信号源的波达方向等于真实到达天线阵列的信号波达方向，则相当于提高了此真实信号源的信号功率。在不引入虚拟信号源的条件下，对矩阵 $\bar{\boldsymbol{R}}$ 进行特征分解，并将特征分解运算后获得所有的特征值按照从大到小的顺序排列：

$$\lambda_1 \geqslant \lambda_2 \geqslant \cdots \geqslant \lambda_N \geqslant \lambda_{N+1} \geqslant \cdots \geqslant \lambda_m \tag{5-149}$$

在引入虚拟信源后，特征分解虚拟信号存在条件下的矩阵 $\boldsymbol{R}_I$，得到包含虚拟信源的特征值并以降序排列：

$$\lambda'_1 \geqslant \lambda'_2 \geqslant \cdots \geqslant \lambda'_N \geqslant \lambda'_{N+1} \geqslant \cdots \geqslant \lambda'_m \tag{5-150}$$

进行特征分解后，式(5-149)和式(5-150)所得到的特征值反映了信号与噪声的能量大小。一般情况下，噪声子空间的特征值远远小于信号子空间的特征值，根据入射到天线阵列的真实信号源的数量 N 以及式(5-149)、式(5-150)，可以推导出加入虚拟信号前后的噪声子空间对应特征值为

$$\lambda_{N+1} \geqslant \cdots \geqslant \lambda_m \tag{5-151}$$

$$\lambda'_{N+1} \geqslant \cdots \geqslant \lambda'_m \tag{5-152}$$

在理想条件下，当虚拟信源的波达方向与真实到达天线阵列的某一信号波达

方向一致时,相当于真实信号的功率增加,原有的噪声子空间不会发生改变。因此噪声子空间所对应的特征值也不会发生改变,即可以得到

$$\lambda_j = \lambda_j, j = N+1, N+2, \cdots, m \tag{5-153}$$

式(5-153)反映的是在理想条件下,加入虚拟信号源与不加入虚拟信号源的噪声子空间特征值关系。在实际情况下,由于其他因素的干扰,当虚拟信号源的波达方向与真实信号源的波达方向一致时,噪声子空间的特征值近似相等。则本书提出的不变噪声子空间平滑算法的空间谱可以定义为

$$G(\theta') = \frac{1}{\sum_{i=N+1}^{m} |\lambda'_i - \lambda_i|} \tag{5-154}$$

使加入的虚拟信源的波达方向 θ' 在 $[-90°, 90°]$ 范围内进行搜索。因为在实际应用中,当虚拟信源的波达方向 θ' 与真实信源的波达方向一致时,λ'_j 与 λ_j 值的大小接近但不完全相等。所以 $|\lambda'_i - \lambda_i|$ 的累加值接近于零,此时 $|\lambda'_i - \lambda_i|$ 的累加值相比在 θ' 为不等于真实信源波达方向值情况下,有一个极小值。式(5-154)对 $|\lambda'_i - \lambda_i|$ 的累加值进行取倒数,定义为该算法的空间谱。当在此空间谱出现极大值时,该极大值所对应的波达方向即为入射到天线阵列的相干信号的波达方向。

3. 算法处理流程

综合上述的算法原理分析,我们可以对本书提出的不变噪声子空间平滑算法的具体步骤进行描述。设定阵元数量为 M 的天线阵列,接收的信号数量为 N,实际对天线阵列接收数据的数据采样快拍数为 L。

对实际采样接收的信号数据矩阵按照图 5-9 进行子阵列划分,分为前向分区平滑阵列 $x_f(k,t)$ 和后向分区平滑阵列 $x_b(k,t)$,子阵列的数量为 p,每个子阵列包含的天线阵元数量为 m。分别对每个前向分区平滑与后向分区平滑的信号数据进行协方差矩阵的最大似然估计,如下:

$$\hat{R}_k^f = \frac{1}{L}\sum_{i=1}^{L} x_f(k,i) x_f^H(k,i), \quad 1 \leqslant k \leqslant p \tag{5-155}$$

$$\hat{R}_k^b = \frac{1}{L}\sum_{i=1}^{L} x_b(k,i) x_b^H(k,i), \quad 1 \leqslant k \leqslant p \tag{5-156}$$

式(5-155)和式(5-156)分别为前向分区平滑矩阵与后向分区平滑矩阵的最大似然估计。分别对所有分区的最大似然估计计算算术平均:

$$\hat{R}^f = \frac{1}{p}\sum_{k=1}^{p} \hat{R}_k^f \tag{5-157}$$

$$\hat{R}^{b} = \frac{1}{p}\sum_{k=1}^{p}\hat{R}_{k}^{b} \tag{5-158}$$

在前向分区平滑和后向分区平滑的数据算术平均基础上,求得进行信号 DOA 估计的数据协方差矩阵 $\hat{R}$:

$$\hat{R} = \frac{\hat{R}^{f} + \hat{R}^{b}}{2} \tag{5-159}$$

在式(5-159)的基础上,添加波达方向为 $\hat{\theta}$ 的虚拟信源,定义添加虚拟信源后的协方差矩阵为

$$\hat{R}_l = \hat{R} + \frac{\text{trace}(\hat{R})}{m}a(\hat{\theta}')a(\hat{\theta}')^{\text{H}} \tag{5-160}$$

特征分解式(5-159)和式(5-160)中的矩阵,分别为添加虚拟信号源前的矩阵 $\hat{R}$ 和添加虚拟信源后的矩阵 $\hat{R}_I$,并以从大到小的顺序排列特征分解得到的特征值,如式(5-161)、式(5-162)所示:

$$\hat{\lambda}_1 \geqslant \hat{\lambda}_2 \geqslant \cdots \geqslant \hat{\lambda}_N \geqslant \hat{\lambda}_{N+1} \geqslant \cdots \geqslant \hat{\lambda}_m \tag{5-161}$$

$$\hat{\lambda}'_1 \geqslant \hat{\lambda}'_2 \geqslant \cdots \geqslant \hat{\lambda}'_N \geqslant \hat{\lambda}'_{N+1} \geqslant \cdots \geqslant \hat{\lambda}'_m \tag{5-162}$$

根据式(5-161)和式(5-162)中的特征值,按照算法定义的空间谱公式进行相干信号的 DOA 估计:

$$G(\hat{\theta}') = \frac{1}{\sum_{i=N+1}^{m} |\hat{\lambda}'_i - \hat{\lambda}_i|} \tag{5-163}$$

根据式(5-163)中的 $G(\hat{\theta}')$ 构造空间谱,搜索此空间谱中的极大值所对应的角度 $\hat{\theta}$,即为到达天线阵列的信号波达方向:

$$\hat{\theta} = \operatorname{argmax} G(\hat{\theta}') \tag{5-164}$$

5.5 基于 TC-OFDM 信号的 DOA 估计算法研究

OFDM 信号具有抗多径和频率利用率高等优势,广泛应用于无线通信中;CDMA 信号则因其良好的自相关特性被用于定位系统中。TC-OFDM 信号是 OFDM 信号与 CDMA 信号叠加而成的宽带信号,频率随时间在频带范围内变化。

而在前文中分析的窄带 DOA 估计算法对于 TC-OFDM 信号并不成立,因此使用此类算法会产生较大的误差。这里需要采用特殊的信号处理方法,将 TC-OFDM 信号转化为能够使用窄带 DOA 估计算法的信号数据,之后再采用本书提出的不变噪声子空间平滑算法进行相干 DOA 估计,从而实现基于 TC-OFDM 信号的 DOA 估计。

本节研究基于 TC-OFDM 信号的 DOA 估计算法,通过构造聚焦矩阵的方式,将天线阵列接收的宽带 TC-OFDM 信号带宽内各个频点对应的信号转化到同一频点下。在此基础上,再使用 5.4 节提出的不变噪声子空间平滑算法分辨出 TC-OFDM 信号的 DOA。而在实现对 TC-OFDM 信号通过构造聚焦矩阵实现聚焦变换的过程中,可能会出现原始信号的信息丢失的情况,如信噪比的损失,所以需要关注如何构造实现最佳的聚焦矩阵,保证实现信号在聚焦变换后仍然不损失信息。

5.5.1 基于 TC-OFDM 信号的 DOA 估计算法原理

为了识别 TC-OFDM 信号的波达方向,将 TC-OFDM 信号通过聚焦变换,使得频带内各个频点上的数据信号子空间汇聚到唯一的参考频点的信号子空间。这样就使得 TC-OFDM 信号的数据子空间可以转换为参考频点的信号子空间来进行算法数据处理,具体过程是将天线阵列接收的 TC-OFDM 宽带信号在时域上的采样数据基础上,进行 DFT 离散傅里叶变换。经过离散傅里叶变换后,天线阵列接收的信号数据从时域转换到频域,得到离散傅里叶变换的多个频点分量,再通过聚焦矩阵的变换使得各个频点内的数据分量转换到同一参考频点下的信号子空间分量,此时便可以使用不变噪声子空间平滑算法准确地分辨出 TC-OFDM 信号的 DOA。

首先阐述基于 TC-OFDM 信号的 DOA 估计算法的前提参数条件:天线阵列仍然为均匀线性阵列,所包含的所有阵元数为 M,每个阵元间的间隔一致且设定为 d。入射到天线阵列的 TC-OFDM 信号的数量为 N,TC-OFDM 信号的带宽为 $B=20.46\,\mathrm{MHz}$,中心频率设为 f_0,根据建立的频域阵列 TC-OFDM 信号模型,不同频率对应的阵列流型矩阵 $\boldsymbol{A}(f_n)$ 的值不一致。需要将不同频率的阵列流型矩阵 $\boldsymbol{A}(f_n)$ 通过聚焦矩阵变换到参考频率为 f_c 的阵列流型上,如式(5-165)所示:

$$\boldsymbol{T}(f_n)\boldsymbol{A}(f_n)=\boldsymbol{A}(f_c), \quad n=1,2,\cdots,J \tag{5-165}$$

其中,$\boldsymbol{T}(f_n)$ 为划分的不同频率点对应的聚焦矩阵,$\boldsymbol{A}(f_n)$ 为划分的不同频率对应的阵列流型矩阵,而 $\boldsymbol{A}(f_c)$ 即为经过聚焦矩阵变换后得到的聚焦到参考频率为 f_c

的阵列流型矩阵。那么根据式(5-165)，可以得到经过计算变换后的数据矩阵为

$$T(f_n)X(f_n) = T(f_n)A(f_n)S(f_n) + T(f_n)N(f_n) \qquad (5\text{-}166)$$

式(5-166)中聚焦矩阵变换过程结合式(5-165)，可以得到

$$T(f_n)X(f_n) = A(f_c)S(f_n) + T(f_n)N(f_n) \qquad (5\text{-}167)$$

式(5-167)中的 $A(f_c)$ 为经过聚焦变换后，在频率点为 f_c 的阵列流型矩阵。此时阵列流型矩阵 $A(f_c)$ 不再随着信号的瞬时频率变化而变化，将天线阵列接收的信号数据矩阵经过聚焦变换后的数据矩阵定义为 $Y(f_n)$：

$$Y(f_n) = T(f_n)X(f_n) \qquad (5\text{-}168)$$

由于聚焦变换后的信号矩阵都有着相同的频率信息，即阵列流型矩阵不会随着信号瞬时频率而变化，可以对每一个频率点上的数据求得数据协方差矩阵：

$$R_{f_n} = A(f_c)R_S(f_n)A^H(f_c) + T(f_n)R_n(f_n)T^H(f_n) \qquad (5\text{-}169)$$

其中，$R_S(f_n)$ 为划分的每个频率点内的信号数据协方差矩阵，$R_n(f_n)$ 为每个频率点内的噪声数据协方差矩阵。因为经过划分的每个频率点数据只含有对应瞬时频率的信号信息，所以需要将分隔的各个频率点数据矩阵进行算术平均运算，计算得到最终进行信号 DOA 估计的协方差矩阵 R：

$$R = A(f_c)\frac{\sum_{n=1}^{J}R_S(f_n)}{J}A^H(f_c) + \frac{\sum_{n=1}^{J}T(f_n)R_n(f_n)T^H(f_n)}{J} \qquad (5\text{-}170)$$

式(5-170)中的协方差矩阵 R 含有 TC-OFDM 信号各个频率点上的全部信息，并且阵列流型矩阵经过聚焦矩阵变换后只与信号的波达方向有关，因此可以通过 5.4 节提出的不变噪声子空间平滑算法对该协方差矩阵进行数据处理及 DOA 估计。将经过聚焦矩阵变换的数据矩阵 $Y(f_n)$ 划分为前向分区平滑与后向分区平滑数据并分别计算处理每个分区的数据矩阵。以前向分区平滑与后向分区平滑矩阵的算术平均矩阵 $\overline{R}$ 作为 DOA 估计前的输入，通过对协方差矩阵 $\overline{R}$ 添加波达方向为 θ' 的虚拟信源，根据式(5-148)构造出矩阵 $\overline{R}_l$。由于当虚拟信源的波达方向与真实信源的波达方向一致时，矩阵 $\overline{R}$ 特征分解得到的噪声对应子空间特征值与 $\overline{R}_l$ 特征分解得到的噪声对应子空间特征值相等。根据以上原理构造 TC-OFDM 信号的 DOA 估计空间谱公式，并通过对空间谱进行范围内的搜索以获得 TC-OFDM 信号的 DOA 估计值。

5.5.2 聚焦矩阵的构造

5.5.1 小节主要介绍了基于 TC-OFDM 信号的 DOA 估计算法原理部分，通过

划分的各个频点的聚焦矩阵 $T(f_n)$ 将天线阵列接收信号数据变化的同一参考频率 f_c 下,再计算数据的协方差矩阵并进行算术平均运算获得进行 DOA 估计的协方差矩阵 R。分析整个算法原理过程,可以发现在对天线阵列接收的信号数据进行聚焦矩阵变换时,会一定程度改变信号数据的信息和噪声数据特性,因此会影响到天线阵列接收数据的信噪比。在本节中,将主要分析如何构造聚焦矩阵,以及研究怎样构造聚焦矩阵才能使数据矩阵经过聚焦变换后相对于聚焦变换前拟合误差最小。

为了便于比较经过聚焦矩阵变化前后的信噪比变化,需要先定义聚焦变换前的信噪比。在进行聚焦变换前,对基于 TC-OFDM 的阵列信号模型进行协方差运算:

$$R(f_n)=A(f_n)R_S(f_n)A^H(f_n)+R_n(f_n), \quad n=1,2,\cdots,J \quad (5-171)$$

其中,$R_S(f_n)$ 和 $R_n(f_n)$ 分别为聚焦变换前划分的各个频点对应信号矩阵和噪声矩阵。定义聚焦变换前,天线阵列接收的信号信噪比 SNR_b 为信号与噪声数据矩阵的迹之比,如式(5-172)所示:

$$\text{SNR}_b = \frac{\text{Tr}\left[\sum_{n=1}^{J} A(f_n)R_s(f_n)A^H(f_n)\right]}{\text{Tr}[R_n(f_n)]} \quad (5-172)$$

根据式(5-170),同理通过协方差矩阵的迹定义经过聚焦矩阵变换后的信号数据信噪比 SNR_a:

$$\text{SNR}_a = \frac{\text{Tr}\left[A(f_c)\sum_{n=1}^{J} R_S(f_n)A^H(f_c)\right]}{\text{Tr}\left[\sum_{n=1}^{J} T(f_n)R_n(f_n)T^H(f_n)\right]} \quad (5-173)$$

由式(5-172)和式(5-173)可以得到经过聚焦矩阵变换前后的信噪比变化为

$$h=\frac{\text{SNR}_a}{\text{SNR}_b} \quad (5-174)$$

为了找到构成聚焦矩阵的最优条件,极端假设划分的频点唯一且为 f_0,那么经过聚焦矩阵变换前后的信噪比分别为

$$\text{SNR}_b = \frac{\text{Tr}[A(f_0)R_S(f_0)A^H(f_0)]}{\text{Tr}[R_n(f_0)]} \quad (5-175)$$

$$\text{SNR}_a = \frac{\text{Tr}[A(f_c)R_S(f_0)A^H(f_c)]}{\text{Tr}[R_n(f_0)]\text{Tr}[T(f_0)T^H(f_0)]} \quad (5-176)$$

因此此时的聚焦矩阵变换前后的信噪比之比 h 为

$$h = \frac{\text{Tr}[\boldsymbol{A}(f_c)\boldsymbol{R}_S(f_0)\boldsymbol{A}^{\text{H}}(f_c)]\text{Tr}[\boldsymbol{R}_n(f_0)]}{Tr[\boldsymbol{A}(f_0)\boldsymbol{R}_S(f_0)\boldsymbol{A}^{\text{H}}(f_0)]\text{Tr}[\boldsymbol{R}_n(f_0)]\text{Tr}[\boldsymbol{T}(f_0)\boldsymbol{T}^{\text{H}}(f_0)]}$$

$$= \frac{\text{Tr}[\boldsymbol{A}(f_c)\boldsymbol{R}_S(f_0)\boldsymbol{A}^{\text{H}}(f_c)]}{\text{Tr}[\boldsymbol{A}(f_0)\boldsymbol{R}_S(f_0)\boldsymbol{A}^{\text{H}}(f_0)]\text{Tr}[\boldsymbol{T}(f_0)\boldsymbol{T}^{\text{H}}(f_0)]} \tag{5-177}$$

由于经过聚焦矩阵变换后,信噪比的变化之比 h 不大于 1。则根据式(5-177)计算公式可以推导出,当划分为各个频点为 f_n 时,对应的聚焦矩阵 $\boldsymbol{T}(f_n)$ 满足条件:

$$\boldsymbol{T}(f_n)\boldsymbol{T}^{\text{H}}(f_n) = \boldsymbol{I}_M \tag{5-178}$$

其中, $\boldsymbol{I}_M$ 为 $M \times M$ 维单位矩阵,此时的聚焦矩阵 $\boldsymbol{T}(f_n)$ 为酉矩阵。为了避免经过聚焦矩阵变换的信噪比损失, $\boldsymbol{T}(f_n)$ 需要满足式(5-178)。综上,聚焦矩阵需要满足两个条件:一是需要将信号划分的不同频率点阵列流型矩阵转换到同一频率点上;二是满足自身为酉矩阵特性。本书在构造聚焦矩阵时,从式(5-178)的角度进行分析,结合矩阵的特征分解过程可知,特征矢量矩阵本身需满足为酉矩阵条件。频率点为 f_n 的天线阵列接收数据运算得到协方差矩阵,并将数据协方差矩阵进行特征分解得

$$\boldsymbol{R}_{f_n} = \boldsymbol{U}_{f_n}\boldsymbol{\Lambda}\boldsymbol{U}_{f_n}^{\text{H}} \tag{5-179}$$

其中, $\boldsymbol{\Lambda}$ 的左、右两边都为 $M \times M$ 维的方阵,每一列对应天线阵列接收数据协方差矩阵的特征矢量, $\boldsymbol{\Lambda}$ 为数据协方差矩阵特征值构成的 $M \times M$ 实对角矩阵。根据矩阵特征分解过程的性质可知:

$$\boldsymbol{U}_{f_n}\boldsymbol{U}_{f_n}^{\text{H}} = \boldsymbol{I}_M \tag{5-180}$$

其中, $\boldsymbol{I}_M$ 为 $M \times M$ 维的单位矩阵,对照式(5-178),矩阵满足 $M \times M$ 维的酉矩阵条件,结合聚焦矩阵能使天线阵列接收的数据矩阵变化到固定频率点的特性,令聚焦矩阵 $\boldsymbol{T}(f_n)$ 为

$$\boldsymbol{T}(f_n) = \boldsymbol{U}_{f_c}\boldsymbol{U}_{f_n}^{\text{H}} \tag{5-181}$$

其中, $\boldsymbol{T}(f_n)$ 为聚焦变换矩阵,为了验证该聚焦矩阵为符合构造条件的理想聚焦矩阵,首先验证其酉矩阵特性:

$$\boldsymbol{T}(f_n)\boldsymbol{T}^{\text{H}}(f_n) = \boldsymbol{U}_{f_c}\boldsymbol{U}_{f_n}^{\text{H}}(\boldsymbol{U}_{f_c}\boldsymbol{U}_{f_n}^{\text{H}})^{\text{H}}$$

$$= \boldsymbol{U}_{f_c}\boldsymbol{U}_{f_n}^{\text{H}}(\boldsymbol{U}_{f_n}\boldsymbol{U}_{f_c}^{\text{H}})$$

$$= \boldsymbol{U}_{f_c}\boldsymbol{U}_{f_c}^{\text{H}} = \boldsymbol{I}_M \tag{5-182}$$

由式(5-182)可以看出,采用参考频点的数据协方差矩阵和每个划分频点的数据协方差矩阵所构造的聚焦变换矩阵,满足酉矩阵的特性。该聚焦变换矩阵可以使天线阵列接收的 TC-OFDM 信号带宽内的各频点数据在经过聚焦矩阵变换后,

| 第 5 章 | 5G DOA 估计的基础理论和算法

而且数据的信噪比仍不会损失。接下来为了验证各频点数据可以通过式（5-181）构造的聚焦变换矩阵变换到同一频率下，特征分解其经过聚焦矩阵变换的数据矩阵获得

$$\begin{aligned}T(f_n)R_{f_n}&=(U_{f_c}U_{f_n}^{\mathrm{H}})U_{f_n}\Lambda U_{f_n}^{\mathrm{H}}(U_{f_c}U_{f_n}^{\mathrm{H}})^{\mathrm{H}}\\&=(U_{f_c}U_{f_n}^{\mathrm{H}})U_{f_n}\Lambda U_{f_n}^{\mathrm{H}}(U_{f_n}U_{f_c}^{\mathrm{H}})\\&=U_{f_c}\Lambda U_{f_c}^{\mathrm{H}}\end{aligned}\tag{5-183}$$

将划分的各个频点的数据协方差矩阵通过聚焦矩阵变换，可以使得最终的特征分解形式变换到同一参考频率下，即 $T(f_n)$ 可以实现聚焦矩阵的聚焦效果。因此，在结合矩阵协方差特征矢量矩阵的性质上构造出的聚焦矩阵满足前文提出的两个条件要求：一是通过此聚焦矩阵将不同频率点的阵列流型矩阵变换到同一频率点；二是为在进行矩阵变换后需要使得数据矩阵信噪比不发生变化，即矩阵自身满足酉矩阵的条件。

5.5.3 基于 TC-OFDM 信号的 DOA 估计算法流程

结合 TC-OFDM 信号模型及前文算法原理，本节阐述基于 TC-OFDM 信号的 DOA 估计算法流程。

天线阵列接收的 TC-OFDM 信号数据构成信号的时域信息，由于 TC-OFDM 信号的瞬时频率随时间发生变化，为了使不变噪声子空间平滑算法可以对数据进行处理和 DOA 估计，需要将时域 ΔT 时间内的数据通过离散傅里叶变换转换到频域上。对天线阵列接收数据进行 DFT，将 TC-OFDM 信号在频带内获得 J 个频点数据，得到频点为 f_n 上的数据 $X(f_n)$。同时为了构造出各个频点所对应的聚焦矩阵，取变换参考频点为 f_c 的数据 $X(f_c)$。对划分的各个离散频率点的数据 $X(f_n)$ 和参考频率点 f_c 的数据 $X(f_c)$ 都进行协方差运算得

$$R(f_n)=E[X(f_n)X^{\mathrm{H}}(f_n)]\tag{5-184}$$

$$R(f_c)=E[X(f_c)X^{\mathrm{H}}(f_c)]\tag{5-185}$$

式（5-184）中 $R(f_n)$ 为各个离散频率点的协方差矩阵，式（5-185）中 $R(f_c)$ 为参考频率点的协方差矩阵。对 $R(f_n)$ 和 $R(f_c)$ 两矩阵分别进行特征分解得

$$R(f_n)=U(f_n)\Lambda_n U^{\mathrm{H}}(f_n)\tag{5-186}$$

$$R(f_c)=U(f_c)\Lambda_c U^{\mathrm{H}}(f_c)\tag{5-187}$$

结合式（5-186）和式（5-187）中的特征向量矩阵构造各个频点的聚焦变换矩阵 $T(f_n)$：

$$T(f_n)=U(f_c)U^H(f_n) \tag{5-188}$$

根据式(5-188)中构造的聚焦矩阵,对各个离散频率点的数据 $X(f_n)$ 进行聚焦变换,聚焦变换后的数据矩阵为

$$Y(f_n)=T(f_n)X(f_n) \tag{5-189}$$

因为聚焦变换后的数据矩阵所对应的阵列流型不再与频率相关,所以为了获取整个天线阵列接收的信号数据信息,将聚焦后的数据矩阵进行算术平均运算得

$$Y = \frac{\sum_{i=1}^{J} Y(f_n)}{J} \tag{5-190}$$

式(5-190)中,对聚焦矩阵累加求和得到的数据矩阵 Y 包含了天线阵列信号数据的全部信息,可以采用不变噪声子空间平滑算法来进行 DOA 的估计。对聚焦后的数据协方差矩阵进行前向分区平滑和后向分区平滑,计算其分区矩阵的最大似然估计:

$$\hat{R}_k^f = \frac{1}{L}\sum_{i=1}^{L} Y_f(k,i)Y_f^H(k,i), \quad 1 \leqslant k \leqslant p \tag{5-191}$$

$$\hat{R}_k^b = \frac{1}{L}\sum_{i=1}^{L} Y_b(k,i)Y_b^H(k,i), \quad 1 \leqslant k \leqslant p \tag{5-192}$$

式(5-191)和式(5-192)中:$\hat{R}_k^f$ 为前向平滑子阵列数据协方差矩阵的最大似然估计;$\hat{R}_k^b$ 为后向平滑子阵列数据协方差矩阵的最大似然估计;L 为天线阵列对信号数据的采样快拍数;$Y_f(k,i)$ 和 $Y_b(k,i)$ 分别为前向分区平滑数据与后向分区平滑数据;p 为划分的分区个数。在式(5-191)与式(5-192)的基础上,计算出前向分区平滑矩阵和后向分区平滑矩阵的算法平均作为信号 DOA 估计的数据矩阵:

$$R = \frac{\sum_{i=1}^{p}\hat{R}_k^f + \sum_{i=1}^{p}\hat{R}_k^b}{2p} \tag{5-193}$$

其中,协方差矩阵 R 为数据矩阵 Y 经过前后向平滑并算术平均处理得到的,结合式(5-160),通过添加波达方向为 θ' 的虚拟信源构建新的协方差矩阵 R_I。特征分解运算其添加虚拟信源前后的矩阵 R 和 R_I,并将两协方差矩阵的特征值按照从大至小的顺序进行列出:

$$\lambda_1 \geqslant \lambda_2 \geqslant \cdots \geqslant \lambda_N \geqslant \lambda_{N+1} \geqslant \cdots \geqslant \lambda_M \tag{5-194}$$

$$\lambda_1' \geqslant \lambda_2' \geqslant \cdots \geqslant \lambda_N' \geqslant \lambda_{N+1}' \geqslant \cdots \geqslant \lambda_M' \tag{5-195}$$

式(5-194)和式(5-195)中,N 表示天线阵列接收的 TC-OFDM 的信号数量,M

为天线阵列的全部阵元个数。结合以上两式中的噪声子空间对应的特征值,定义估计 TC-OFDM 信号 DOA 的空间谱公式为

$$W(\theta') = \frac{1}{\sum_{i=N+1}^{M} |\lambda_i' - \lambda_i|} \tag{5-196}$$

式(5-196)定义了基于 TC-OFDM 信号的 DOA 估计算法的空间谱表达式,通过对此空间谱进行峰值的搜索,从而得到其对应的角度,即为 TC-OFDM 信号的波达方向:

$$\theta = \arg\max W(\theta') \tag{5-197}$$

第 6 章

北斗＋5G 融合定位

6.1 北斗＋5G 推动智慧社会的构建

高精度位置服务是智慧社会建设的基础。北斗卫星导航系统可以满足室外空旷区域的基本定位需求。在室外空旷区域北斗系统已经能够提供较为可靠的定位性能,尤其是北斗增强的区域差分技术(如实时动态码相位差分技术)、实时动态载波相位差分技术(Real-Time Kinematic,RTK)和广域增强技术(如精密单点定位技术),可实现有基于北斗信号的米级、亚米级甚至厘米级的高精度定位。但在室内、密集建筑区、桥下、隧道、矿井、高山峡谷和地下空间等障碍物遮蔽环境下,卫星信号接收困难,GNSS 难以提供准确的位置服务。如果卫星信号受限区域无法获得高精度位置服务,智慧交通、物流运输、安全生产、智能制造、智慧农耕和智慧医疗等行业的智能化建设将受到极大的阻碍。据统计,人类 80% 的时间都在建筑物内度过,因此保障室内高精度位置服务是构建智慧社会的关键。

移动通信网和广播网等广域网络覆盖了全球约 95% 的人口和 40% 的陆地,4G、5G 网络已覆盖我国城市 90% 以上区域。5G 通信网络拥有密集组网、大带宽和多天线等对定位有利的条件,同时,高精度位置服务作为未来移动互联网和物联网的重要核心业务之一,必然是未来 5G 网络核心业务之一。因此,ITU、IMT2020、3GPP 已经针对 5G 定位技术开展了大量的研究工作。5G 定位信号具有功率强、伪距测量精度高、信号带宽资源丰富、信号多径抑制能力强等优势,基于 5G 通信网络定位技术可在室内实现亚米级甚至分米级定位。

随着 5G 网络功能的完善、北斗卫星导航系统高精度导航性能的提升和高精度地图的日益成熟,目前我国基于"5G+北斗"在基础设施建设、融合应用、生态建设等方面取得了积极进展。在工业能源领域,中国电信携手国家电网落地全国首个 5G 通信、北斗导航与配电网智能化深度融合的"新基建"项目。该项目充分利用中国电信的 5G 网络基础和北斗的技术特点,实现了配网智能化的精准运行,确保故障发生时,可以第一时间将故障隔离,恢复非故障供电区域,从而进一步提高供电可靠性。此外,在我国,"5G+北斗"已为大众消费、共享经济和民生服务等领域带来广泛应用,为共享单车、智慧矿山无人驾驶矿车和智慧物流系统的巡检机器人等设施提供高精度定位服务。北斗与上海电信合作,着重探索"5G+北斗"室内外融合精准定位应用,将上海打造成为"5G+北斗"融合应用发展高地。"5G+北斗"综合时空服务能力将为各领域的智能化发展起到关键的推进作用,"5G+北斗"融合技术已成为构建智慧社会的重要基石。

在万物互联的高度智能化时代,设备将无处不在的通信和智能传感网络,与全时空覆盖的高精度时空基准相结合,高可靠的自动驾驶、精准迅速的灾后救援和稳定的无人机物流等低容错率、关乎人类生命安全的重要工作将得到有力保障;数字孪生、通感算一体化和工业互联网等科学技术将蓬勃发展。因此,在高精度的时空基准下实现万物互联,正是智慧社会建设的一个重要标志。如今,北斗卫星导航系统与 5G 移动通信网融合技术正在为构建具有泛在智能的智慧社会创造无限的可能性。

6.2　北斗+5G 定位观测量融合算法

通过北斗卫星导航系统与 5G 网络共同获取同一位置的定位观测量后,基于不同的融合算法均可实现北斗与 5G 的松组合定位。下面介绍两种性能较好的融合算法:卡尔曼滤波算法和加权融合算法。

6.2.1　卡尔曼滤波

1960 年,匈牙利数学家卡尔曼发表了一篇关于离散数据线性滤波递推算法的论文,这意味着卡尔曼滤波技术的诞生。随着数字计算技术的迅速发展和对卡尔曼滤波器的深入研究,卡尔曼滤波技术现已广泛地应用于各个领域内的信号与数据处理中。例如,GPS 地面监控部分的主控站正是利用卡尔曼滤波器来估计各个卫星的星历参数和时钟校正模型参数的。

卡尔曼滤波所要解决的问题是如何对一个离散时间线性系统的状态进行最优估计,本书先从离散时间线性系统的卡尔曼滤波模型谈起。考虑一个有多个输入量(又称控制量)和多个输出量(又称观测量)的离散时间线性动态系统,其控制过程一般可用以下的线性差分方程式来表示:

$$x_k = A(t_k, t_{k-1})x_{k-1} + B(t_{k-1})u_{k-1} + w_{k-1} \tag{6-1}$$

其中,t_k 为第 k 测量历元所对应的时间,u 为系统的输入向量,x_k 为系统在第 k 测量历元的状态向量,w_{k-1} 为在第 $k-1$ 测量历元时的过程噪声向量,$A(t_k, t_{k-1})$ 为从 t_{k-1} 到 t_k 时刻的状态转移矩阵,$B(t_{k-1})$ 为在 t_{k-1} 时刻系统输入量与系统状态之间的关系矩阵。系统的输入量 u 是个可选项,即有些系统可以没有输入量,例如用户 GPS 接收机这个定位系统通常视为没有任何输入。

状态转移矩阵 $A(t_k, t_{k-1})$ 与输入关系矩阵 $B(t_{k-1})$ 在不同时刻可以是不同的,但在"5G+北斗"多源观测量融合的过程中可以认为它们的值固定不变。这样,式(6-1)可简写成:

$$x_k = Ax_{k-1} + Bu_{k-1} + w_{k-1} \tag{6-2}$$

式(6-2)称为卡尔曼滤波状态方程,其描述了系统状态如何随时间变化,是系统的动态模型,图 6-1 描述了卡尔曼滤波过程。

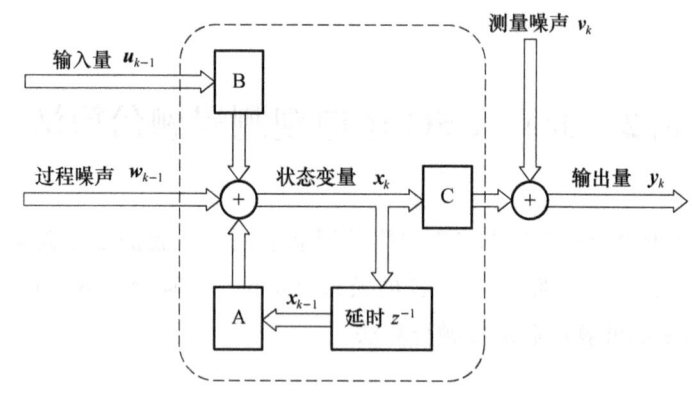

图 6-1　卡尔曼滤波的系统模型

由多个状态变量组成的状态向量 x_k 全面描述了系统在当前时刻的运行状况,它们的值通常是未知的,但一般却是我们所想要了解、掌握的。各个状态变量必须具有可观性,即它们的值能直接或间接地反映在对系统的观测量之中,而我们应用卡尔曼滤波器的目的正是为了达到从系统观测量 y_k 来估算系统状态 x_k。卡尔曼滤波假定系统的状态向量 x_k 与观测向量 y_k 存在以下线性关系:

$$y_k = Cx_k + v_k \tag{6-3}$$

其中，C 为观测量与系统状态之间的关系矩阵，v_k 为测量噪声向量。式(6-3)称为卡尔曼滤波观测方程，它描述了当前的系统测量值与系统状态之间的关系。

卡尔曼滤波用上述的一个状态方程[式(6-2)]和一个测量方程[式(6-3)]来完整描述一个线性动态系统，它们是该线性动态系统的数学模型。对于一个有 L 个输入变量、M 个观测变量以及 N 个状态变量的系统，卡尔曼滤波器涉及以下系统参变量：

① x_k：一个由 N 个状态变量 $(x_{1,k}, x_{2,k}, \cdots, x_{N,k})$ 所组成的 $N \times 1$ 的状态向量。
② u_k：一个由 L 个状态变量 $(u_{1,k}, u_{2,k}, \cdots, u_{N,k})$ 所组成的 $L \times 1$ 的状态向量。
③ y_k：一个由 M 个状态变量 $(y_{1,k}, y_{2,k}, \cdots, y_{M,k})$ 所组成的 $M \times 1$ 的状态向量。
④ w_k：一个由 N 个状态变量 $(w_{1,k}, w_{2,k}, \cdots, w_{N,k})$ 所组成的 $N \times 1$ 的状态向量。
⑤ v_k：一个由 M 个状态变量 $(v_{1,k}, v_{2,k}, \cdots, v_{M,k})$ 所组成的 $M \times 1$ 的状态向量。

向量 w_k 中的各个过程噪声变量代表系统输入量 u_k 所包含的以及由系统内部所产生的随机噪声误差。卡尔曼滤波假定向量 w_k 中的每个过程噪声变量为一个均值为零的正态白噪声，即：

$$E(w_k) = 0 \tag{6-4}$$

$$\text{Cov}(w_k) = E(w_k w_k^T) = Q \tag{6-5}$$

也就是说，w_k 的概率分布呈 $N(0, Q)$。过程噪声向量 w_k 的协方差矩阵 Q 为一个 $N \times N$ 的对称矩阵，但它并不一定是个对角阵。

向量 v_k 中的各个测量噪声变量代表系统观测量 y_k 所包含的随机测量误差与噪声。卡尔曼滤波假定每个测量噪声变量也是一个均值为零的正态白噪声，即：

$$E(v_k) = 0 \tag{6-6}$$

$$\text{Cov}(v_k) = E(v_k v_k^T) = R \tag{6-7}$$

也就是说，$v_k \sim N(0, R)$。同样，测量噪声向量 v_k 的协方差矩阵 R 为一个 $M \times M$ 的对称矩阵，但它并不一定是个对角阵。

尽管噪声向量 w_k 和 v_k 的值是未知的，但它们的协方差矩阵 Q 和 R 对卡尔曼滤波器来说是已知的。尽管协方差矩阵 Q 和 R 的值一般会随着时间的不同而变化，但是为了简化公式表达，我们这里认为它们均是常系数矩阵。此外，卡尔曼滤波假定过程噪声向量 w_k 中的各分量与测量噪声向量 v_k 中的各分量互不相关，即：

$$E(w_i v_j^T) = 0 \tag{6-8}$$

其中，整数 i 和 j 均为任一有效历元。

6.2.2 加权融合算法

设由北斗卫星导航系统和 5G 网络同时对同一固定终端位置进行测量,观测值分别为

$$z_1 = x + v_1 \tag{6-9}$$

$$z_2 = x + v_2 \tag{6-10}$$

其中,x 为终端的实际位置,$v_i(i=1,2)$ 为观测时存在的随机误差,且设 $v_i \sim N(0,\sigma_i^2)$,北斗与 5G 的定位观测值相互独立。假定 x 的估计值 $\hat{x}$ 与观测值 $z_i(i=1,2)$ 成线性关系,且 $\hat{x}$ 为 x 的无偏估计,有

$$\hat{x} = \omega_1 z_1 + \omega_2 z_2 \tag{6-11}$$

其中,$\Omega = (\omega_1, \omega_2)$ 为北斗与 5G 定位测量值的融合权重。下面讨论最优权值的求解方法。

设估计误差为

$$\tilde{x} = x - \hat{x} \tag{6-12}$$

设代价函数为 $\tilde{x}$ 的均方误差,有

$$J = E(\tilde{x}^2) = E\{[x - \omega_1(x+z_1) - \omega_2(x+z_2)]^2\} \tag{6-13}$$

因为 $\hat{x}$ 为 x 的无偏估计,所以

$$E(\tilde{x}) = E[x - \omega_1(x+z_1) - \omega_2(x+z_2)] = 0 \tag{6-14}$$

由于 $E(v_1) = E(v_2) = 0$,且 $E(x) = E(\hat{x})$,所以有

$$\omega_2 = 1 - \omega_1 \tag{6-15}$$

那么代价函数可写为

$$J = E(\tilde{x}^2) = E[\omega_1^2 v_1^2 + (1-\omega_1)^2 v_2^2 + 2\omega_1(1-\omega_1)v_1 v_2] \tag{6-16}$$

由于 $E(v_1^2) = \sigma_1^2, E(v_2^2) = \sigma_2^2, v_1, v_2$ 相互独立有 $E(v_1 v_2) = 0$,则

$$J = E(\tilde{x}^2) = \omega_1^2 \sigma_1^2 + (1-\omega_1)^2 \sigma_2^2 \tag{6-17}$$

为使得 J 为最小,对 Ω 求导有

$$\frac{\partial J}{\partial \Omega} = 0 \tag{6-18}$$

解出最优权值为

$$\omega_1^* = \frac{\sigma_2^2}{\sigma_2^2 + \sigma_1^2} \tag{6-19}$$

$$\omega_2^* = \frac{\sigma_1^2}{\sigma_2^2+\sigma_1^2} \tag{6-20}$$

最优估计量为

$$\hat{x} = \frac{\sigma_2^2 z_1}{\sigma_2^2+\sigma_1^2} + \frac{\sigma_1^2 z_2}{\sigma_2^2+\sigma_1^2} \tag{6-21}$$

式(6-21)表明,当北斗与 5G 定位观测量权重取值合适时,可以通过二者的观测值融合得到最优的估计值。推广此结论得到由多个定位组网获得定位结果的情况,设多定位结果的方差为 $\sigma_i = (i=1,2,\cdots,n)$,各定位组网的位置测量值分别为 $z_i (i=1,2,\cdots,n)$,彼此相互独立,位置估计值 $\hat{x}$ 是 x 的无偏估计,各位置观测值的加权因子分别为 $\omega_i (i=1,2,\cdots,n)$,根据多元函数求极值理论,可求出均方误差最小时所对应的加权因子:

$$\omega_p^* = \frac{1}{\left|\sigma_p^2 \sum_{i=1}^{n} \frac{1}{\sigma_i^2}\right|} \tag{6-22}$$

6.3 "5G+北斗"网络级融合

6.3.1 "5G+北斗"系统架构

对于北斗卫星信号遮挡严重的区域,采用 5G 网络进行定位以满足定位需求;对于开阔区域,通过北斗卫星定位满足定位需求。通过"5G+北斗"融合定位,共同构成室内外无缝定位体系,可满足全场景下的定位应用需求。"5G+北斗"系统架构如图 6-2 所示。

北斗系统与地基增强系统相结合,可以有效提高定位精度,提高定位服务的覆盖范围,但是仍然存在一定的盲区,如高架桥、大树下等,这类遮挡明显的区域。而密集化部署的 5G 基站不仅可以实现对室外盲区的有效覆盖,而且还可以保证室内区域得到全面覆盖。由此可见,5G 与北斗的融合在定位服务方面的优势十分明显。

5G 网络中采用的大规模天线阵列,在有效保障通信质量的同时,也有效提升了"5G+北斗"定位系统的定位能力。大规模天线阵列通过在基站上部署大量的天线阵元来实现空间上多路信号的传输和接收。这种技术可以利用波束赋形来提

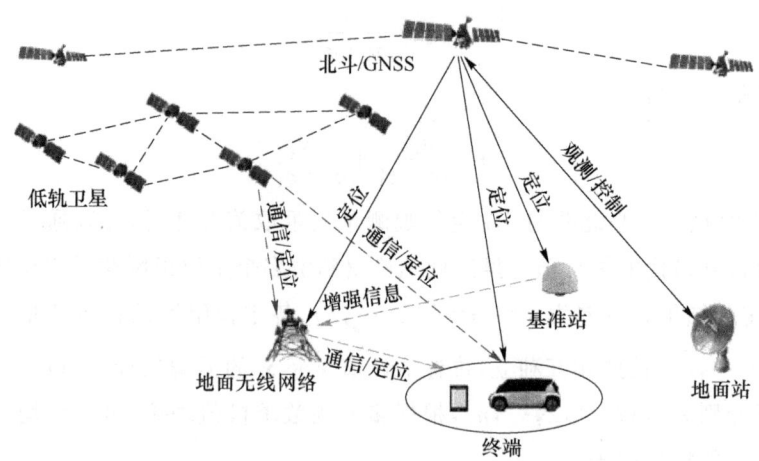

图 6-2 "5G+北斗"系统架构

高信号的传输效率和抗干扰能力,并且可以实现精确的波束指向,将信号能量更加精确地聚焦在特定的用户终端上,减少了信号在空间中的扩散和干扰,从而提高了信号的接收质量和"5G+北斗"定位技术的精度。

对于 TOA 和 TDOA 等基于测距原理的定位方法,测距信号本身的精确性与码片长度之间呈现出反比关系,码片长度越短,通过相关峰测量得到的信号飞行时间精度就越高,从而计算出的定位精度就越高。同时,相较于北斗信号,5G 信号采用的传输带宽更大,对抗多径更加有效。结合基于大规模天线阵列的波束赋形技术,也能够在降低多径影响的同时,有效提高定位精确度。

北斗高精度定位技术,需要将基准站网络的卫星观测数据传回平台,其中一个网格单位,需要以 4 个距离较近的基准站进行划分。在对基准站网络进行匹配时,要以定位终端所上传的概率信息作为依据,经过网格的差分改正模型之后,将信息传输回到终端系统之中,再进行相应的计算。通常情况下,在几十千米的区域内,大气层之中的改正模型并不会发生太大变化,由此可见,在这一网格的范围内,终端所接收到的数据也会存在一定的差别。而且当定位终端数量较少时,对于移动资源的需求不高,但是在目前 5G 和北斗导航相结合的定位系统之中,对资源的需求量会明显增加。

5G 接入网络与北斗高精度定位所需的地基,要实现全方位部署,并做好相应维护工作。但是目前不同区域的差距较为明显,需要从以下两个方面入手。

① 部署层面。从目前来看,国内已经完成的 4G 基站相当丰富,总基站数不低于 500 万个,且单站覆盖的半径也较为广阔(1～2 km)。但是从总体上来看,处于

地基增强系统范围内,在大部分情况下,大气模型之间的参数不存在较大差别,单站所覆盖半径就可以划定为 30~50 km 的范围,而且距离基站越远,其定位精度也就越低。

② 设备方面。5G 基站主要包括以下两个部分:一是基带处理单元,这部分基础设施通常置于机房内,且基础设施完善;二是射频收发单元,通常置于室外,整体环境较为开阔。基准站主要包括卫星导航信号接收机以及高性能 3D 扼流圈天线这两个部分。为了能够有效保证定位精度,在选择区域时就要充分考虑地质情况,例如地质结构是否稳定等。稳定的地质结构是基站稳定的基础,有利于保持基准站天线位置的准确度。

6.3.2 隐嵌信噪定位技术

笔者团队在科技部"羲和计划"支持下形成了 TC-OFDM 信号体制,并在国家重点研发计划"室内混合智能定位与室内 GIS 技术研究及示范应用"项目支持下提出了隐嵌信噪定位技术,极大提升了移动通信网络定位能力,形成了 5G 共频带定位参考信号,在天津搭建了基于 5G 网络的室内外无缝定位示范系统,成为国际 5G 高精度定位标准,在室内实现了优于 0.1 m 的高精度定位,理论精度高达毫米级,而国际上其他 5G 定位方法精度仅为亚米级。

隐嵌信噪定位技术将定位信号以极低功率隐嵌在通信信号的背景噪声下,在不影响通信能力的情况下可灵活配置实现间歇式或连续式的定位信号播发模式,实现通信和定位信号的同频共载与共时复用,即可进行信标式的短时间信号广播,也可实现短周期信号的间断式播发,还能支持长周期定位信号的长时间连续广播。

隐嵌信噪定位技术具有以下优点:

① 测距精度高。定位信号播发时间长,可支撑终端对定位信号的连续跟踪,提高相位测量精度。

② 资源占用少,网络成本低。依托 5G 移动通信网络实现高精度定位,无需单独搭建专用网络,不占用独立频谱资源。

③ 信号功率小。信号功率小于通信信号背景噪声,远低于独立播发所需功率,与其他典型无线网络定位技术信号功率对比如图 6-3 所示。

④ 安全性高。定位信号隐藏在通信信号背景噪声下,难以被第三方探测与监听。

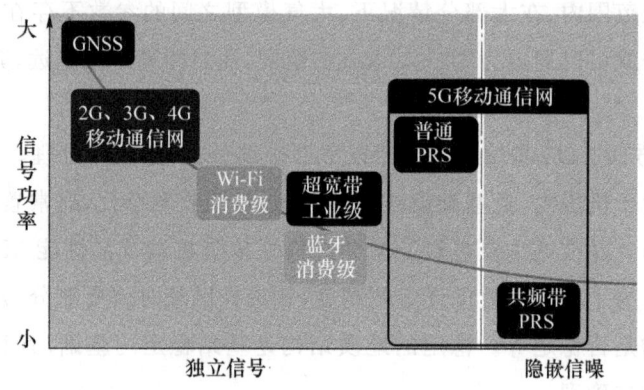

图 6-3　隐嵌信噪定位与独立信号定位功率对比

6.3.3　北斗地面增强系统与 5G 相结合

北斗地面增强系统是北斗卫星导航系统的重要组成部分，通过整合国内地基增强资源，建立了以北斗为主、兼容其他卫星导航系统的高精度卫星导航服务体系。该系统利用北斗/GNSS 高精度接收机，通过地面基准站网，利用卫星、移动通信、数字广播等播发手段，在服务区域内提供实时高精度导航定位服务。然而，北斗地面增强系统的覆盖范围受限，特别是在某些室内场景下，卫星信号接收可能受到阻碍，需要借助其他技术，传输北斗的地基增强信号，解决卫星信号的室内场景问题。

5G 网络作为一种具有高带宽、低延迟和广覆盖特性的通信网络，为北斗地面增强系统的改进提供了有力支持。首先，5G 网络可以作为北斗地面差分增强系统的高速实时传输通道，快速传输改正数等增强信息。5G 网络的高带宽和低延迟特性，使得增强信息可以实时传输到终端设备，从而提高定位的实时性和可靠性。其次，5G 网络的广覆盖特性可以弥补北斗卫星信号在室内场景下的覆盖不足，通过 5G 的信号传输，北斗增强信息可以覆盖到室内等原本无法接收到卫星信号的区域。

通过北斗与 5G 的网络级融合，将北斗地面增强系统与 5G 网络结合，北斗地面增强系统的地基站与 5G 基站实现信息的互通和资源的共享。这样，用户终端设备可以通过 5G 网络接收到北斗增强信息，实现高精度定位。利用 5G 网络的高速传输能力，将北斗地面增强系统的改正数和其他增强信息实时传输到用户终端设备，通过 A-BDS 技术辅助终端减少捕获时间，提高接收灵敏度。

为了能够在降低成本的基础上,实现 5G 和北斗网络的有机融合,在对数据进行播发的过程中,可以采用移动通信信令方式对其进行定位。5G 播发北斗地基增强系统电文的整体方案如图 6-4 所示,通过基准站网络对高精度定位平台的相关数据进行观测,生成各种网格区域的差分信息,对模型进行纠正,并利用网格区域与基站之间的映射关系,将辅助信息发送到相应的基站之中,再进行广播,发送给基站所覆盖范围内的终端。由于 RTK 信息采用 RTCM 数据格式,3GPP 网元对其格式不可读,因此可考虑将 RTCM 格式编码的数据转换为使用 ASN.1 编码的数据,通过 LPP 协议在 3GPP 网络中传输。

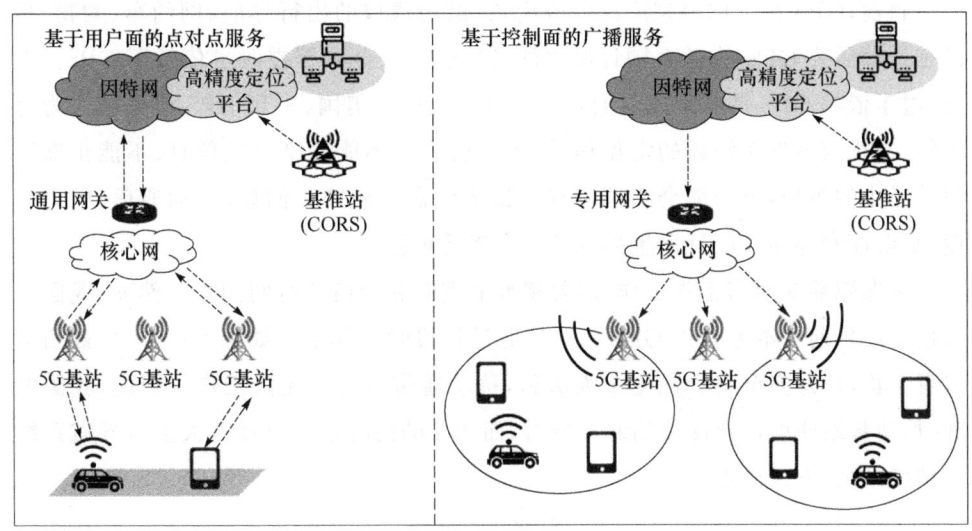

图 6-4　5G 播发北斗地基增强系统电文

6.4　北斗对 5G 通信功能的增强

北斗与移动通信网可在信号、信息、设施以及应用等层面深度融合,实现定位与通信性能的互相增强,形成增量效应。北斗系统可以为 5G 移动通信网络提供高精度的时空基准,赋能通信网络,提高运行效率与安全性。

6.4.1　北斗为通信网提供纳秒级时间同步

在 5G 通信网络中,时间同步对于确保网络的正常运行和各个设备之间的协调非常关键。5G 网络的高速和低延迟要求使得纳秒级甚至亚纳秒级的时间同步成为必要条件。北斗导航系统除了提供位置和导航服务外,其精确授时功能还可为 5G 通信网络提供纳秒级甚至亚纳秒级的网络时间同步,提升网络运行的安全性、稳定性和自主可控性。通过利用北斗精确授时服务,5G 基站和终端设备可以准确地同步网络时间,确保数据的传输和处理在一个统一的时间基准下进行,这样可以避免时间差导致的通信错误,提高数据传输的可靠性和准确性,同时也能有效抑制由 5G 基站和终端设备之间的时钟偏移导致的定位误差,总而提高 5G 定位的准确性。

目前,GPS 在全球得到广泛的应用,在民用领域的出行导航、网约车、购物、精准推送等需要 GPS,在关系国计民生的通信、电力、金融等授时也依赖于 GPS。但是,过于依赖 GPS 是非常危险的,因为 GPS 受控于美国,一旦 GPS 信号被人为地关闭、干扰或者发送错误的定位信号,不仅会带来不能共享位置信息、不能正确导航等小小的不便,更可能会给国家安全造成致命的威胁。例如,移动通信、电力调度、金融证券等涉及国计民生的行业将会遭受重创。

为保障移动通信正常工作,需要精准的授时和严格的时间同步。然而,我国的通信基站目前基本上是以 GPS 为时钟源进行授时和同步。如果 GPS 信号被切断或者干扰,信息安全将会遭受重大威胁,移动通信系统将无法工作。因此,我国的 5G 移动基站建设将全面使用北斗授时,而北斗的授时也是全球四大卫星导航系统中精度最高、方式最多的。

6.4.2 北斗增强通信网运行效率

5G 网络中的移动管理包括终端的切换、调度和负载均衡等操作。通过结合北斗提供的高精度位置信息,网络可以更准确地判断终端的位置和运动状态,从而更智能地进行移动管理,优化覆盖范围,并进行智能资源分配和调度。这有助于减少切换时延、提高调度效果,并优化资源利用,提高整体的移动管理效率。

5G 网络中的波束赋形技术可以通过定向发送和接收信号来提高通信质量和容量。北斗提供的高精度位置信息可以帮助网络更准确地掌握终端的位置和运动轨迹,从而更精确地进行天线波束的管理和调整。这可以提高波束的定向精度和覆盖效果,增强信号传输的可靠性。

因此,北斗可为 5G 网络提供高精度的终端位置信息,辅助通信网络提高移动管理效率和天线波束管理准确性,增强网络运行效率。

6.4.3 北斗为通信网提供高精度时空感知能力

通过北斗的定位和导航功能,可以实时获取终端设备的位置、速度和时间等信息。这些信息对于实现精确的时空感知和定位至关重要。在 5G 网络中,准确的时空信息可以帮助终端设备和网络更好地感知和理解环境,实现更智能化和精细化的服务。同时,可以为万物互联提供精确的时空信息支撑,使得各种智能设备能够准确感知自身位置和周围环境的时空特征。这对于实现智能交通、智慧城市和智能农业等领域的应用尤为重要。

5G 网络与北斗系统深度融合,可提供高精度、高可靠、高可用的位置服务,同时也将实现通信与导航的互补增强,带来增量效应,在未来提供全空域、全时域的泛在时空信息感知能力,为智慧社会的构建提供支撑。

第 7 章
多源信息融合方法

7.1 多源信息融合概念

多源信息融合(Multi-source Information Fusion)是一种将不同来源的信息或数据集成在一起,以提高决策或估计的准确性和可靠性的过程。这种方法通过结合来自多个源头的信息,以获得更加全面、更加准确和更加可靠的结果。多源数据是一种综合多个信息源或数据集的复杂数据类型,其主要特点是不同的信息源隐含不同的数据结构,且从不同的角度刻画和描述了样本以及样本之间的关系,包括传感器数据、社交媒体数据、地理空间数据等,以及不同类型的信息,如图像、文本、视频等。

多源信息融合考虑的信息可以来自不同的领域、不同的传感器或不同的数据源。这些信息可能在内容、结构和形式上有所不同,因此融合需要考虑如何整合这种多样性。融合多源信息可以提供更全面的视角和更准确的信息,从而提高决策的质量。通过结合来自多个源头的信息,可以减少不确定性,降低错误率,并提供更好的决策支持。多源信息融合不仅仅是简单地将不同来源的信息组合在一起,还包括对这些信息进行综合分析和处理。这可能涉及到数据挖掘、数据优选、模式识别与统计分析等技术的应用。多源信息融合需要具有适应不同环境和情境的能力,以及对噪声、不确定性和错误的鲁棒性。在某些情况下,多源信息融合需要能够在实时或接近实时的条件下进行,以支持快速决策和响应,从多个信息源中获得更全面、更准确和更有用的信息,以支持更好的决策和行动。如何协同地融合与集成多源数据,并从不同视角快速地为用户挖掘出整体决策知识,成为数据科学领域亟待破解的科学问题。经典粗糙集理论、多粒度方法、证据理论和信息熵是常见的、有效的多源信息融合方法,已取得较为丰硕的成果。

7.2 信息融合系统的模型和结构

7.2.1 数据融合的功能模型

多源信息融合的功能模型通常包括以下几个关键步骤和组件：数据采集是多源信息融合的第一步,涉及从各种传感器和信息源(如 BDS、5G、视觉传感器、雷达、激光雷达、Wi-Fi 信号等)收集数据。数据预处理在数据融合前,它们通常需要经过一系列的预处理步骤来提高数据质量。这可能包括去噪声、数据同步、缩放、转换和其他形式的信号处理。在数据关联这一步骤中,系统试图确定不同传感器提供的数据之间的关系。例如,它可能需要将来自相机的图像中的特征点与来自激光雷达的点云数据对应起来。状态估计涉及使用数学模型和算法(如卡尔曼滤波器、粒子滤波器或其他估计技术)来估计目标的位置、速度和方向。这一步骤通常涉及预测和更新两个阶段,以处理不确定性并提高估计的准确性。在融合算法这一阶段,来自不同传感器的数据通过融合算法合并成为一个统一的估计量。常见的融合策略包括加权平均、卡尔曼滤波融合、贝叶斯融合与证据理论等。融合过程的输出需要进行评估,以确保结果的准确性和可靠性。这可以通过与已知的基准数据或通过实施一系列性能指标来完成。最终的融合结果将用于决策支持系统,如自动导航、路径规划或其他相关应用。在实际应用中,融合系统可能需要根据实际情况进行调整,以优化性能。这可能涉及学习和自适应算法,以改进传感器数据的处理和融合策略。整个多源信息融合的过程是一个动态迭代的过程,可能需要实时地或离线地处理大量的异构数据。系统设计时需要考虑到数据的时效性、准确性、完整性和一致性,确保在各种环境和情况下都能提供可靠的定位信息。图 7-1 为常见的多源信息融合系统的功能模型。

7.2.2 数据融合的层次

数据融合层次是指多传感器提供的信息在哪一阶段进行融合。数据融合全过

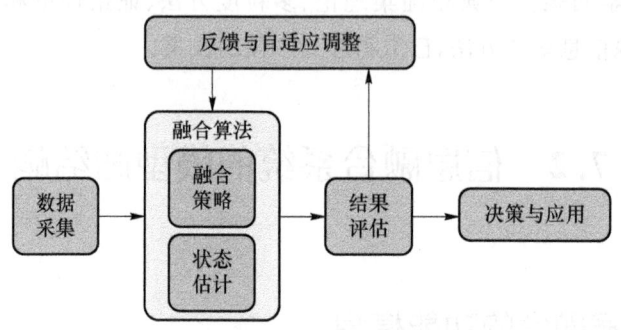

图 7-1　多源信息融合系统功能模型

程可以分两步完成：第一步是低层处理，对应于数据级融合和特征级融合，输出的是状态、特征和属性等；第二步是高层处理，对应的是决策级融合，输出的是结果。在定位系统中，多源数据融合根据融合的对象和过程可分为数据层融合、特征层融合和决策层融合三个层次。

在定位系统中，数据层融合可能涉及将不同类型的传感器数据（如 BDS、5G、IMU、Wi-Fi、蓝牙、RFID 和视觉传感器等）直接结合起来，以获取关于对象位置的原始数据。例如，BDS 提供的经纬度信息可以与 IMU（惯性测量单元）提供的加速度和角速度数据结合，以提高在 BDS 信号不稳定或遮挡情况下的定位精度。数据层融合如图 7-2 所示。

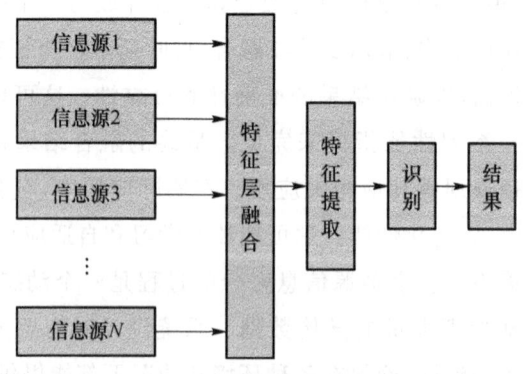

图 7-2　数据层融合

在特征层融合层次上，来自不同数据源的特征被提取并结合起来。例如，从视频图像中提取的特征（如边缘、角点或物体识别信息）可以与来自 IMU 的运动特征结合，以创建更加准确的运动轨迹和位置估计。特征层融合如图 7-3 所示。

在决策层融合中，每个传感器或数据源提供一个关于对象位置的独立决策或

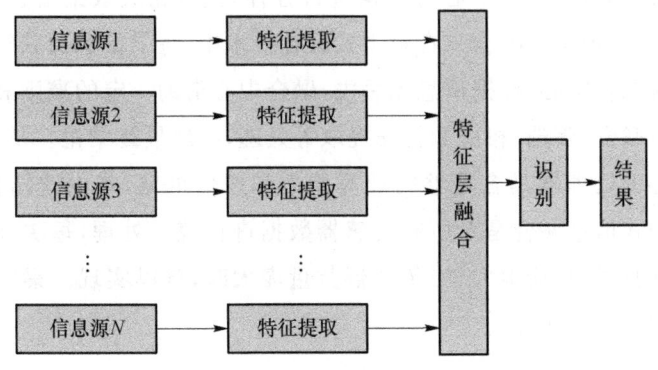

图 7-3 特征层融合

估计,然后这些决策被合并以产生最终的定位结果。例如,一个系统可能使用 BDS 定位、Wi-Fi 定位和视觉定位系统的各自估计,然后通过某种算法(如加权平均、卡尔曼滤波、粒子滤波等)来确定最终的位置估计。决策层融合如图 7-4 所示。

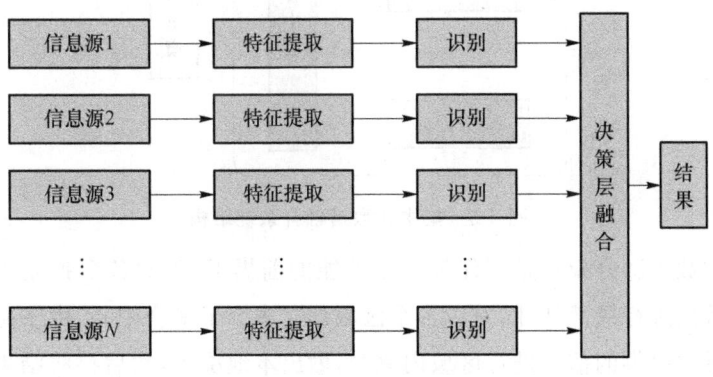

图 7-4 决策层融合

7.2.3 数据融合的结构模型

数据融合的结构模型是系统的物理结构,它明确系统组件的安排管理、数据流向及其相互关系,同时特别指出一个系统的数据或信息交换是如何实现的。数据融合应用领域广泛,但由于数据融合理论尚不成熟,至今尚未形成对所有应用环境普遍适用的具体融合结构,通常数据融合的结构模型可分为集中式、分布式和混合式三种。

集中式数据融合模型是将各个传感器对结构进行监测的原始数据全部传送到

一个总的融合中心,由融合中心对数据进行各种处理,完成数据信息的融合,做出最终决策,可以实现实时融合。在集中式融合技术中,每个传感器获得的数据信息都传送给上级融合中心,数据信息无丢失,融合中心借助一定的准则和算法对这些数据信息执行联合、筛选、相关和特征提取等处理,给出最终结论。从理论上来说,只要融合中心的处理器具有足够的计算能力和通信带宽,集中式结构是最优的。但是由于集中式信息融合是对所有传感器数据进行统一处理,每次处理的数据量大,融合中心的计算负荷很大,当传感器数量庞大时,难以实现。集中式数据融合系统的结构如图 7-5 所示。

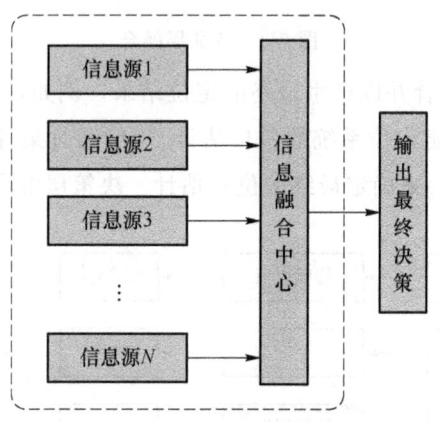

图 7-5　集中式数据融合系统结构

分布式数据融合模型是在保证一定性能的前提下,先对各个独立传感器所获得的原始数据进行局部处理,对应各个区域建立多个子融合中心,由子融合中心对同区域传感器提供的信息进行区域内融合,做出本地决策,然后再将结果送入信息融合中心进行智能优化组合来获得最终的结果。在分布式融合技术中,同区域中传感器的原始信息都要进行初步分析和本地决策,再传输到融合中心,采用的是分散处理、集中决策的方式,使得计算速度加快,极大地降低了融合中心的工作负荷,能够在更高层次上集中多方面信息做出最终决策。分布式对通信带宽的需求低、计算速度快、可靠性高和延续性好,但结果精度却远没有集中式高,分布式数据融合系统的结构如图 7-6 所示。

混合式多传感器信息融合框架中,部分传感器采用集中式融合方式,剩余的传感器采用分布式融合方式。混合式融合框架具有较强的适应能力,兼顾了集中式融合和分布式的优点,稳定性强。混合式融合方式的结构比前两种融合方式的结构复杂,混合式数据融合系统的结构如图 7-7 所示。

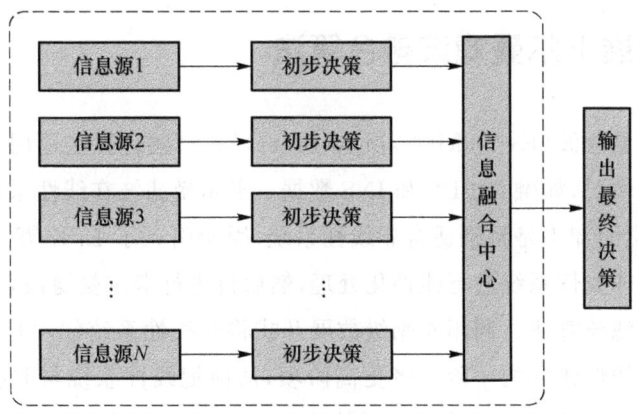

图 7-6　分布式数据融合系统结构

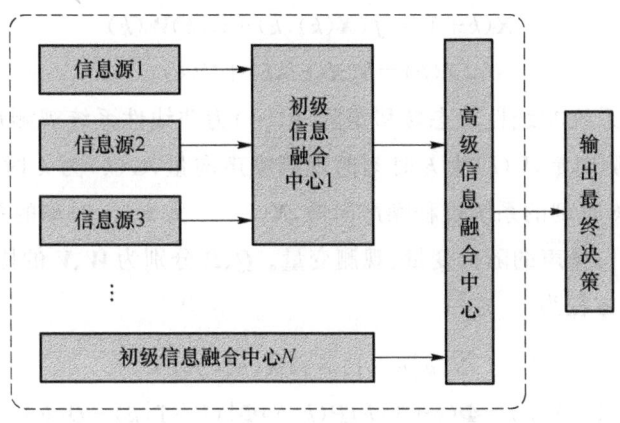

图 7-7　混合式数据融合系统结构

7.3　多源信息融合的典型方法

在现代定位系统中,为了实现高精度和鲁棒性的定位,单一传感器往往难以满足需求。因此,多传感器数据滤波融合技术成为了关键。这些算法通常需要考虑传感器的测量误差、噪声特性以及数据在时间和空间上的相关性。常用的多传感器数据滤波融合算法包括卡尔曼滤波(Kalman Filter, KF)、扩展卡尔曼滤波(Extended Kalman Filter, EKF)、无迹卡尔曼滤波(Unscented Kalman Filter, UKF)和粒子滤波(Particle Filter, PF)等。

7.3.1 扩展卡尔曼滤波融合算法

扩展卡尔曼滤波(Extended Kalman Filter,EKF)融合算法适用于非线性程度不是特别高的情况,如融合 BDS 和 INS 数据。卡尔曼滤波在线性系统内得到了很广泛的应用,然而却不是特别适合非线性系统,因而引入了 EFK 算法。EKF 的关键部分就是将非线性系统进行线性化处理,然后再进行卡尔曼滤波,实际上最终还是利用卡尔曼滤波算法。利用泰勒级数展开式将非线性系统线性化,EKF 主要考虑非线性系统线性化后的一阶或者更高阶项,从而把线性系统与非线性系统联系起来。EKF 应用于非线性状态估计系统中已经得到了不断的发展和改善。

EKF 的状态方程和观测方程为

$$X(k+1) = f(X(k),k) + G(k)W(k) \tag{7-1}$$

$$Z(k) = h(X(k),k) + V(k) \tag{7-2}$$

其中,$f(\cdot)$ 为系统非线性状态转移矩阵,$h(\cdot)$ 为非线性系统观测矩阵,$Z(k)$ 为 k 时刻的系统观测向量,$V(k)$ 为 k 时刻的观测噪声向量,$G(k)$ 为 k 时刻的噪声驱动矩阵,$W(k)$ 为 k 时刻的系统过程噪声向量,$X(k+1)$ 为 $k+1$ 时刻的系统状态向量,W、V 含有高斯白噪声的随机变量、观测变量。Q、R 分别为 W、V 的协方差阵。

EKF 递推方程为

$$\hat{X}(k|k+1) = f(\hat{X}(k|k),k) \tag{7-3}$$

$$P(k+1|k) = \Phi(k+1|k)P(k|k)\Phi^{T}(k+1|k) + Q(k+1) \tag{7-4}$$

卡尔曼增益为

$$K(k+1) = P(k+1|k)H^{T}(k+1)[H(k+1)P(k+1|k)H^{T}(k+1) + R(k+1)]^{-1} \tag{7-5}$$

状态方程和误差方差阵变为

$$\hat{X}(k+1|k+1) = \hat{X}(k+1|k) + K(k+1)[Z(k+1) - h(\hat{X}(k+1|k))] \tag{7-6}$$

$$P(k+1) = [I - K(k+1)H(k+1)]P(k+1|k) \tag{7-7}$$

引入 EKF 算法,定位融合的状态方程和观测方程表示为

$$X(k) = [X_k, Y_k, \dot{X}_k, \dot{Y}_k]^T \tag{7-8}$$

$$Z(k) = P_R - P_G = H(k)X(k) + V(k) \tag{7-9}$$

$$R_k = \text{diag}(\delta_x^2 \quad \delta_y^2) \tag{7-10}$$

其中,δ_x 为 x 向的标准偏差,δ_y 为 y 向的标准偏差,P_R 为无线传感器网络定位系统

输出的节点位置，P_G 为 BDS 系统输出值，R_k 为观测噪声矩阵，$Z(k)$ 为观测量，$H(k)$ 为量测阵，$V(k)$ 为观测噪声。

定位数据融合精度以定位误差来衡量，其计算公式为

$$d_i = \sqrt{(\Delta x_i)^2 + (\Delta y_i)^2} \tag{7-11}$$

其中，Δx_i 为 x 方向第 i 次定位误差，$\Delta x_i = x_{0i} - x_i$（单位为 m），$\Delta y_i$ 为 y 方向第 i 次定位误差，$\Delta y_i = y_{0i} - y_i$（m），$x_i$、$y_i$ 为测量得到第 i 次 x，y 定位坐标（单位为 m），x_{0i}、y_{0i} 为真实 x，y 定位坐标（单位为 m）。

7.3.2 无迹卡尔曼滤波融合算法

无迹卡尔曼滤波（Unscented Kalman Filter，UKF）融合算法通过无迹变换处理非线性系统，不需要计算雅可比矩阵，可以更准确地近似非线性效应，适用于更强非线性系统的融合任务。UKF 是一种非线性滤波算法，和常用的 KF、EKF 算法都是计算出预测估计值和实际测量值之差得到最优卡尔曼增益，然后获得准确的状态向量和协方差。但是区别在于 UKF 算法需要进行无迹变换，使得生成的 σ 点为非线性。UKF 算法的计算流程分为以下几步。

（1）初始化状态

初始化状态估计值 $\hat{x}_0$ 和误差方差矩阵 $\hat{p}_0$：

$$\hat{x}_0 = E[x_0] \tag{7-12}$$

$$\hat{p}_0 = E[(x_0 - \hat{x})(x_0 - \hat{x})^T] \tag{7-13}$$

（2）无迹（UT）变换

根据 x 的特性来确定 σ 点，产生 σ 点的公式如下：

$$X_0 = \hat{x}_0 \tag{7-14}$$

$$X_i = \hat{x} + (\sqrt{(n+\lambda)p_x})_i, \quad i=1,2,\cdots,n \tag{7-15}$$

$$X_i = \hat{x} - (\sqrt{(n+\lambda)p_x})_i, \quad i=n+1,n+2,\cdots,2n \tag{7-16}$$

其中，λ 为尺度因子，$\lambda = a^2(n+k) - n$，它决定了 σ 的离散程度，根据定位精度可取为 0.01。

（3）预测测量值

$$X_{k+1|k}^i = f_{k+1}(x_{k|k}^i), \quad i=0,1,\cdots,2n \tag{7-17}$$

$$\hat{\chi}_{k+1|k} = \sum_{i=0}^{2n} \omega_i^m \chi_{k+1|k}^i \tag{7-18}$$

$$P_{k+1|k} = \sum_{i=0}^{2n} \omega_i^c (\chi_{k+1|k}^i - \hat{\chi}_{k+1|k})(\chi_{k+1|k}^i - \hat{\chi}_{k+1|k})^T + Q_{k+1} \tag{7-19}$$

$$\hat{z}_{k+1|k} = \sum_{i=0}^{2n} \omega_i^m \chi_{k+1|k}^i \tag{7-20}$$

$$z_{k+1|k}^i = h(\chi_{k+1|k}^i) \tag{7-21}$$

各采样点在计算中所占权重如下：

$$\begin{cases} \omega_0^m = \dfrac{\lambda}{n+\lambda} \\ \omega_0^m = \dfrac{\lambda}{n+\lambda} + (1-a^2+\beta) \\ \omega_i^m = \dfrac{1}{2(n+\lambda)}, \quad i=1,2,\cdots,2n \end{cases} \tag{7-22}$$

其中，a 表示 σ 点在 $\hat{x}_k$ 周围的分布状态，通常设为一个较小的正数，β 在高斯分布时的最优值为 2。

（4）更新测量值

$$\hat{\chi}_{k+1|k} = \hat{\chi}_{k+1|k} + K_{k+1}(z_{k+1} - \hat{z}_{k+1|k}) \tag{7-23}$$

$$K_{k+1} = P_{xz|k+1} \times P_{zz|k+1}^{-1} \tag{7-24}$$

$$P_{xz|k+1} = \sum_{i=0}^{2n} \omega_i^c (\chi_{k+1|k}^i - \hat{\chi}_{k+1|k})(z_{k+1|k}^i - \hat{z}_{k+1|k})^T \tag{7-25}$$

$$P_{zz|k+1} = \sum_{i=0}^{2n} \omega_i^c (z_{k+1|k}^i - \hat{z}_{k+1|k}^i)^T + R_{k+1} \tag{7-26}$$

故状态均方误差矩阵最优估计 $\hat{P}_{(k+1|k+1)}$ 的值为

$$\hat{P}_{(k+1|k+1)} = P_{k+1|k} - K_{k+1} \times P_{zz|k+1} \times K_{k+1}^T \tag{7-27}$$

假设利用无迹卡尔曼滤波（UKF）算法对 UWB 定位信息和 IMU 数据进行融合时，设 IMU 输出的航向角为 β，融合的航向角为 α，由运动学分析可知航位推算的航向角为 θ，取 α 值为 β 和 θ 的均值，则得到：

$$\begin{cases} x_{t+1} = x_t + \Delta x_t = x_t + \varepsilon \times \dfrac{M_l + M_r}{2} \cos\left(\dfrac{\theta_t + \beta_t}{2} + \varepsilon \times \dfrac{M_l - M_r}{4}\right) \\ y_{t+1} = y_t + \Delta y_t = y_t + \varepsilon \times \dfrac{M_l + M_r}{2} \sin\left(\dfrac{\theta_t + \beta_t}{2} + \varepsilon \times \dfrac{M_l - M_r}{4}\right) \\ \theta_{t+1} = \dfrac{\theta_t + \beta_t}{2} + \varepsilon \times \dfrac{M_l - M_r}{D} \end{cases} \tag{7-28}$$

基于 UKF 算法的 UWB/IMU 组合定位状态方程为

$$\boldsymbol{X}(k+1) = f(x(k), N_L(k), N_R(k), W(k)) \tag{7-29}$$

其中，$\boldsymbol{X}=[x,y,\alpha,\xi]$，$(x,y)$为机器人的位置坐标，$\alpha$为机器人的航向角，$\xi$为机器人航向角的偏差。$W$为高斯白噪声，$\boldsymbol{Q}$为协方差矩阵。

观测方程如下：

$$Z(k)=h(x(k),V(k)) \tag{7-30}$$

其中，$\boldsymbol{Z}=[z_x,z_y,z_\beta]$，表示的是通过 UWB 定位得到的 X、Y 轴坐标以及 IMU 测得航向角 β。V 为高斯白噪声，其协方差矩阵为 $\boldsymbol{R}$。

计算得到状态和协方差更新方程如下：

$$\begin{cases}\hat{X}_k = \sum_{i=0}^{2n} W_i^m X_{(k+1|k)}^i \\ P_k = \sum_{i=0}^{2n} W_i^c (\chi_{k+1|k}^i - \hat{X})(\chi_{k+1|k}^i - \hat{X})^{\mathrm{T}}\end{cases} \tag{7-31}$$

7.3.3 粒子滤波融合算法

粒子滤波(Particle Filter，PF)融合算法适用于任意的非线性和非高斯噪声，通过使用一组随机样本(粒子)来表示概率分布，计算量较大，但适合复杂系统的状态估计。粒子滤波方法是一种随机抽样方法，它的抽样计划不是始终保持不变，而是根据实际的结果不断进行调整设计出新的抽样计划。粒子滤波是一种基于蒙特卡罗方法和贝叶斯递推估计的统计滤波方法，其依据大数定理采用蒙特卡罗方法求解贝叶斯估计中的积分运算，也就是序贯蒙特卡罗方法。粒子滤波算法的基本思想是：首先依据系统状态向量的经验条件分布在状态空间产生随机样本或被称为随机粒子集合，之后根据系统量测值不断更新粒子的权值，通过更新后的粒子信息对之前的经验条件分布进行修正。粒子滤波算法的实质就是利用离散随机的粒子及其权值以近似后验概率分布，并根据系统状态方程和量测方程更新粒子值及其权值，从而更新相关的后验概率分布。这种蒙特卡罗方法的处理结果在当样本数量很大的时候就会很接近于状态变量真实的后验概率密度分布。由于粒子滤波的这些优点，使得这种滤波方法适用于非高斯、非线性状态空间模型的随机系统，并且其估计精度可以逼近于最优估计，是一种非常有效的非线性滤波手段。PF 算法通用流程可表示如下：

① 初始化粒子和权值。根据系统噪声的分布函数产生 $N\times l$ 个随机采样点，其中 l 是状态向量 $\boldsymbol{x}_k$ 的向量维数，N 为粒子数目，权值的初始化值为 $1/N$。粒子和权值的集合可表示为

$$p(x_0) = \{\boldsymbol{x}_0^i, \omega_0^i\}_{i=1}^N \tag{7-32}$$

② 时间更新,通过状态方程对下一时刻粒子进行预测得到 $\hat{x}_k^i$。

③ 测量更新,将 $\hat{x}_k^i$ 代入观测方程,求出预测值 $\hat{y}_k$。

④ 权值更新

$$\omega_k^i \propto \omega_{k-1}^i \frac{p(y_k|x_k^i)\,p(x_k^i|x_{k-1}^i)}{q(x_k^i|x_{k-1}^i, y_{1:k})}, \quad i=1,\cdots,N \tag{7-33}$$

归一化权值:

$$\omega_k^i = \frac{\omega_k^i}{\sum_{i=1}^N \omega_k^i} \tag{7-34}$$

⑤ 判断是否重采样,计算粒子的有效采样尺度 N_{eff},若 $N_{\text{eff}} < N$ 需要重采样,否则直接跳过重采样。

⑥ 重采样,粒子数一定,按照权值的大小重新选择粒子,复制权值大的粒子舍弃权值小的粒子。更新后,赋值所有粒子的权值为

$$\omega_k^i = 1/N \tag{7-35}$$

⑦ 估计目标位置。得到 x_k 状态的粒子和权值:

$$p(x_k) = \{\boldsymbol{x}_k^i, \omega_k^i\}_{i=1}^N \tag{7-36}$$

更新状态估计值为

$$\hat{\boldsymbol{x}}_k = \sum_{i=1}^N \omega_k^i \boldsymbol{x}_k^i \tag{7-37}$$

第 8 章
弱直达径非视距传播的识别与抑制

非视距传播可分为弱直达径传播和无直达径传播,其中弱直达径传播是由直达径穿透障碍物过程中产生了功率损耗,而非直达径通过反射或折射被终端所接收,导致直达径信号弱于非直达径信号;无直达径传播是由直达径被障碍物遮蔽,终端仅能接收到非直达径引起的。弱直达径传播会对终端定位信号处理产生严重影响;弱直达径传播使终端识别定位信号到达时间/角度时锁定错误的信号,导致测量的到达时间/角度产生严重偏差,进而严重影响定位精度。

非视距检测方法的基本目标是通过分析接收到的信号特征来识别传播路径是否为非视距。区分方法多涵盖一些关键指标,例如到达时间(Time of Arrival, TOA)、信号强度(Received Signal Strength,RSS)、多径分量(Multipath Components) 角度信息(Angle of Arrival, AOA)。针对不同的指标场景和问题,非视距的检测可以分为两类。第一类为基于模型的方法,即基于特定的传播模型和环境知识,如建筑物布局、街道布局甚至是建筑物具体形状去研究不同场景对非视距识别的影响;另一类是属于驱动的方法,这些算法利用机器学习和深度学习技术,通过训练数据集来识别非视距和视距的信号特征。常见的方法包括支持向量机(SVM)、神经网络和决策树等。

在非视距得到有效检测后,为提高城区及室内定位精度,非视距的缓解和校正也至关重要。方法有基于统计模型的缓解算法,即通过统计学习和分析历史数据来识别非视距传播,并据此进行处理。例如,基于信号特性的缓解算法,这类算法通过分析接收信号的特性,如信号强度、相位、到达时间等,来识别非视距信号并进行缓解。例如,多径分量分析法通过分析信号的多径特性来检测非视距传播;还有基于环境信息的算法,即利用环境信息,如建筑物布局、地图数据等,来辅助识别非视距情况,并据此进行缓解与校正。

8.1 移动通信网络观测量估计方法基础

本章通过信号处理方法对移动通信网络定位中的弱直达径非视距进行抑制，因此在本章中，介绍了移动通信网络中定位信号观测量的基础估计方法。

8.1.1 时延估计方法基础

在针对移动通信网络定位信号的时延估计方法中，移动通信网络定位信号的发射信号为 $s_T(n)$，经过多径信道的传输后，接收信号为

$$s_R(n) = \sum_{k=0}^{N_M-1} \alpha_k s_T(n-\tau_k) + \omega(n) \tag{8-1}$$

其中，$s_R(n)$ 为终端的接收信号，N_M 为多径信道中的多径数量，α_k 为该信道下每条多径对应的衰减，τ_k 为每条多径对应的时延，$\omega(n)$ 为噪声。将式(8-1)矩阵化表示：

$$\boldsymbol{S_R} = \boldsymbol{A\lambda} + \boldsymbol{W} \tag{8-2}$$

其中，$\boldsymbol{S_R}$ 为接收信号的向量化表示，式中的向量和矩阵分别为

$$\left.\begin{aligned}\boldsymbol{S_R} &= [s_R(0), s_R(1), \cdots, s_R(N-1)]^T \\ \boldsymbol{A} &= [\boldsymbol{a}(\tau_0), \boldsymbol{a}(\tau_1), \cdots, \boldsymbol{a}(\tau_{K-1})] \\ \boldsymbol{a}(\tau_i) &= [s_T(0-\tau_i), s_T(1-\tau_i), \cdots, s_T(N-1-\tau_i)]^T \\ \boldsymbol{\lambda} &= [\alpha_1, \alpha_2, \cdots, \alpha_K]^T \\ \boldsymbol{W} &= [\omega(0), \omega(1), \cdots, \omega(N-1)]^T \end{aligned}\right\} \tag{8-3}$$

其中，N 为接收基带信号的采样点数目。

根据式(8-2)和式(8-3)计算定位接收信号的协方差矩阵：

$$\boldsymbol{R} = E[\boldsymbol{S_R S_R}^H] \tag{8-4}$$

将定位信号的协方差矩阵分解为信号子空间和噪声子空间：

$$\boldsymbol{R} = \boldsymbol{U_S \Lambda_S U_S^H} + \boldsymbol{U_e \Lambda_e U_e^H} \tag{8-5}$$

其中，$\boldsymbol{U_S}$ 为定位信号的信号子空间，$\boldsymbol{U_e}$ 为定位信号的噪声子空间，$\boldsymbol{\Lambda}$ 为元素是 $\boldsymbol{R}$ 特征值的对角矩阵。利用正交性可得

$$\boldsymbol{a}(\tau_i)\boldsymbol{U_e^H} = 0 \tag{8-6}$$

采用如下谱函数进行谱峰搜索来估计传输时延：

$$P_{\text{MUSIC}} = \frac{1}{a(\tau_i)U_e^H U_e a^H(\tau_i)} \tag{8-7}$$

传输时延的估计值为

$$\hat{\tau} = \underset{\tau}{\arg\max}\, P_{\text{MUSIC}} \tag{8-8}$$

上述方法用于移动通信网络定位信号的时延估计具有较高的分辨能力，能够实现5G定位信号的超分辨率测量。

8.1.2 角度估计方法基础

在移动通信网络定位中，MIMO 的引入赋能了移动通信网络测角能力，在基站侧部署多天线系统，能够实现基于上行探测信号的角度测量，下面本节以均匀线阵为例介绍多天线系统下到达角度估计算法。当接收天线阵列的阵元数大于环境中多径的数量时，可采用多重信号分类（Multiple Signal Classification，MUSIC）算法进行角度估计，而当接收天线阵列的阵元数小于环境中多径的数量时，由于无法对接收信号进行空间分解，采用基础测角方法进行角度估计。MUSIC 算法基于子空间分解，利用信号子空间和噪声子空间的正交性，构建空间谱函数，并通过谱峰值搜索来估计信号的到达角度，该算法相对于原始的基于到达信号相位差的测角方法具有可以分辨多路径信号、对天线阵列无特殊要求、角度分辨率高的特点，因此常被用于多天线系统的角度估计。

多天线系统的接收信号可用式(8-9)表示：

$$X(t) = AS(t) + N(t) \tag{8-9}$$

其中，$X(t)$ 为多天线系统的接收信号，A 为均匀线阵的方向响应向量，$S(t)$ 为终端发送的上行信号，$N(t)$ 为噪声。公式中各个矩阵的表达式如下：

$$X(t) = [x_1(t), x_2(t), \cdots, x_M(t)]^T \tag{8-10}$$

$$S(t) = [S_1(t), S_2(t), \cdots, S_D(t)]^T \tag{8-11}$$

$$A = [a(\theta_1), a(\theta_2), \cdots, a(\theta_D)]^T \tag{8-12}$$

$$N(t) = [n_1(t), n_2(t), \cdots, n_M(t)]^T \tag{8-13}$$

在方向响应向量 A 中有：

$$a(\theta_i) = [1, e^{-j\varphi}, \cdots, e^{-j(M-1)\varphi}] \tag{8-14}$$

在上述模型的基础上，通过多次采集信号来近似接收信号期望的方法来计算阵列信号的协方差矩阵：

$$R = E[X(t)X(t)^H] = AE[S(t)S(t)^H]A^H + \delta^2 I = AR_s A^H + \delta^2 I \tag{8-15}$$

其中，R_S 是上行信号的协方差矩阵，由于信号和噪声是相互独立的，阵列信号的协方差矩阵可分解为信号子空间和噪声子空间。对阵列信号的协方差矩阵 R 进行分解，可以得到：

$$R = U_S \Sigma_S U_S^H + U0_N \Sigma_N U_N^H \tag{8-16}$$

其中，U_S 是由较大特征值对应的特征向量组成的信号子空间，U_N 是由较小特征值对应的特征矢量组成的噪声子空间。由于信号子空间和噪声子空间是相互正交的，那么信号子空间的导向矢量 A 和噪声子空间正交。可得以下关系：

$$a^H(\theta) U_N = 0 \tag{8-17}$$

因此在存在噪声的影响下，$a^H(\theta) U_N$ 在入射角度 θ 处应有最小值。因此入射角度可以表示为

$$\theta_{\text{MUSIC}} = \arg\min_{\theta} a^H(\theta) U_N U_N^H a(\theta) \tag{8-18}$$

根据上述过程能够求得信号的入射角度。

8.2 基于阵列天线空分复用的定位信号播发与接收策略

定位信号的播发与接收策略是移动通信网络定位技术研究的基础，在传统 5G 带内定位方法中，5G 定位参考信号以占用通信资源块的方式嵌入在通信信号中，不同的定位需求采用不同的定位参考信号配置，同时也相应地占用了不同程度的通信资源。当定位需求较高时，如工业互联网、自动驾驶等场景下，定位信号需要连续且大带宽播发，这将导致定位信号占用大量的通信资源，通信性能大幅下降。5G 阵列天线的引入为 5G 带来了空分复用技术。空分复用技术能够在不增加频谱带宽的情况下，利用天线阵列的阵元之间或波束之间的正交性，为用户提供多层无线资源，提高了无线链路的容量。

由香农定理可知，在单收单发系统中，归一化的信道容量有下式给出：

$$\frac{C}{B} = \log_2\left(1 + \frac{S}{N}\right) \tag{8-19}$$

其中，C 为系统的信道容量，B 为无线信道的带宽，S 为无线信号功率，N 为信道噪声功率，C/B 为在单位带宽下的信道容量，即归一化信道容量。在由 N_T 条发射天线、N_R 条接收天线组成的 MIMO 系统中，最多可以产生 $N_L = \min\{N_T, N_R\}$ 条并行的信道，信号的功率在各个信道间被分割，因此每条信道中带有 $1/N_L$ 的信噪

比，所以单信道下的归一化信道容量为：

$$\frac{C}{B}=\log_2\left(1+\frac{N_R}{N_L}\cdot\frac{S}{N}\right) \quad (8\text{-}20)$$

因此 N_L 条信道的总归一化信道容量为

$$\frac{C}{B}=N_L\log_2\left(1+\frac{N_R}{N_L}\cdot\frac{S}{N}\right) \quad (8\text{-}21)$$

相比于单收单发系统，MIMO 系统的归一化信道容量随着天线数量的增长保持近似线性增长的关系，因此 MIMO 的引入能够为定位信号提供更多的无线链路资源，实现定位信号和通信信号的同频共载。

根据上述理论推导，提出了一种基于空分复用的定位信号播发与接收策略，在空分层中嵌入定位信号，在阵列天线技术的加持下，实现了通信信号与定位信号的同频正交复用。

下面介绍该策略的播发与接收过程。

8.2.1 基于空分复用的定位信号的播发

基于空分复用的定位信号播发策略示意图如图 8-1 所示。

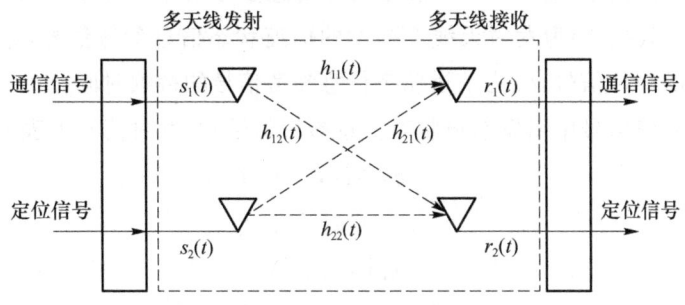

图 8-1 基于空分复用的定位信号播发策略示意图

如图 8-1 所示，$s_1(t)$ 表示第一层的发射信号，$s_2(t)$ 表示第二层的发射信号，$r_1(t)$ 表示接收端的接收天线 1 接收到的信号，$r_2(t)$ 表示接收端的接收天线 2 接收到的信号。$h_{11}(t)$ 表示发射天线 1 与接收天线 1 之间的信道冲激响应，$h_{12}(t)$ 表示发射天线 1 与接收天线 2 之间的信道冲激响应，$h_{21}(t)$ 表示发射天线 2 与接收天线 1 之间的信道冲激响应，$h_{22}(t)$ 表示发射天线 2 与接收天线 2 之间的信道冲激响应。

在发射端播发信号之前，不同的发射天线播发不同的信号，定位信号与通信信号在不同的层中播发，与传统通信的空分复用不同，基于空分复用的定位信号播发策略由于定位信号独立于通信信号生成,无须进行空时编码,因此播发较为便捷。

经过空分复用后,发射信号与接收信号的关系如下:

$$r_1(t) = h_{11}(t) * s_1(t) + h_{21}(t) * s_2(t) \quad (8\text{-}22)$$

$$r_2(t) = h_{12}(t) * s_1(t) + h_{22}(t) * s_2(t) \quad (8\text{-}23)$$

在定位信号的层中,可在一定周期内播发一组信道状态信息参考信号,来为多天线系统提供信道探测,实现空分复用信号的接收。同时由于定位参考信号本身也属于参考信号,和信道状态信息参考信号一样具备信道探测能力,因此也可在定位信号层中不播发信道状态信息参考信号,使用定位参考信号自身的信道探测能力实现通信信号的解调,但对于通信信号来说无法通过自身来解调。本节在定位信号层不播发信道状态信息参考信号的情况下,在接收的定位信号与通信信号混叠的信号中将解调出的通信信号剥离,实现定位信号的解调。

当通信信号和定位信号中均播发信道状态信息参考信号时,发射信号可表示为

$$s_1(t) = \begin{cases} \text{csi}_1(t), & 0 < t < t_{\text{csi}} \\ s_{\text{com}}(t), & t > t_{\text{csi}} \end{cases} \quad (8\text{-}24)$$

$$s_2(t) = \begin{cases} \text{csi}_2(t), & 0 < t < t_{\text{csi}} \\ s_{\text{pos}}(t), & t > t_{\text{csi}} \end{cases} \quad (8\text{-}25)$$

其中,$\text{csi}_1(t)$ 为发射天线 1 播发的信道状态信息参考信号,$s_{\text{com}}(t)$ 为发射天线 1 播发的通信信号,$\text{csi}_2(t)$ 为发射天线 2 播发的信道状态信息参考信号,$s_{\text{pos}}(t)$ 为发射天线 2 播发的定位信号,t_{csi} 为信道状态信息参考信号的持续时间。

当只有通信信号中播发信道状态信息参考信号时,发射信号可表示为

$$s_1(t) = \begin{cases} \text{csi}_1(t), & 0 < t < t_{\text{csi}} \\ s_{\text{com}}(t), & t > t_{\text{csi}} \end{cases} \quad (8\text{-}26)$$

$$s_2(t) = s_{\text{pos}}(t) \quad (8\text{-}27)$$

根据以上描述可以实现定位信号与通信信号的空分复用播发。

8.2.2 基于空分复用的定位信号的接收

本节分定位信号中播发 CSI-RS 和定位信号中不播发 CSI-RS 两种情况来说明基于空分复用的定位信号接收策略。

当定位信号中播发 CSI-RS 时,CSI-RS 的序列和定位参考信号的序列一样都采用了 Gold 序列,因此 CSI-RS 和定位参考信号一样具有自相关和互相关的特性,该特性使得在接收端即使两路 CSI-RS 混叠在一起,也可以通过其相关性实现两路

参考信号的剥离。因此在接收端对无线信道进行估计,可得

$$H_{11}(f) = \frac{R_{\text{csi},1}}{\text{CSI}_1} \tag{8-28}$$

$$H_{12}(f) = \frac{R_{\text{csi},2}}{\text{CSI}_1} \tag{8-29}$$

$$H_{21}(f) = \frac{R_{\text{csi},1}}{\text{CSI}_2} \tag{8-30}$$

$$H_{22}(f) = \frac{R_{\text{csi},2}}{\text{CSI}_2} \tag{8-31}$$

其中,CSI_1 为由发射天线 1 播发的 CSI-RS 的傅里叶变换,CSI_2 为由发射天线 2 播发的 CSI-RS 的傅里叶变换,$R_{\text{csi},1}$ 为由接收天线 1 接收的 CSI-RS 分量的傅里叶变换,$R_{\text{csi},2}$ 为由接收天线 2 接收的 CSI-RS 分量的傅里叶变换。根据式(8-28)~式(8-31)可以得到发射天线与接收天线两两组合之间的信道冲激响应,并以此可以在终端还原出发射天线 1 播发的通信信号和由发射天线 2 播发的定位信号。

当定位信号中不播发 CSI-RS 时,仍可通过式(8-28)~式(8-31),将发射天线 2 中播发的 CSI-RS 替换为定位参考信号,使用定位参考信号实现对信道的估计,但是定位参考信号由于其本身并非为探测信道设计,因此信道估计值相比于 CSI-RS 并不准确。仍可通过该方法在终端上还原出发射天线 1 播发的通信信号和由发射天线 2 播发的定位信号。根据探测的信道来对通信信号和定位信号的还原方法如下:

$$\begin{bmatrix} S_1(f) \\ S_2(f) \end{bmatrix} = \begin{bmatrix} H_{11}(f) & H_{21}(f) \\ H_{12}(f) & H_{22}(f) \end{bmatrix} \cdot \begin{bmatrix} R_1(f) \\ R_2(f) \end{bmatrix} \tag{8-32}$$

$$s_1(t) = \mathcal{F}^{-1}(S_1(f)) \tag{8-33}$$

$$s_2(t) = \mathcal{F}^{-1}(S_2(f)) \tag{8-34}$$

其中,$s_1(t)$ 为还原的通信信号,$s_2(t)$ 为还原的定位信号,$\mathcal{F}^{-1}(\cdot)$ 表示逆傅里叶变换。

8.2.3 定位性能与通信性能分析

在本节中,分别对基于阵列天线空分复用的定位信号播发及接收策略下移动通信网络测距性能与通信性能进行了仿真分析,在对其定位性能进行分析时,采用定位信号的 1σ 测距精度作为定位性能的指标,在对其通信性能进行分析时,采用通信的误比特率(Bit Error Rate,BER)和信息传输速率作为通信性能的指标。对于定位性能分析来说,对比的方法有:只播发定位信号、定位信号与通信信号空分

复用、带内定位信号播发。对于通信性能的分析来说，对比的方法有：只播发通信信号、定位信号与通信信号空分复用、带内定位信号播发。上述四种方法的资源图如图 8-2 所示。

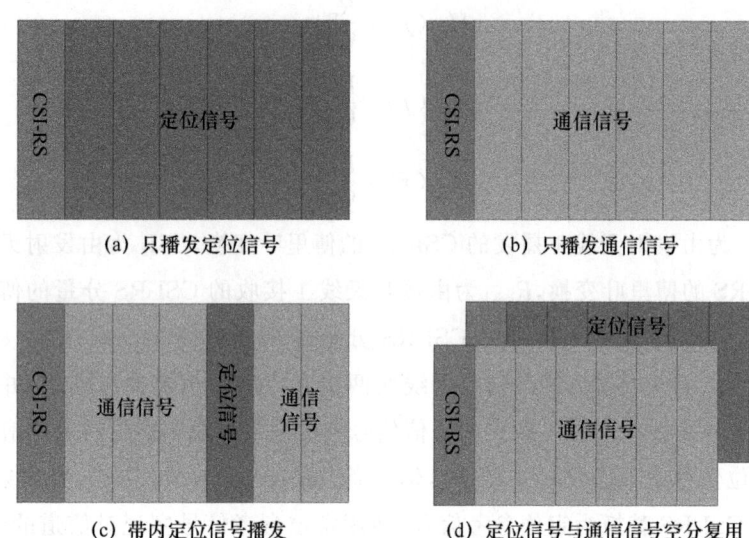

图 8-2　信号播发方式资源图

定位性能的仿真结果如图 8-3 所示，通信性能误比特率仿真结果如图 8-4 所示，信息传输速率仿真结果如图 8-5 所示。

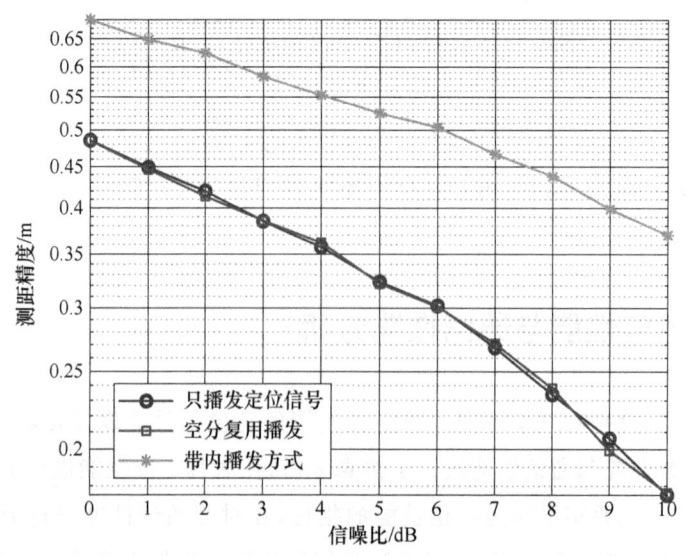

图 8-3　定位性能仿真分析

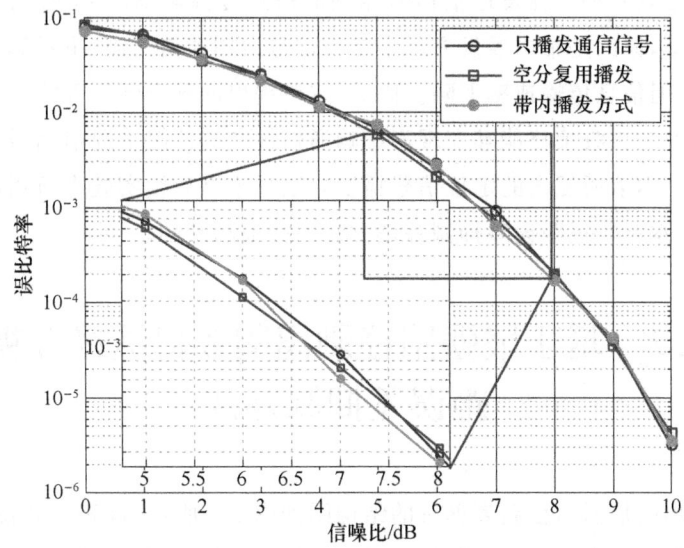

图 8-4　通信性能误比特率仿真分析

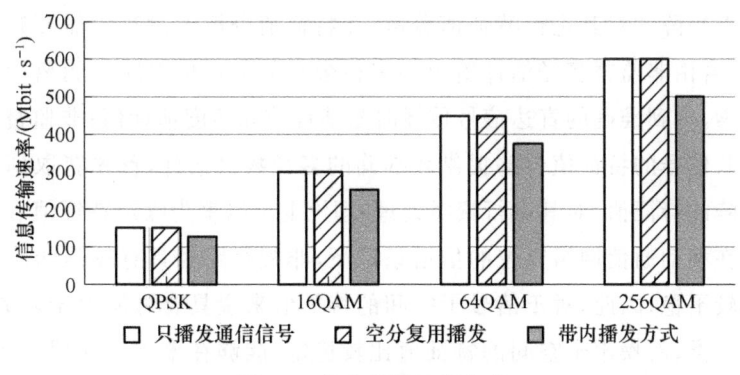

图 8-5　信息传输速率仿真

在图 8-3 中,将是否播发通信信号下的定位信号的测距性能进行了对比分析。从图中可以看出,单独播发定位信号下的测距性能和基于空分复用的定位信号播发下的测距性能相似,而带内播发方式的定位性能弱于空分复用的定位性能,原因是带内播发方式中定位信号所用资源受限。因此,本节提出的基于阵列天线的空分复用的定位信号播发与接收策略能够实现不影响定位性能的情况下通信信号与定位信号的同频复用,比传统带内定位信号播发方式具有更高的定位性能。

在图 8-4 中,将是否播发定位信号下的通信性能进行了对比分析,从图中可以看出,单独通信信号下的通信性能和基于空分复用的定位信号播发策略下的通信性能相似,带内播发方式也不会影响通信的误比特率。在图 8－5 中,可以看出本书提出的方法具有和只播发通信信号相同的信息传输速率,大于带内播发方式的信息传输速率,原因是带内播发方式中定位信号占用通信资源,虽不影响通信本身的误比特率,但信息传输速率下降。因此,本节提出的基于阵列天线的空分复用的定位信号播发与接收策略能够实现不影响通信性能的情况下通信信号与定位信号的同频复用。本节所提出的定位信号播发方法是本书后续实验中所用的定位信号播发方法,是本章非视距误差抑制补偿方法的验证的基础。

8.3 基于最强路径剥离的弱直达径非视距误差抑制方法

本节提出的最强路径剥离算法的结构图如图 8-6 所示,首先判断视距传播、弱直达径非视距或无直达径非视距传播,如果判断为弱直达径非视距传输,则通过互相关结果对非视距路径进行传播时延估计,重构并剥离最强路径,然后求解接收信号的协方差矩阵并对其进行特征值分解,在特征值分解的过程中需要知道多径数目,因此联合由非监督多径估计给出的多径数目的估计值对路径剥离后的信号进行谱峰搜索,得到准确的直达信号传播时延估计值和角度估计值;非监督多径估计部分为接收信号的特征值分解提供较准确的多径数目估计,首先获取到接收信号协方差矩阵的特征值,对其进行聚类处理,理论上可以聚为噪声特征值和信号特征值两类。在移动通信网络定位的信道条件下,非视距路径具有较强的波动性而噪声分布比较平稳,因此,对于信号子空间的特征值来说具有可能由于其方差较大,无法聚为一类,而噪声子空间的特征值比较稳定,能够在聚类中聚成一类。因此,可以通过对聚类结果进行反向估计,即将不能聚为一类的离散点作为信号子空间对应的特征值,这些离散点的个数就是多径数目。下面我们对基于最强路径剥离的弱直达径非视距误差抑制方法算法进行详细描述。

8.3.1 视距/非视距传播识别

对移动通信网络定位的接收信号进行互相关运算,多径信道传输条件下的互相关结果为

$$R_A(\tau) = \sum_{n=0}^{K_A-1} [s_T(n-\tau)s_R^*(n)] = \sum_{n=0}^{K_A-1} \left[s_T(n-\tau) \sum_{i}^{K} s_T^*(n-\tau_i) \right] \quad (8\text{-}35)$$

第 8 章 | 弱直达径非视距传播的识别与抑制

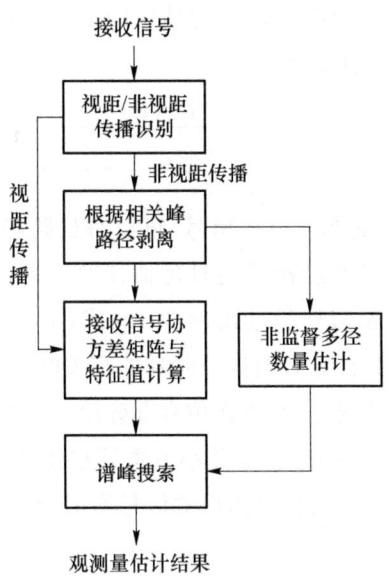

图 8-6 基于最强路径剥离的非视距误差抑制方法结构图

$$K_A = K_R + K_T - 1 \tag{8-36}$$

其中，K_R 为定位接收信号的信号序列长度，K_T 为定位发射信号的信号序列长度，K_A 为发射接收信号互相关结果的长度。然后对离散的互相关结果进行峰值检测，粗略估计多径时延。首先对发射接收信号的互相关结果求解梯度：

$$G_A(\tau) = R_A(\tau) - R_A(\tau - 1) \tag{8-37}$$

其中，$G_A(\tau)$ 为互相关结果的梯度值，时延估计的结果可以由式(8-38)给出：

$$\tau_i = \arg[G_A(\tau - 1) > 0 \wedge G_A(\tau) < 0 \wedge R_A(\tau) \geqslant P_T] \tag{8-38}$$

其中，τ_i 为得出的多径时延估计值，P_T 为互相关峰值检测的阈值，当互相关峰小于此阈值时，该峰对应的时延不作为多径时延。在直达径与非视距径之间的时延较大时，能够通过互相关结果进行非视距的判断，但是当直达径与非视距径之间的时延较小时，互相关结果表现为变形的相关峰，此时无法通过互相关结果对非视距类型进行准确的判断。因此，采用基于双级支持向量机的非视距类型智能识别方法进行识别，识别为弱直达径非视距后进行后续抑制步骤。对识别出的非视距信号进行路径剥离处理，剥离强度较大的非直射径信号，减少在 MUSIC 算法中非直射径信号对直射径信号的淹没。剥离的主要方式为重构非直射径信号，在接收信号中将其剥离，重构非直射径信号的方法如下：

$$s_{\text{NLOS}} = \sum_{i=1}^{M_P - 1} A_{m_{i+1}} s_T(n - \tau_{i+1}) \tag{8-39}$$

其中，s_{NLOS} 为重构的非直射径信号，M_P 为估计的多径时延数，A_{m_i} 为各非直达径信号分量的幅度衰减，计算方法如下：

$$A_{m_i} = \frac{R_A(\tau_i)}{\max\left[\sum_{n=0}^{K_A-1} s_T(n-\tau)s_T^*(n)\right]} \quad (8\text{-}40)$$

将接收信号减去重构的非直射径信号，可以得到路径剥离后的信号 $s_{\text{PM}}(n) = s_R(n) - s_{\text{NLOS}}(n)$，由于互相关过程得到时延估计并不准确，导致路径剥离会有残余，可以将 $s_{\text{PM}}(n)$ 作为接收信号经过式(8-37)~式(8-40)进行二次路径剥离或多次路径剥离，但多次剥离后会导致弱信号时延的相关峰与 OFDM 信号相关自身存在的侧峰混淆，导致更大的误差，本书在仿真部分给出了剥离次数和测距精度的对比分析，在两种误差中找到平衡。8.3.2 小节主要描述协方差矩阵和特征值计算，为了简化描述，将经过不同次路径剥离后的信号均记为 $s_{\text{PM}}(n)$。

8.3.2 测距协方差矩阵与特征值计算

由于经过最强路径剥离后的信号仍存在直射径和多径残余分量，可以将 $s_{\text{PM}}(n)$ 表示为

$$s_{\text{PM}}(n) = \sum_{i=0}^{N_{\text{PM}}-1} \beta_i s_T(n-\tau_i) + \omega(n) \quad (8\text{-}41)$$

其中，N_{PM} 为路径剥离后的多径数目，β_i 为各多径幅度衰减，τ_i 为各多径时延。将 5G 基带信号作为发射信号带入式(8-41)并矩阵化表示可得

$$\boldsymbol{S}_{\text{PM}} = \boldsymbol{A}\boldsymbol{\lambda} + \boldsymbol{W} \quad (8\text{-}42)$$

其中，

$$\boldsymbol{S}_{\text{PM}} = [s_{\text{PM}}(0), s_{\text{PM}}(1), \cdots, s_{\text{PM}}(N-1)]^T \quad (8\text{-}43)$$

$$\boldsymbol{A} = [\boldsymbol{a}(\tau_0), \boldsymbol{a}(\tau_1), \cdots, \boldsymbol{a}(\tau_{N_{\text{PM}}-1})] \quad (8\text{-}44)$$

$$\boldsymbol{a}(\tau_1) = \left[\sum_{k=0}^{N_{\text{SC}}-1} r(k) e^{j2\pi(k+k_0)\Delta f[(-\tau_i)(T_C-T_{\text{CP}})]}, \right.$$

$$\sum_{k=0}^{N_{\text{SC}}-1} r(k) e^{j2\pi(k+k_0)\Delta f[(1-\tau_i)(T_C-T_{\text{CP}})]},$$

$$\vdots$$

$$\left. \sum_{k=0}^{N_{\text{SC}}-1} r(k) e^{j2\pi(k+k_0)\Delta f[(N-1-\tau_i)(T_C-T_{\text{CP}})]} \right]^T \quad (8\text{-}45)$$

$$\boldsymbol{\lambda} = [\beta_0, \beta_1, \cdots, \beta_{N_{\text{SC}}-1}]^T \quad (8\text{-}46)$$

第8章 | 弱直达径非视距传播的识别与抑制

$$W = [\omega(0), \omega(1), \cdots, \omega(N-1)] \tag{8-47}$$

通过计算信号的协方差矩阵,得到协方差矩阵 R。对 R 进行特征值分解:

$$R = U\Lambda U^{-1} \tag{8-48}$$

其中,U 为 R 的特征向量组成的矩阵,Λ 为 R 的特征值组成的对角矩阵。

$$\Lambda = \begin{bmatrix} \lambda_1 & 0 & \cdots & 0 \\ 0 & \lambda_2 & \cdots & 0 \\ \vdots & \vdots & & \vdots \\ 0 & 0 & \cdots & \lambda_N \end{bmatrix} \tag{8-49}$$

8.3.3 测角协方差矩阵与特征值计算

当阵列天线阵元数大于多径数时,将来自多天线系统的每个天线阵元的接收信号采用 8.3.1 小节的方法进行非视距路径的剥离,得到路径剥离后的多天线接收信号如下:

$$X_{pm}(t) = [x_{1,pm}(t), x_{2,pm}(t), \cdots, x_{M,pm}(t)]^T \tag{8-50}$$

该信号可表示为

$$X_{pm}(t)X = AS(t) + N(t) \tag{8-51}$$

其中,A 为均匀线阵的方向响应向量,S 为终端发送的上行信号,N 为噪声。公式中各个矩阵的表达式如下:

$$S(t) = [S_1(t), S_2(t), \cdots, S_D(t)]^T \tag{8-52}$$

$$A = [a(\theta_1), a(\theta_2), \cdots, a(\theta_D)]^T \tag{8-53}$$

$$N(t) = [n_1(t), n_2(t), \cdots, n_M(t)]^T \tag{8-54}$$

在方向响应向量 A 中有

$$a(\theta_i) = [1, e^{-j\varphi i}, \cdots, e^{-j(M-1)\varphi i}] \tag{8-55}$$

在上述模型的基础上,通过多次采集信号来近似接收信号期望的方法来计算阵列信号的协方差矩阵:

$$R = E[X(t)X(t)^H] \tag{8-56}$$

其中,R 是上行信号的协方差矩阵,由于信号和噪声是相互独立的,阵列信号的协方差矩阵可分解为信号子空间和噪声子空间。对阵列信号的协方差矩阵 R 进行分解,可以得到

$$R = U_S \Sigma_S U_S^H + U_N \Sigma_N U_N^H \tag{8-57}$$

由此可以计算出测角的协方差矩阵与特征值。

8.3.4 基于特征值的非监督多径数量估计方法

本节采用具有噪声的基于密度的聚类方法(Density-Based Spatial Clustering of Applications with Noise,DBSCAN)作为非监督多径数目估计算法的聚类方法,对特征值 $\lambda=[\lambda_1,\lambda_2,\cdots,\lambda_N]$ 进行聚类。通过对聚类结果进行反向估计,即将不能聚为一类的离散点作为信号子空间对应的特征值,这些离散点的个数就是多径数目。下面对非监督多径数目估计进行详细描述。

DBSCAN聚类方法的主要参数为聚类半径和相邻密度阈值,聚类半径用于划定参与相邻密度判断的样本,相邻密度阈值影响聚类结果中一个类的样本之间的最小密度。

在本节中,对特征值进行聚类的聚类半径计算方法如下:

$$\text{radius}=\frac{\max(\lambda)-\min(\lambda)}{5\times10^4} \tag{8-58}$$

非监督多径数目估计的算法过程描述如算法1所示。将输出的多径数目估计 N_{PM} 作为噪声子空间对应的特征值个数,得到噪声子空间 U_e。

算法

输入:$\lambda,P_{\text{ts}},\text{radius}$

输出:N_{NC}

1: 将 λ 所有元素标记为未访问;
2: 随机选取一个未方位的元素 p;
3: 将 p 标记为已访问;
4: 将 C_p 定义为元素距 p 小于 radius 的集合;
5: $N_p \leftarrow \text{length}(C_p)$;
6: IF $N_p \geqslant P_{\text{ts}}$
7:     建立一个新类,将 p 加入该类;
8:     FOR C_p 中的每个元素 p'
9:         IF p' 是未访问
10:         将 p' 标记为已访问;
11:         将 $C_{p'}$ 定义为元素距 p' 小于 radius 的集合;
12:         IF $\text{length}(C_{p'}) \geqslant P_{\text{ts}}$

13：	将 $C_{p'}$ 中所有元素加入这个新类；
14：	END IF
15：	IF p' 不属于任何其他类
16：	将 p' 加入这个新类；
17：	END IF
18：	END IF
19：	END FOR
20：	END IF
21：	N_{mode} 是具有最多元素数的类的元素个数；
22：	$N_{\text{NC}} \leftarrow \text{length}(\lambda) - N_{\text{mode}}$；

8.3.5 MUSIC 谱函数计算与峰值搜索

通过式(8-57)得到信号的噪声子空间，为了减少折射信号对透射信号的淹没现象，我们改进了传统 MUSIC 算法中谱函数的计算方法，改进的计算方法如下：

$$P_{\text{norm}} = |\boldsymbol{a}(\tau_i)\boldsymbol{U}_e| \tag{8-59}$$

$$P_{\text{MUSIC}} = 10^{\frac{\max(P_{\text{norm}}) - P_{\text{norm}}}{\max(P_{\text{norm}}) - \min(P_{\text{norm}})}} \tag{8-60}$$

其中，$\boldsymbol{U}_e$ 为信号的噪声子空间矩阵，P_{MUSIC} 为谱函数。寻找 P_{MUSIC} 的峰值对应的时延作为传播时延估计值，即传播时延估计值为

$$\hat{\tau} = \text{argmax}(P_{\text{MUSI}}) \tag{8-61}$$

经过上述过程，可以得到传播时延的估计值。

8.4 基于 RSS 和 RTT 差异的非视距传播检测算法

本节提出了一种基于 RSS 和 RTT 差异的非视距检测算法，旨在提高 5G 毫米波(mmWave)信号在车辆物联网(IoT)应用中的定位精度。首先，通过比较接收信号强度(RSS)和基于时间的距离(RTT)差异，识别视距和非视距传播。若检测到非视距传播，则通过 Kalman 滤波器(KF)动态调整测量协方差矩阵，以降低非视距

测量的权重。

8.4.1 基于 RSS 和 RTT 差异的非视距检测算法

在移动通信网络中,接收信号强度(RSS)和基于时间的距离(RTT)是非视距检测的两个关键指标。RSS 用于估算用户设备(UE)与基站(gNB)之间的距离,计算公式如下:

$$\mathrm{PL}=\mathrm{PL}_0+10n\lg\left(\frac{d}{d_0}\right)+X_g \tag{8-62}$$

其中,PL 是总路径损耗(dB),PL_0 是参考距离处的路径损耗(dB),n 是路径损耗指数,d 是 UE 与 gNB 之间的距离,X_g 是反映衰落影响的白噪声。

通过 RSS 测量计算距离:

$$r_{\mathrm{RSS}}=d_0 \cdot 10^{\frac{\mathrm{PL}-\mathrm{PL}_0-X_g}{10n}} \tag{8-63}$$

基于时间的距离通过往返时间(RTT)计算得出:

$$r_{\mathrm{RTT}}=\tau \cdot c \tag{8-64}$$

其中,τ 是到达时间(ToA),c 是光速。

在视距情况下,基于 RSS 和 RTT 的距离计算差异很小:

$$r_{\mathrm{RSS}}-r_{\mathrm{RTT}}\approx 0 \tag{8-65}$$

在非视距情况下,信号需要经过障碍物反射或折射,导致路径更长,基于时间的距离显著增加:

$$r_{\mathrm{RTT}}=(\tau_1+\tau_2) \cdot c \tag{8-66}$$

同时,RSS 计算的距离会因为障碍物吸收信号导致更大的路径损耗:

$$r_{\mathrm{RSS}}=d_0 \cdot 10^{\frac{\mathrm{PL}_1+\mathrm{PL}_2+\mathrm{PL}_a-\mathrm{PL}_0-X_g}{10a}} \tag{8-67}$$

通过比较基于 RSS 和 RTT 的距离差异,可以识别非视距情况:

$$r_{\mathrm{RSS}}-r_{\mathrm{RTT}} \begin{cases} <\Theta, & \mathrm{LOS} \\ >\Theta, & \mathrm{NLOS} \end{cases} \tag{8-68}$$

其中,阈值 Θ 根据材料特性选择,确保反射最少的材料也能被检测到。

8.4.2 基于 Kalman 滤波器的非视距缓解算法

Kalman 滤波器是一种基于贝叶斯估计的滤波器,用于融合多传感器数据,以提高定位精度。其状态向量包含车辆的位置和速度：

$$\boldsymbol{X}_k = \begin{bmatrix} x_k \\ y_k \\ v_{x(k)} \\ v_{y(k)} \end{bmatrix} \tag{8-69}$$

状态转移矩阵为

$$\boldsymbol{F} = \begin{bmatrix} 1 & 0 & \Delta t & 0 \\ 0 & 1 & 0 & \Delta t \\ 0 & 0 & 1 & 0 \\ 0 & 0 & 0 & 1 \end{bmatrix} \tag{8-70}$$

其中，Δt 是两个时刻之间的时间间隔。

测量向量包含多个 gNB 提供的 2D 位置数据，表示为

$$\boldsymbol{Z}_k = \begin{bmatrix} x_1 \\ y_1 \\ \vdots \\ x_N \\ y_N \end{bmatrix} \tag{8-71}$$

测量模型表示测量向量与状态向量之间的关系，表示为

$$\boldsymbol{H} = \begin{bmatrix} 1 & 0 & 0 & 0 \\ 0 & 1 & 0 & 0 \\ \vdots & \vdots & \vdots & \vdots \\ 1 & 0 & 0 & 0 \\ 0 & 1 & 0 & 0 \end{bmatrix} \tag{8-72}$$

为了缓解非视距传播对定位精度的影响，可以通过动态调整测量协方差矩阵 $\boldsymbol{R}$ 来降低非视距测量的权重。

首先，在初始化阶段，Kalman 滤波器的状态和协方差矩阵需要被设置为初始值。接下来，进入预测步骤，根据上一个时刻的状态估计和状态转移矩阵，预测当前时刻的状态和协方差矩阵。具体的公式如下：

$$\boldsymbol{X}_{k|k-1} = \boldsymbol{F} \boldsymbol{X}_{k-1|k-1} \tag{8-73}$$

$$\boldsymbol{P}_{k|k-1} = \boldsymbol{F} \boldsymbol{P}_{k-1|k-1} \boldsymbol{F}^{\mathrm{T}} + \boldsymbol{Q} \tag{8-74}$$

其中，$\boldsymbol{P}$ 是状态协方差矩阵，$\boldsymbol{Q}$ 是过程噪声协方差矩阵。

然后,进入计算 Kalman 增益阶段。根据预测的协方差矩阵和测量协方差矩阵,计算 Kalman 增益,公式如下:

$$K_k = P_{k|k-1}H^T(HP_{k|k-1}H^T + R)^{-1} \tag{8-75}$$

在得到 Kalman 增益后,利用测量数据更新状态估计,公式为

$$X_{k|k} = X_{k|k-1} + K_k(Z_k - HX_{k|k-1}) \tag{8-76}$$

同时,状态协方差矩阵也需要更新,更新公式为

$$P_{k|k} = (I - K_kH)P_{k|k-1} \tag{8-77}$$

此外,Kalman 滤波器还需动态调整测量协方差矩阵。当检测到非视距通信时,需增大相应测量的不确定性。如果某个基站被判定为非视距传播,则增加该基站对应的测量协方差,以降低其对最终定位结果的影响。通过以上步骤,Kalman 滤波器能够有效地融合预测和测量信息,提供准确的状态估计。

8.5 基于广义似然比检验的非视距传播检测算法

在城市环境的非视距条件下,定位精度会显著下降。为了提高非视距条件下的定位性能,本节采用了广义似然比检验(GLRT)检测器,通过分析波束参考信号接收功率(BRSRP)和出发方向(DoD)的差值信号来识别非视距条件。

8.5.1 GLRT 检测器原理

GLRT 是一种常用的统计检测方法,通过比较不同假设下的似然比来进行决策。GLRT 的基本思想是通过计算观测数据在不同假设下的似然函数,并比较这些似然函数的比值来进行检测。假设 H_0 表示视距条件,H_1 表示非视距条件,则 GLRT 的检测统计量 $\Lambda(y)$ 定义为

$$\Lambda(y) = \frac{L(y; H_1)}{L(y; H_0)} \tag{8-78}$$

其中,$L(y; H_0)$ 和 $L(y; H_1)$ 分别表示观测数据 y 在假设 H_0 和 H_1 下的似然函数。检测规则为:当 $\Lambda(y)$ 超过某个阈值时,判定为非视距条件,否则判定为视距条件。

8.5.2 检测信号的定义

首先是 BRSRP 差值信号。在非视距条件下,由于信号路径的反射和散射,

BRSRP 的差值会发生显著变化。由于 BRSRP 和 GNSS 数据的采样率不同，BRSRP 数据进行了低通滤波处理，即每 10 个样本取平均值，以匹配 GNSS 数据的采样率。定义最高 BRSRP 和后续 9 个波束的 BRSRP 差值为

$$\Delta \text{BRSRP} = \text{BRSRP}_{\max} - \text{BRSRP}_{\text{next}} \tag{8-79}$$

其中，$\text{BRSRP}_{\max}$ 表示最高 BRSRP，$\text{BRSRP}_{\text{next}}$ 表示后续 9 个波束的 BRSRP。

其次是 DoD 差值信号。DoD 的差值在非视距条件下也会有显著变化。定义最高 DoD 和后续 9 个波束的 DoD 差值为

$$\Delta \text{DoD} = \text{DoD}_{\max} - \text{DoD}_{\text{next}} \tag{8-80}$$

其中，$\text{DoD}_{\max}$ 表示最高 DoD，DoD_{next} 表示后续九个波束的 DoD。

8.5.3 检测过程

假设在视距条件下，ΔBRSRP 和 ΔDoD 服从均值为 μ_0，方差为 σ_0^2 的高斯分布；在非视距条件下，服从均值为 μ_1，方差为 σ_1^2 的高斯分布。则在假设 H_0 和 H_1 下，ΔBRSRP 和 ΔDoD 的似然函数分别为

$$L(\Delta_{\text{BRSRP}}; H_0) = \frac{1}{\sqrt{2\pi\sigma_0^2}} \exp\left(-\frac{(\Delta_{\text{BRSRP}} - \mu_0)^2}{2\sigma_0^2}\right) \tag{8-81}$$

$$L(\Delta_{\text{BRSRP}}; H_1) = \frac{1}{\sqrt{2\pi\sigma_1^2}} \exp\left(-\frac{(\Delta_{\text{BRSRP}} - \mu_1)^2}{2\sigma_1^2}\right) \tag{8-82}$$

$$L(\Delta_{\text{DoD}}; H_0) = \frac{1}{\sqrt{2\pi\sigma_0^2}} \exp\left(-\frac{(\Delta_{\text{DoD}} - \mu_0)^2}{2\sigma_0^2}\right) \tag{8-83}$$

$$L(\Delta_{\text{DoD}}; H_1) = \frac{1}{\sqrt{2\pi\sigma_1^2}} \exp\left(-\frac{(\Delta_{\text{DoD}} - \mu_1)^2}{2\sigma_1^2}\right) \tag{8-84}$$

根据以上似然函数，GLRT 统计量 $\Lambda(\Delta_{\text{BRSRP}})$ 和 $\Lambda(\Delta_{\text{DoD}})$ 分别为

$$\Lambda(\Delta_{\text{BRSRP}}) = \frac{L(\Delta_{\text{BRSRP}}; H_1)}{L(\Delta_{\text{BRSRP}}; H_0)} = \frac{\exp\left(-\frac{(\Delta_{\text{BRSRP}} - \mu_1)^2}{2\sigma_1^2}\right)}{\exp\left(-\frac{(\Delta_{\text{BRSRP}} - \mu_0)^2}{2\sigma_0^2}\right)} \tag{8-85}$$

$$\Lambda(\Delta_{\text{DoD}}) = \frac{L(\Delta_{\text{DoD}}; H_1)}{L(\Delta_{\text{DoD}}; H_0)} = \frac{\exp\left(-\frac{(\Delta_{\text{DoD}} - \mu_1)^2}{2\sigma_1^2}\right)}{\exp\left(-\frac{(\Delta_{\text{DoD}} - \mu_0)^2}{2\sigma_0^2}\right)} \tag{8-86}$$

通过设定阈值 γ，当 $\Lambda(\Delta_{\text{BRSRP}}) > \gamma$ 或 $\Lambda(\Delta_{\text{DoD}}) > \gamma$ 时，判定为非视距条件；否则，判定为视距条件。通过使用广义似然比检验，基于 BRSRP 和 DoD 的差值信

号,可以有效地识别非视距条件。在实际应用中,结合这些检测器可以显著改善城市环境中非视距条件下的定位性能。

8.6 北斗导航系统的基于机器学习网络非视距传播检测算法

北斗导航卫星系统(BDS)中,识别和缓解非视距信号对于提高定位精度至关重要。非视距信号在到达接收器之前会被反射或折射,导致定位误差,进而造成定位精度的下降。在基于 BDS 信号定位系统中,提高定位精度的方法有很多,例如:多传感器融合方法,即利用 BDS 与其他传感器(如激光雷达、惯性测量单元等)的结合来提高定位精度。这种方法尽管有效,但需要额外的硬件设备,增加了成本和系统的复杂性;基于机器学习的方法,即通过数据训练模型来检测非视距信号。例如,支持向量机(SVM)、决策树(DT)、随机森林(RF)和多层感知机(MLP)等方法能够自动提取高维特征,提高识别准确率,然而,这些方法在不同环境中的泛化性能较差,需要大量标记数据进行训练。此外,深度学习方法能够有效解决非线性问题,并广泛应用于 BDS 信号识别。

8.6.1 基于机器学习的非视距特征选择

在使用机器学习网络对卫星信号进行处理之前,需要进行特征提取与处理。BDS 的原始观测数据包括载噪比(C/N_0)、伪距残差(PR)、仰角(EA)、载波相位和多普勒频移。这些原始观测参数可用作机器学习的特征,本节选择了其中三个代表性特征作为输入数据。

第一个特征是载噪比,载噪比是射频(RF)信号(如 BDS)的基本质量指标,表明接收信号的强度。C/N_0 较强的信号具有更好的定位性能。然而,在城市森林环境中,由于视距信号叠加了反射和折射等非视距信号,信号强度会减弱。C/N_0 可以通过以下公式计算:

$$C/N_0 = A_d^2 + A_r^2 + A_m^2 + 2A_d A_r A_m \cos \Delta\phi \tag{8-87}$$

其中,A_d^2、A_r^2 和 A_m^2 分别为视距、非视距和多径信号的幅度;$\Delta\phi$ 为非视距的相位偏移。由式(8-87)可见,BDS 信号的强度与非视距和多径信号的强度密切相关。

使用 C/N_0 而不是信噪比(SNR)的原因是,SNR 是信号或载波功率与给定带宽内噪声功率之比。因此，需要确保带宽相同才能在不同信号之间进行公平的 SNR 比较。C/N_0 是每单位带宽的载波功率与噪声功率之比，不依赖于接收机带宽，可直接用于指示接收信号的质量。

第二个特征是伪距残差，表示卫星与地面用户接收位置之间的几何距离，通常使用加权最小二乘法计算。公式如下：

$$\Delta x = (\boldsymbol{H}^T \boldsymbol{W} \boldsymbol{H})^{-1} \boldsymbol{H}^T \boldsymbol{W} \Delta \boldsymbol{\rho} \tag{8-88}$$

其中，Δx 表示接收机状态，包括接收机与卫星之间的三维位置差异和接收机时钟误差。$\boldsymbol{H}$ 是卫星的观测矩阵，$\boldsymbol{\rho}$ 是伪距测量向量，$\boldsymbol{W}$ 是加权矩阵。根据式(8-88)，可以计算每颗卫星的伪距残差：

$$PR = \Delta \boldsymbol{\rho} - \boldsymbol{H} \Delta x \tag{8-89}$$

对于静态接收机，视距卫星的伪距残差在零附近略有波动，而多径和非视距卫星的伪距残差通常较大。

第三个特征是仰角，卫星仰角是信号识别的重要指标之一，可通过式(8-90)计算：

$$EA = \sin^{-1}(r_U / \|\boldsymbol{r}\|) \tag{8-90}$$

其中，r_U 表示卫星到接收机的矢量在垂直方向上的分量，$\|\boldsymbol{r}\|$ 表示该矢量的模长。

特征选择完成后，使用最大差值归一化方法，将原始数据转换为无量纲形式，使其值集中在 0 到 1 之间。归一化公式为

$$x_i = \frac{x - x_{\min}}{x_{\max} - x_{\min}} \tag{8-91}$$

其中，x_i 是归一化后的数据，x 是原始数据，$x_{\min}$ 和 $x_{\max}$ 分别为数据的最小值和最大值。

8.6.2 基于随机森林的非视距传播的识别

常见的机器学习分类模型包括随机森林、支持向量机和多层感知机等。其中，随机森林被定义为一种决策树的组合，其中森林中的每棵树都依赖于一个随机向量的值，这个随机向量对所有树采样都是独立同分布的。简而言之，随机森林基于多棵决策树构建，并将它们合并以获得更准确、更稳定的最终预测结果。

随机森林的两个显著优点是：

① 通过平均多棵树的结果减少过拟合。
② 预测错误的风险较低，因为只有当超过一半的基础分类器(决策树)出错

时,随机森林才会做出错误的预测。

然而,随机森林的缺点是它通常比简单的决策树算法更复杂和计算成本更高。一般来说,森林中的树越多,预测就越准确。然而,这种灵活性的代价是处理时间(训练和测试时间)。

具体而言,在基于随机森林的非视距卫星识别过程中,我们将 C/N_0、PR 和 EA 作为输入特征,进行非视距分类。假设输入特征为 $x=[C/N_0, PR, EA]$,特征输入后,对于每棵树,选择训练数据的随机子集和特征的随机子集。根据信息增益或基尼系数选择最佳分裂点,构建决策树。然后进行分类决策,即对多棵决策树的输出结果进行平均。随机森林的分类决策函数如下:

$$f(x) = \frac{1}{N} \sum_{i=1}^{N} T_i(x) \tag{8-92}$$

其中,$T_i(x)$ 是第 i 棵决策树的输出,且 $T_i(x) \in \{0,1\}$,0 表示非视距,1 表示视距。N 是决策树的数量。

决策规则如下:

$$\begin{cases} f(x) \geqslant 0.5, & \text{LOS} \\ f(x) < 0.5, & \text{NLOS} \end{cases} \tag{8-93}$$

8.6.3 基于支持向量机的非视距传播的识别

支持向量机是一种监督学习模型,适用于分类和回归任务。支持向量机通过找到一个最优超平面,使得各类数据点之间的间隔最大化,从而实现分类。通过核函数,支持向量机能够处理线性不可分的数据,将其映射到高维空间进行分类。

在基于支持向量机的非视距卫星识别过程中,我们将 C/N_0、PR 和 EA 作为输入特征,进行非视距分类。假设输入特征为 $x=[C/N_0, PR, EA]$,特征输入后,支持向量机的核函数将输入特征映射到高维空间。通过核函数,可以在高维空间中找到一个线性可分的超平面,即使在原始空间中数据是非线性可分的。常用的核函数包括线性核、多项式核和高斯核(RBF 核)。本节选择高斯核,公式表示如下:

$$K(x_i, x) = \exp\left(-\frac{\|x_i - x\|^2}{2\sigma^2}\right) \tag{8-94}$$

在确定核函数后,支持向量机的分类决策函数可以表示为

$$f(x) = \sum_{i=1}^{N} \alpha_i y_i K(x_i, x) + b \tag{8-95}$$

其中,$x=[C/N_0, PR, EA]$ 表示输入特征向量,x_i 表示训练样本的特征向量,α_i 表

示拉格朗日乘子；y_i 表示训练样本的类别标签。对于二分类问题，通常定义为 $y_i \in \{1, -1\}$，其中 1 表示视距卫星信号，-1 表示非视距卫星信号；b 表示偏置项，是分类决策函数的一部分，用于调整决策边界。

假设我们使用高斯核，输入特征向量 x 和训练样本 x_i 的距离度量为

$$\|x_i - x\|^2 = (C/N_{0i} - C/N_0)^2 + (PR_i - PR)^2 + (EA_i - EA)^2 \quad (8\text{-}96)$$

分类决策函数为

$$f(x) = \sum_{i=1}^{N} \alpha_i y_i \exp\left(-\frac{(C/N_{0i} - C/N_0)^2 + (PR_i - PR)^2 + (EA_i - EA)^2}{2\sigma^2}\right) + b$$

$$(8\text{-}97)$$

据决策规则，如果 $f(x) \geq 0$，则分类为视距；否则分类为非视距。通过这种方式，支持向量机可以有效地利用 C/N_0、伪距残差和仰角特征对非视距信号进行分类。

8.6.4 基于多层感知机的非视距传播的识别

多层感知器是一种前馈神经网络，具有一个或多个隐藏层。多层感知器通过非线性激活函数和全连接层能够学习复杂的特征关系，适用于各种分类任务。多层感知器可以通过反向传播算法进行训练，优化网络权重以最小化分类误差。

在基于多层感知机的非视距卫星识别过程中，我们将 C/N_0、PR 和 EA 作为输入特征，进行非视距分类。假设输入特征为 $x = [C/N_0, PR, EA]$，从输入层到多个隐藏层可以表示为

$$\begin{cases} h_1 = \phi(\boldsymbol{W}_1 x + \boldsymbol{b}_1) \\ h_2 = \phi(\boldsymbol{W}_2 h_1 + \boldsymbol{b}_2) \\ \quad \vdots \\ h_L = \phi(\boldsymbol{W}_L h_{L-1} + \boldsymbol{b}_L) \end{cases} \quad (8\text{-}98)$$

从隐藏层到输出层可以表示为

$$o = \sigma(\boldsymbol{W}_{L+1} h_L + \boldsymbol{b}_{L+1}) \quad (8\text{-}99)$$

式（8-88）和式（8-89）中：$\boldsymbol{W}_1, \boldsymbol{W}_2, \cdots, \boldsymbol{W}_{L+1}$ 是权重矩阵；$\boldsymbol{b}_1, \boldsymbol{b}_2, \cdots, \boldsymbol{b}_{L+1}$ 是偏置向量；ϕ 是隐藏层的非线性激活函数（如 ReLU、tanh 等）；σ 是输出层的激活函数（如 sigmoid，用于二分类）。

训练目标是通过最小化交叉熵损失函数，优化网络参数，具体公式如下：

$$L(\theta) = -\frac{1}{m}\sum_{i=1}^{m}[y^{(i)}\lg(o^{(i)}) + (1-y^{(i)})\lg(1-o^{(i)})] \qquad (8\text{-}100)$$

其中，θ 是模型的参数集，$y^{(i)}$ 是第 i 个样本的真实标签，$o^{(i)}$ 是第 i 个样本的预测输出，m 为样本总和。

决策规则如下：

$$\begin{cases} o \geqslant 0.5, & \text{LOS} \\ o < 0.5, & \text{NLOS} \end{cases} \qquad (8\text{-}101)$$

通过支持向量机、随机森林和多层感知器这三种机器学习模型，可以利用 C/N_0、伪距残差和仰角这三种特征进行非视距分类。这些模型各有特点，适用于不同的场景和数据特点。在实际应用中，可以根据具体需求选择合适的模型，从而提高非视距信号的识别准确性。

8.7 北斗导航系统中多径误差模型的建立和误差的校正方法

北斗导航系统中的多径传播对于提高定位精度和可靠性至关重要。在复杂的城市环境中，信号的反射和折射会导致多径效应，从而引起定位信号的干扰。首先，这种干扰会导致明显的定位误差，会对定位精度产生严重影响。多径信号通过不同路径到达接收机，会导致信号的相位和码伪距观测值发生偏差。这种偏差如果不进行校正，最终会导致定位解算的结果不准确。其次，多径效应还会影响定位的稳定性和收敛速度。在精密点定位（PPP）过程中，多径误差会增加观测噪声，导致解算过程中的不确定性增加，进而延长收敛时间。通过有效缓解多径传播，可以减少观测噪声，提高定位解算的稳定性和收敛速度，从而使 BDS 能够更快地提供高精度定位服务。

8.7.1 北斗导航系统中多径误差模型的建立

在 PPP 模型中，多径误差可以通过分析码伪距和载波相位观测值的残差来识别。PPP 模型的基本公式如下：

$$P_{\text{IF}} = \alpha P_i + \beta P_j = \rho + c(\mathrm{d}T_r - \mathrm{d}T_s) + T + \text{MP}_{\text{code}} + \varepsilon_P \qquad (8\text{-}102)$$

$$\Phi_{\text{IF}} = \alpha \Phi_i + \beta \Phi_j = \rho + c(\mathrm{d}T_r - \mathrm{d}T_s) + T + N\lambda + \text{MP}_{\text{phase}} + \varepsilon_\Phi \qquad (8\text{-}103)$$

其中，P_{IF} 和 Φ_{IF} 分别为码伪距和载波相位的离子层自由组合观测值，α 和 β 为频率相关因子，ρ 为几何距离，c 为光速，dT_r 和 dT_s 分别为接收机和卫星的钟差，T 为对流层延迟，MP_{code} 和 MP_{phase} 分别为码伪距和载波相位的多径误差，ε_P 和 ε_Φ 为观测噪声。

通过上述 PPP 公式，可以计算出观测残差。这些残差包含了多径误差和随机噪声。为了识别多径传播，需要对残差进行分析。残差的计算公式如下：

$$\Delta P_{IF} = P_{IF} - (\rho + c(dT_r - dT_s) + T) \tag{8-104}$$

$$\Delta \Phi_{IF} = \Phi_{IF} - (\rho + c(dT_r - dT_s) + T + N\lambda) \tag{8-105}$$

在计算残差时，需要使用精确的轨道和钟差产品来校正卫星轨道误差和钟差。残差 ΔP_{IF} 和 $\Delta \Phi_{IF}$ 包含了多径误差和观测噪声，通过分析这些残差，可以识别出多径传播的特征。

多径信号在空间域具有重复性特征，尤其是在静态环境下。这意味着同一卫星在相同方位角和仰角下的多径误差是相似的。利用这一特征，可以通过长时间观测绘制多径信号的空间分布图，识别多径干扰的主要方向和强度。

分析多径信号的空间分布，要首先计算 PPP 静态定位解，得到各观测卫星的残差。利用精确的轨道和钟差产品，对观测数据进行校正，计算得到残差。残差包含了多径误差和随机噪声。对于每一颗卫星 i，在每一个观测时刻 t，残差可以表示为

$$\Delta P_{IF}(i,t) = P_{IF}(i,t) - (\rho(i,t) + c(dT_r(t) - dT_s(i,t)) + T(t)) \tag{8-106}$$

$$\Delta \Phi_{IF}(i,t) = \Phi_{IF}(i,t) - (\rho(i,t) + c(dT_r(t) - dT_s(i,t)) + T(t) + N(i)\lambda) \tag{8-107}$$

通过长时间的观测，积累大量的残差信息。然后，按照卫星的方位角和仰角，将残差数据进行分组和统计，绘制多径误差的空间分布图。基于空间分布图的多径误差模型可以表示为

$$\text{MHM}(\text{azi},\text{eli}) = \frac{1}{n}\sum_{k=1}^{n} \Delta P_{IF}(\text{azi},\text{eli},k) \tag{8-108}$$

其中，n 为观测次数，$\Delta P_{IF}(\text{azi},\text{eli},k)$ 为第 k 次观测的残差。通过分析空间分布图，可以识别出多径信号的主要特征。例如，多径误差在特定方位角和仰角下的强度变化。对于每一个方位角和仰角的组合，可以计算多径误差的平均值和标准差，进一步识别和量化多径信号。

在多径误差模型的基础上，引入趋势面分析法（T-MHM），以捕捉多径误差的空间变化。趋势面拟合的多项式函数可以表示为

$$\text{MHM}(\text{azi},\text{eli}) = \frac{1}{n}\sum_{k=1}^{n}\Delta P_{\text{IF}}(\text{azi},\text{eli},k) \tag{8-109}$$

$$\widehat{\text{mpi}}(\text{azi},\text{eli}) = c_0 + c_1\text{azi} + c_2\text{eli} + c_3\text{azi}\cdot\text{eli} + c_4\text{azi}^2 + c_5\text{eli}^2 \tag{8-110}$$

其中，$\widehat{\text{mpi}}$ 为拟合的多径值，$c_0, c_1, \cdots, c_5$ 为拟合系数。

8.7.2 北斗导航系统中多径误差的校正

建立了多径误差模型之后，可以在实时定位中使用这些模型进行多径误差校正。在实时定位过程中，每个观测值都会带有特定的方位角和仰角。根据这些方位角和仰角，从之前建立的多径误差模型中查找相应的多径误差值，并对观测值进行校正。

校正步骤如下：

第一步需要获取当前观测值的方位角和仰角。假设当前观测卫星的方位角为 azi，仰角为 eli，需要从多径误差模型中查找对应的多径误差值。

第二步需要从模型中查找多径误差值，根据方位角和仰角从多径误差模型中查找对应的误差值。若使用基于空间分布图的方法，具体误差值如下所示：

$$\text{MP}_{\text{code}}(\text{azi},\text{eli}) = \text{MHM}(\text{azi},\text{eli}) \tag{8-111}$$

若使用基于趋势面分析法，具体误差值如下所示：

$$\text{MP}_{\text{code}}(\text{azi},\text{eli}) = \widehat{\text{mpi}}(\text{azi},\text{eli}) \tag{8-112}$$

在建立的多径误差模型中查找相应的多径误差值之后，需要对观测值进行校正。校正后的码伪距和载波相位观测值具体由下面公式表示：

$$P_{\text{IF,corrected}} = P_{\text{IF}} - \text{MP}_{\text{code}}(\text{azi},\text{eli}) \tag{8-113}$$

$$\Phi_{\text{IF,corrected}} = \Phi_{\text{IF}} - \text{MP}_{\text{phase}}(\text{azi},\text{eli}) \tag{8-114}$$

校正后的观测值 $P_{\text{IF,corrected}}$ 和 $\Phi_{\text{IF,corrected}}$ 将用于后续的定位计算，从而提高定位精度。

第 9 章 空间信息的典型服务

9.1 空间信息服务支撑

空间数据作为国家的战略性信息资源，具有广泛的应用空间和巨大的应用价值。一方面，随着航天装备数量的增多，数据获取速度的加快，空间数据量呈指数级增长，我国空间数据已迈入大数据时代；另一方面，空间数据作为国家的战略性信息资源，具有巨大的应用空间和价值，需统筹整合、开放共享空间数据资源，并面向行业、区域和领域用户提供空间信息应用服务，形成空间数据的规模化应用，为国家的信息化建设提供空间信息服务支撑。

9.1.1 空间信息云服务

空间信息云服务是指基于云计算技术，整合各种通信、遥感、导航信息和相应的技术资源，通过互联网以按需共享、按使用付费的方式，为天基、空基、陆基、海基等各类行业、区域用户提供空间信息的接入、共享、分发、处理等基础和增值服务，形成"空间信息处理在云端，信息消费服务在终端"的应用模式，承载行业专业化、区域综合化和领域融合化应用，为国家和地方的经济民生发展、信息化建设提供空间信息服务支撑。

9.1.2 空间信息云服务平台及需求

空间信息云服务平台是面向区域、行业和公众的应用需求，通过专网和公众传输网络,实现分布式的海量空间数据资源检索、管理、分发与信息产品生产与检验服务的平台。空间信息云服务平台以数据为平台,以服务为中心,结构开放、时空统一、面向服务。

空间信息云服务平台的建设有着非常重大的意义。在政府信息化建设方面,空间信息云服务平台建设是政务信息化不可缺少的重要数据资源,能为城市的发展提供有力的信息保障;在经济社会发展方面,空间信息数据是提高管理决策水平的重要基础;在专业信息系统方面,空间信息云服务平台是建设各专业信息系统必不可少的支撑环境,可促进信息共享,减少重复建设;在社会公众服务方面,空间信息云服务平台将通过现代化的网络通信技术提供导航、定位、出行等位置服务,为社会公众的生活提供便利。为保证良好的实用性,空间信息云服务平台通常满足如下各项功能需求。

(1) 数据资源共享需求

为满足智慧城市建设过程中部门之间资源共享的要求,提供精细化管理的数据支撑,系统需要将地理信息数据、管网数据、城市空间信息数据、城市地下空间数据、人口以及物联网节点数据进行分类、整合后,通过非涉密网和专网实现各部门之间的互联互通、资源整合、资源更新和信息共享。

(2) 数据管理及服务需求

系统需满足用户对城市时空数据进行管理以及提供二维、三维信息服务和空间分析的需求。其中,数据管理包括元数据管理和时空数据管理;二维、三维信息服务包括基本地图类服务及定位展示服务;分析服务包含三维模型分析及数据分析。

(3) 兼容可扩展需求

空间信息的管理针对政府部门、行业用户和相关企事业单位,为信息系统的各类用户提供相应权责范围内的统一服务接口,实现城市空间信息管理的全管理事项的集成,以满足政府对空间信息管理的信息化运行的需求。在统一的云平台上提供标准接口协议与服务接口,与已有系统互联互通,同时整合在建系统。

(4) 系统监控及运维管理需求

为了提升信息管理工作效率,保障系统持续运行,需要实现从整体上对机房环境、网络、硬件设备、中间件、数据库等软硬件环境进行统一监控,当出现异常情况时能实现及时发现、及时定位、及时分析、及时处理、及时记录。系统运维管理的内容不仅包含软硬件运行维护、配置资源变更管理、事件追踪、任务管理、漏洞扫描、入侵监控,还需要支持平台设置、业务审核、用户管理、资源宿主、资源发布等功能。

9.1.3 空间信息服务云平台总体架构

空间信息服务云平台的建设采用相似的系统架构,自底向上包括:基础设备层、虚拟资源层、平台支撑层、业务应用层4个层次,同时建立支撑空间信息服务云平台相关的标准规范体系、组织管理和运维体系。

基础设备层。基础设备层为空间信息应用服务中心提供硬件支撑环境,包括存储空间、计算节点、网络环境、卫星数据接收站、安全防护设备等。基础设备主要包括定位、导航系统(如北斗、A-北斗、室内外通导一体化基站、蜂窝定位系统、Wi-Fi定位系统等),形成室内外高精度定位信号覆盖能力,为高精度空间信息获取提供物理支持。

虚拟资源层。应用云计算技术中的虚拟化技术,对硬件平台层中提供的物理设备在内的各种基础硬件设施进行统一的组织管理和虚拟化整合,并将其封装为界面统一的逻辑资源提供给最终用户和上层应用功能。

平台支撑层。平台支撑层的主要功能是根据空间信息数据库多源定位特征信息,融合卫星导航信息与地面无线资源,进行终端位置的解算与定位导航服务,同时还可以并同时提供进行终端用户位置信息的管理。平台支撑层主要由协议解析、海量用户管理、智能位置解算、地图与导航四大分系统组成,如图9-1所示。

业务应用层。面向政府、公众、企业等用户提供不同的应用支持。调用平台层所提供的数据服务和功能开发接口等,建立面向不同应用领域的应用模型。

空间信息服务标准。空间信息服务标准确定了服务包含的基本元素、各元素质量评价方法及信息服务接口及其使用方法等要素。

9.1.4 空间信息云服务的意义

空间信息服务技术已成为智慧城市建设的重要信息技术基础设施。在城市由数字化到高度智慧的过程中,很多信息资源都将即时连接,同时利用最先进的计算机云技术还可以进行大数据引擎管理和按需要服务等。在数字化城市中,空间信息服务技术也已证实了它还拥有着资源整合的优势,而这种优点也给智慧都市的建设带来了基本保障。将空间信息服务技术所收集的各类数据和智慧城市服务充分结合后,将极大地颠覆传统的城市规划管理模式。空间信息服务支撑系统

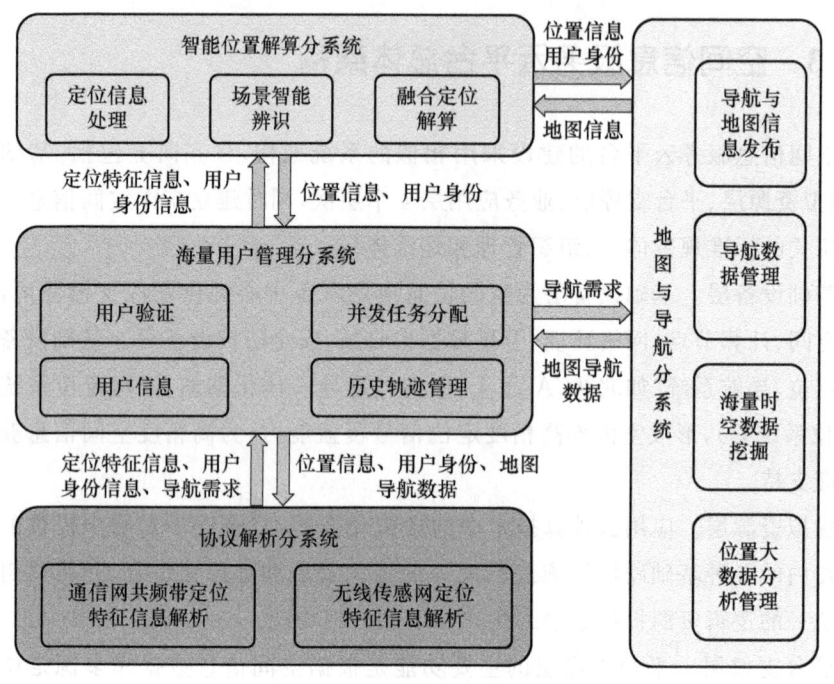

图 9-1 平台支撑层的主要架构

还能产生巨大的社会效益,提升城市形象,加快城市信息化建设,提高政府宏观决策能力,减少相关决策失误或调控措施出台滞后而引起的损失,保证城市可持续发展。

9.2 北斗＋5G 融合应用

5G 作为新一代信息技术,对经济社会乃至生产生活带来的变革和影响已经显现。在人们关注 5G 这张"地上的网"的建设和应用的同时,另一张"天上的网"——北斗也逐渐进入公众视野。"北斗＋5G"的融合应用正在成为新的趋势。随着"北斗＋5G"探索的深入,融合发展"北斗＋5G",一方面通过 5G 对北斗导航系统的支持,将北斗推向全球,利用 5G 产业规模优势促进我国北斗事业的发展;另一方面也利用北斗高精度定位满足"5G＋工业互联网"以及车路协同等对定位精度越来越高的需求。

当前,我国正在推进新基建战略,注重七大领域的高科技产业基础设施的数字化、智能化建设,而基于"北斗＋5G"的精准时空技术与通信技术的融合及应用,将是这些领域基础设施信息化、智能化升级改造的重要手段。

9.2.1　智慧生活

智慧生活是具有新内涵与外延的生活方式，是智慧城市的有机构成，在依托新一代信息技术、大数据与综合算力技术、新一代通信技术、卫星精准定位与授时技术、人工智能技术、传感器技术、视频及识别技术之下，配合丰富的智能家电、穿戴终端、智能感知、智能识别设备，在现代社会中构建科技带来的更加便捷、安全、健康、舒适、高效的，以人为本的新生活方式。智慧生活从智慧家庭到智慧社区再到智慧城市，从智慧乡村到智慧城镇再到智慧都市，共同打造出体现健康生活、以人为本、绿色生态理念的现代生活圈。智慧生活涵盖日常生活的方方面面，从"衣食住行"到医疗、教育、娱乐、社交及自我实现，甚至渗透到所有的日常生活细节。

北斗导航系统的主要功能是提供精准的空间定位与导航、授时及短报文，而5G技术则主要体现在高速率、低时延和大连接上，两者融合则体现为能够为普通大众消费者及时、高效、高速地提供日常生活、工作所需的时空数据、稳定且全覆盖的网络连接。这些功能应用到生活场景，则主要与高效出行、健康旅游、社区医疗、网络教育等领域相关。

从北斗与5G的系统特点及可实现的功能看，融合应用领域将重点集中在以下几个领域。

（1）智慧康养

以智能家居系统为平台，通过与智能穿戴终端、体征健康监测设备、安全防护电子边界、家庭医生系统、急救与快速就医通道等系统与平台的链接，构建更加智慧的居家健康养生养老环境。

（2）智慧社区

如图 9-2 所示，智慧社区以社区综合管理服务系统为平台，整合社区安防、天气预警、环境监测、社区电商、智能建筑等系统，同步对接医院、学校、公安、消防、商业等公共服务功能，共同构建更加智能、便捷、安全与舒适的居住环境。

（3）智慧办公

如图 9-3 所示，智慧办公整合线上线下居家办公、商务交流、公务社交、公务出行、电子办公等功能，与智慧家居、智慧出行、智慧社区等系统协同，共同打造舒适、高效与便捷的商务办公环境。

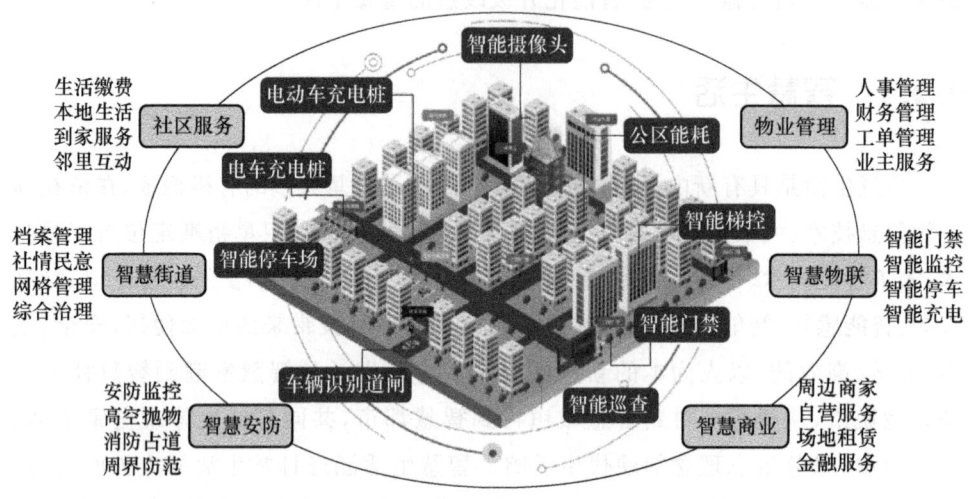

图 9-2　为社区平台提供高精度位置服务

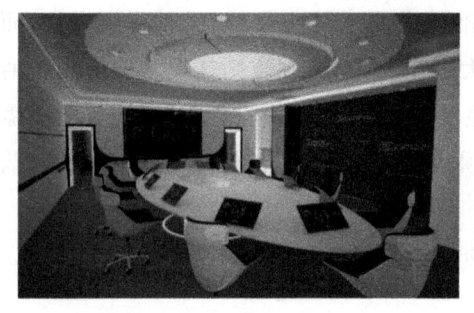 

图 9-3　现代智能化办公打破旧时代工作环境

（4）智慧购物

如图 9-4 所示，智慧购物以智慧社区结合智慧家居系统为平台，综合应用 MR（混合现实技术）、高清视频、传感器、AI、边缘计算等技术，为消费者的个性化购物需求对接各电商购物平台、购物中心、社区商业等，智能化完成从商品甄选、数字化试穿试用，到需求订制，再到商品选购、支付、配送、售后等全流程服务。

（5）智慧旅游

通过智慧旅游平台与客户端的结合，综合运用北斗、5G、云计算等技术与系统，为公众的旅游订制路线与服务、商业保险，安排行程及餐饮住宿，并全程提供健康监测、安全预警、天气预报、空间定位、环境信息等功能，为用户提供安全、舒适、健康、便捷的旅行体验。

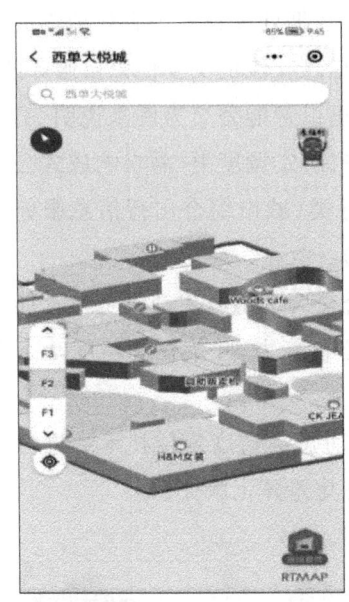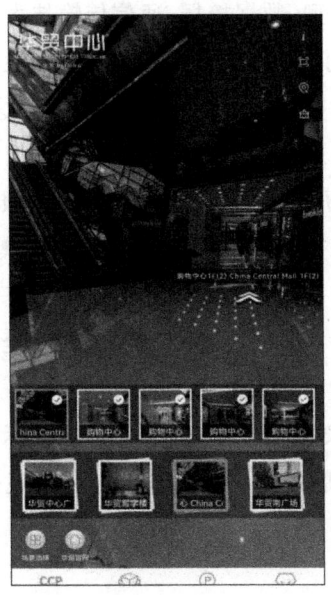

图 9-4 智慧购物服务平台

（6）智慧教育

涉及户外的教育与培训，会成为"北斗＋5G"融合应用的新场景，其中，车辆驾驶培训、户外拓展训练、户外体育训练、偏远地区远程网络教育、自动驾驶路训等，是主要的应用领域。

9.2.2 智慧交通

智慧交通是指一个基于现代电子信息技术面向交通运输的服务系统。它的突出特点是：以信息的收集、处理、发布、交换、分析、利用为主线，为交通参与者提供多样性的服务；在智能交通（简称 ITS）的基础上，利用在交通领域中充分运用物联网、云计算、互联网、人工智能、自动控制、移动互联网等技术，通过高新技术汇集交通信息，对交通管理、交通运输、公众出行等交通领域进行全方面管控支撑，使交通系统在区域、城市甚至更大的时空范围具备感知、互联、分析、预测、控制等能力，以充分保障交通安全、发挥交通基础设施效能、提升交通系统运行效率和管理水平，为通畅的公众出行和可持续的经济发展服务。

智慧交通以智慧路网、智慧出行、智慧装备、智慧物流、智慧管理为重要内容，以信息技术高度集成、信息资源综合运用为主要特征的大交通发展新模式，大量使用了数据模型、数据挖掘、通信传输技术和数据处理技术等有效地集成等数据处理技术,实现了智慧交通的系统性、实时性、信息交流的交互性以及服务的广泛性。

智能公交是智慧交通的典型代表,这里以智能公交为例来说明5G+北斗如何助力智慧交通。智能公交具有四类典型特征:①调度类(需求响应式公交);②安全类(安全电子围栏、公交智能诱导);③服务类(城市综合出行信息服务);④效率类(公交优先、交通管制、道路单双号限行等)。

智能公交的核心需求在于解决传统公交调度僵与主动安全监管能力不足的问题。公交公司需要提升智慧调度和安全监管能力,并依托高精度动态分米级技术支撑满足如下要求:

- 需求响应式公交。如图9-5所示,通过高精度定位技术掌握巴士精准位置信息,进而提供多种网约巴士模式,实现公交差异化服务。

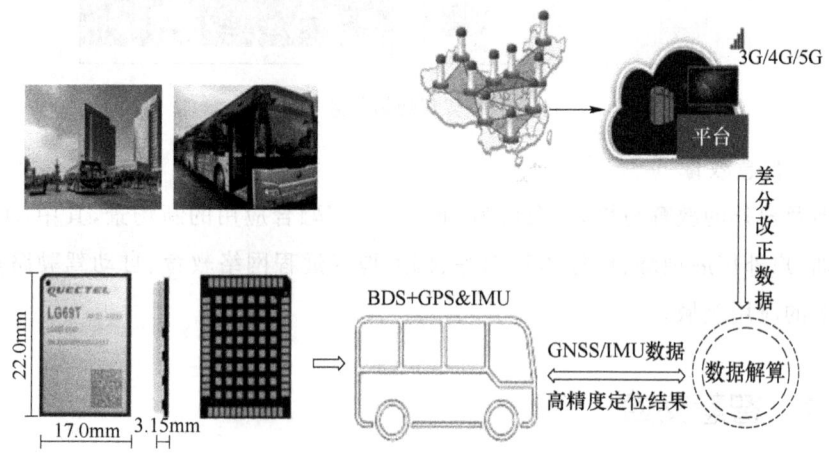

图9-5　北斗+5G智能公交高精度位置服务系统

- 安全电子围栏。公交安全电子围栏包括电子围栏的增、删、改、查等功能,可用于限定区域或轨迹路线的公交车辆。

- 公交智能诱导。如图9-6所示,基于多源数据融合采集分析,结合路侧情况规划出相应的智能化诱导策略,下发公交车进行智能诱导。

- 公交到站预测。如图9-7所示,基于公交到站点精准位置分析,提供到站预测服务。用户轨迹记录如图9-8所示。

- 公交优先。建设基于智能网联技术的公交信号优先系统,提高公交通行效率。

在智慧交通的建设过程中,发展自动驾驶也是重要一环。实现自动驾驶,导航

第 9 章 空间信息的典型服务

图 9-6 车辆实时定位平台

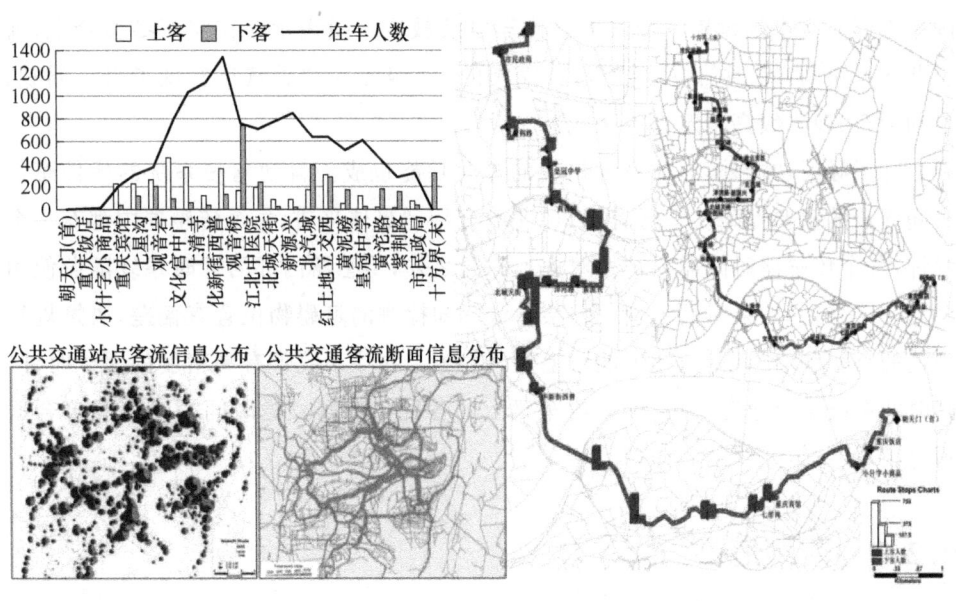

图 9-7 大模型精准预测服务

系统的定位和导引成为必不可少的因素。2022 年 1 月,工信部发布《关于大众消费领域北斗推广应用的若干意见》(以下简称《意见》)。《意见》提出,要结合北斗地基增强系统、高精度地图,在车联网中推广应用北斗高精度定位技术。

"北斗系统是中国着眼于国家安全和经济社会发展需要,自主建设运行的全球卫星导航系统,是为全球用户提供全天候、全天时、高精度定位、导航和授时服务的

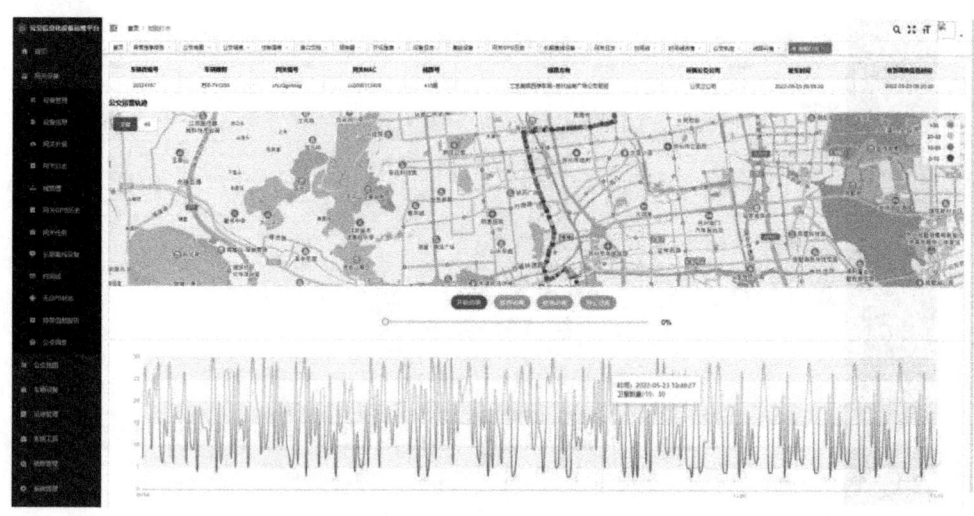

图 9-8　用户轨迹记录

国家重要时空基础设施。"长安大学汽车学院教授韩毅表示。在北京冬奥会上，通过北斗系统与 5G 通信技术结合，首钢园的 L4 级无人驾驶汽车实现了自主驾驶、自动泊车、厘米级高精定位等功能。

除了导航功能外，北斗系统精确的授时功能也成为自动驾驶系统的多传感器时间同步的重要保障。智行者 CTO 王肖介绍："具体来讲，每个传感器内都有一个时钟，各个传感器时间需要初始对齐。除此之外，传感器内部的计时系统随着使用会有一定误差，如果时间出现偏差会导致感知检测的障碍物位置有偏差，决策规划规划的路径和实际不符，有可能撞上障碍物等。北斗系统带有高精度的原子时钟，其时间系统十分稳定，由它统一给车辆上的各种传感器发送时间校正基准再合适不过。"

9.2.3　智慧港口

"智慧港口"是以现代化基础设施设备为基础，以云计算、大数据、物联网、移动互联网、智能控制等新一代信息技术与港口运输业务深度融合为核心，以港口运输组织服务创新为动力，以完善的体制机制、法律法规、标准规范、发展政策为保障，能够在更高层面上实现港口资源优化配置，满足多层次、敏捷化、高品质港口运输服务要求的具有生产智能、管理智慧、服务柔性、保障有力等鲜明特征的现代港口运输新业态。

"智慧港口"的基本特征主要包括港口基础设施与装备的现代化、新一代信息技术与港口业务的深度融合化、港口生产运营的智能自动化、港口运营组织的协同一体化、港口运输服务的敏捷柔性化、港口管理决策的客观智慧化。

"智慧港口"的设施配置主要涉及交通运输基础设施网络和信息化基础设施网络以及港口运输装备三部分。没有基础设施的网络化、数字化，没有港口运输装备的标准化、智能化，就无法实现港口运输要素的全面感知，无法实现云计算、大数据、物联网、移动互联网等新一代信息技术与港口运输核心业务的深度融合，也无法实现港口运输组织和运输管理的创新。

拖轮智能航行是智慧港口的重要业务。传统拖轮因缺乏全域监管，难以有效应对水上交通事件。为确保及时响应、科学调度和妥善处置突发事件，需要通过轨迹追踪、视频监控实现水域运行的可视化管控。

基于 5G+北斗的智慧港口拖轮智能航行的解决方案，使用 5G 网络和高精度定位基准站网络，实现锚地、航线、泊位等拖轮全业务海域覆盖；使用北斗高精度定位网络全程监管拖轮轨迹，为拖轮提供高可靠、高带宽、高安全的精准时空信息服务。同步在拖轮上配载船载终端、激光雷达、高清摄像机，实现周边环境感知。后端部署平台，实时可视化监管拖轮作业状态和远程指挥拖轮作业，系统可实现拖轮智能航行，进一步提高拖轮海上作业安全生产和指挥调度能力。

传统港口场景中，集卡作业依靠人工驾驶，作业效率低，且存在碰撞风险。依托 5G+北斗高精度定位和车路协同技术，赋能港口无人水平运输场景，可实现无人集卡作业交互精准定位，定位精度误差仅有 5 cm 左右。同时实现了全路况实时感知，合理管控设备碰撞风险、偏离风险，定制化设置电子围栏，解决港区内外集卡混行的安全问题，实现运输装卸安全高效，提升港口作业效率；利用 5G+北斗高精度定位技术，对大型装卸机械设备安装定位感知终端，远程实现设备运行状态的数据采集和实时监控，保障港口安全管理和设备调度需求，大幅提升港口作业生产安全管控。在智慧港口方面，目前有厦门港、天津港、宁波港等重点智慧港口项目建设。

厦门港基于"5G 智慧港口全场景应用"的持续创新开发，推动了 5G 高中低频立体组网、无人集卡开放场景混合运行、北斗高精定位与多传感融合、基于 5G 的港机远控改造等关键技术的系统性提升，制定了港口无人驾驶集装箱车的标准，扩大了港口 5G 网络覆盖，发挥 5G、人工智能、边缘计算、高精度定位等能力，赋能港机远控、智能理货、无人运输等场景应用，实现了智慧港口的商业化运营。

天津港将 5G 与北斗技术结合，作为港口智慧化转型重要推动力，推进传统集装箱码头自动化升级,实现了集装箱码头全堆场轨道桥自动化升级、集装箱地面智能解锁站,建设了"港口自动驾驶示范区"等多个亮眼的新项目。在5G、北斗、AI、云计算等新技术的加持下,2020年天津港集团完成集装箱吞吐量1 835万标准箱,同比增长6.1%,增幅位居全球十大港口首位。天津港集装箱码头全流程自动化升级改造项目也让整体作业效率提升近20%,单箱能耗下降20%,减少人工成本60%以上,综合运营成本下降10%。此外,载有北斗终端的无人驾驶卡车应用了5G技术,运输效率和安全系数大幅提升。这些无人卡车能够迅速识别周围的集装箱、机械设备等,自主做出减速、刹车、转弯、绕行、停车等各种动作,提供最优路线精准驶入指定区域,解决了司机短缺与疲劳驾驶问题,还让港口从劳动密集型实现智能化、无人化的升级转型。

智慧港口是港口建设的趋势和发展方向。以信息物理系统为框架,通过高新技术的创新应用,使物流供给方和需求方沟通融入集疏运一体化系统;极大地提升港口及其相关物流园区对信息的综合处理能力和对相关资源的优化配置能力;智能监管、智能服务、自动装卸成为其主要呈现形式,并能为现代物流业提供高安全、高效率和高品质服务。智慧港口的人员/车辆管理平台如图9-9所示。

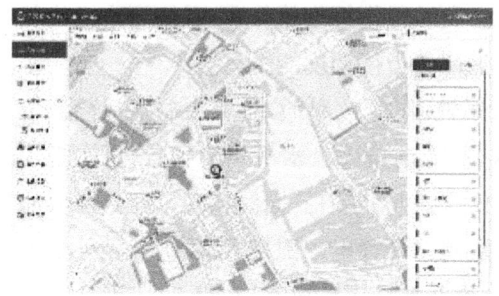 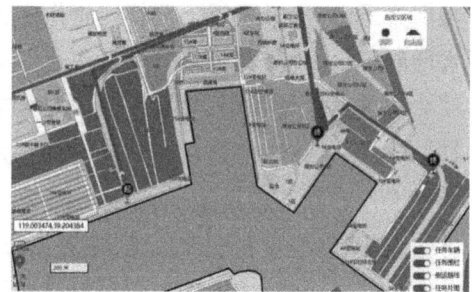

图9-9　人员/车辆管理平台

9.2.4　智慧矿井

智慧矿井是以矿山数字化、信息化为前提和基础,通过对矿山生产、职业健康与安全、技术支持与后勤保障等进行主动感知、自动分析、快速处理,最终实现安全、无人、高效、清洁的目标。智慧矿井的本质是安全、高效、清洁,数字化、信息化是智慧矿井建设的前提和基础。

智慧矿井系统涵盖了矿井的各个方面,按照通常的划分方法,可以分为三个方面:智慧生产系统、智慧职业健康与安全系统、智慧技术支持与后勤保障系统建设。

(1) 智慧生产系统

智慧生产系统包括智慧主要生产系统和智慧辅助生产系统。智慧主要生产系统包括采煤工作面的智能化和掘进工作面的智能化,对于煤矿来讲,就是以无人值守采煤掘技术为代表的智慧综采工作面和无人掘进工作面。对于非煤矿山来讲,可能是以智慧爆破采矿为代表或者以自动机械采矿技术为代表的无人采矿工作面和无人掘进工作面系统。图 9-10 所示为智慧矿井 5G 高精度数字化连续自主定位。

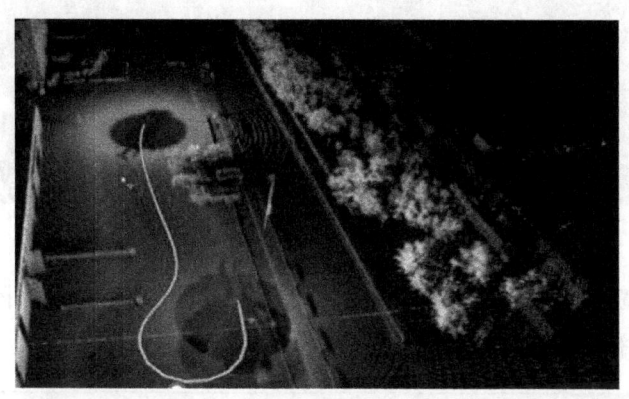

图 9-10　井下 5G 高精度数字化连续自主定位

(2) 智慧职业健康与安全系统

我国矿山安全水平已经获得了显著提升,安全管理的目标也从"减少事故,减少死亡",提高到"洁净生产,关爱健康"的高度。对职业生命的关注已延伸至职工健康与福祉。矿山职业健康与安全包含了环境、防火、防水等多个方面,其子系统包含智慧职业健康安全环境系统、智慧防灭火系统、智慧爆破监控系统、智慧洁净生产监控系统、智慧冲击地压监控系统、智慧人员监控系统、智慧通风系统、智慧水害监控系统、智慧视频监控系统、智慧应急救援系统、智慧污水处理系统等。图 9-11 所示为智慧矿山位置安全保障系统。

(3) 智慧技术支持与后勤保障系统建设

实现矿山领域的智能化管控,高精度定位是必须要解决的一大难题。目前,通信、电力系统的时间精度都在微秒级,北斗定时精度在 20～30 ns,通过地基增强和天基增强,可实现时间精度为 1 ns 或者优于 1 ns,实时位置能精准到 1 cm,特定领域精度可以做到 1 mm。

"北斗高精度导航+5G+高精度地图"将开辟车辆无人驾驶、无人采矿、无人机远程巡检、人员智能管控等全新应用领域。把这些平台和数据共享起来,不仅仅

图 9-11　智慧矿山位置安全保障系统

在矿山,在更宽更广范围都会产生无穷无尽的新应用和新业态(如图 9-12 所示),为广域和全球智能协同控制赋能。

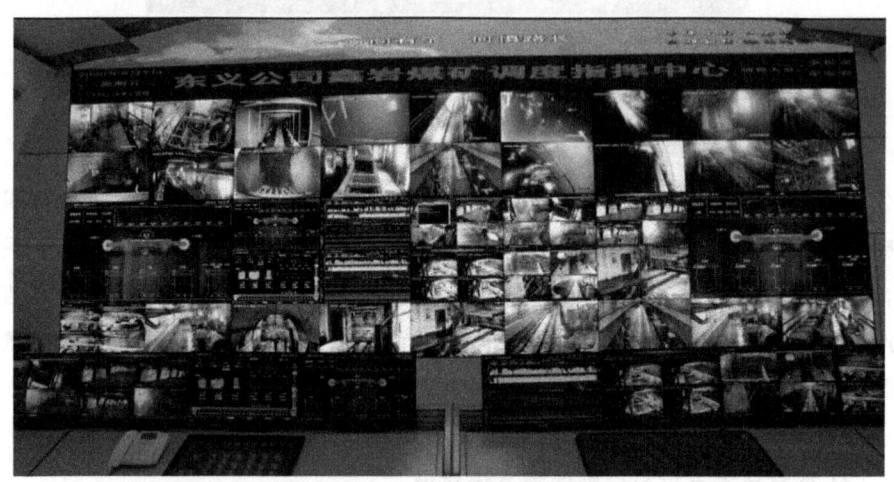

图 9-12　后勤保障安全建设

9.2.5　精准农业

精准农业是美国等经济发达国家在 20 世纪 80 年代末期继 LISA(低投入可持续农业)后,为适应信息化社会发展要求对农业发展提出的一个新的课题。精准农业又称精细农业、精确农业、精准农作,是一种基于信息和知识管理的现代农业生产系统。精准农业采用 3S(GPS、GIS 和 RS)等高新技术与现代农业技术相结合,对农资、农作实施精确定时、定位、定量控制的现代化农业生产技术,可最大限度地提高农业生产力,是实现优质、高产、低耗和环保的可持续发展农业的有效途径。

精准农业是通过 3S 技术和自动化技术的综合应用,按照田间每一块操作单元上的具体条件,更好地利用耕地资源潜力、科学合理利用物资投入,以提高农作物产量和品质、降低生产成本、减少农业活动带来的污染和改善环境质量为目的,相对于传统农业的最大特点是:以高新技术投入和科学管理换取对自然资源的最大节约和对农业产出的最大索取,主要体现在农业生产手段之精新,农业资源投入之精省,农业生产过程运作和管理之精准,农用土壤之精培,农业产出之优质、高效、低耗。

精准农业是由信息技术支持的、基于空间变异实施定位、定时、定量现代化农事操作与管理的系统。其核心是根据作物生长的土壤性状调节对作物的投入,即一方面查清田块内部的土壤性状与生产力空间变异,另一方面确定农作物的生产目标,进行定位的"系统诊断、优化配方、技术组装、科学管理",调动土壤生产力,以最少的或最节省的投入达到同等收入或更高的收入,并改善环境,高效地利用各类农业资源,取得经济效益和环境效益。精准农业的核心是建立完善的果园地理信息系统(GIS),是信息技术与农业生产全面结合的一种新型农业。精准农业并不过分强调高产,而主要强调效益。它将农业带入数字和信息时代,是 21 世纪农业的重要发展方向。

"北斗+5G"在精准农业中的应用主要体现在以下两方面:农业信息的定位(包括土壤及作物监测数据的准确定位等,作用是支撑分析和决策);农业机械的自动导航控制(包括田间作业农机的自动导航驾驶与作业控制等,作用是提高农机的工作效率)。北斗卫星导航系统可提供免费、实时的无源定位服务,为农业机械的智能控制提供导航定位信息。随着北斗卫星导航系统的进一步建设,"北斗+5G"将成为我国精准农业技术发展的核心组成之一。

1. 北斗卫星导航系统的技术优势

(1) 信号覆盖能力强

北斗系统特有的 GEO+IGSO+MEO 星座分布使得卫星更多地分布在东经 84°~160°区域,随着北斗二代系统的进一步建设,北斗在中国区域内的卫星可见性优势会进一步体现。北斗信号具备更优的信号覆盖性能,使得复杂地形等遮蔽环境下具有更多的可用信号,能够依靠北斗实现稳定定位,更好地满足这些地区精准农业发展对卫星定位连续性和有效性需求。

(2) 提供三频定位,提高定位精度

北斗可为民用用户提供 B1/B2/B3 三个频点的定位服务,频点分别为 1 561.098 MHz、1 207.14 MHz、1 268.52 MHz。对于单点定位,三频有助于将空间导航信号传播的电离层误差更好地消除,以获得精度更优的定位性能;对于载波相位测量,北斗的三频可获得更优的宽巷效应,有助于整周模糊度的快速收敛,获得更快的定位速度。

(3) 提供短报文通信能力

北斗独具 RDSS 短报文通信服务能力,可满足国内精准农业用户对决策、状态等信息的通信需求。RDSS 通信基于空间卫星通信,无需地面通信基站,可满足远程通信及偏远地区通信的需求;通信成本低,容量大,通常一部 RDSS 终端可与数百台流动站间进行通信,通信成本低廉,对于以长期、频繁、单次信息容量小为主要通信特点的精准农业应用,通信成本远低于地面移动通信成本。

2. "北斗+5G"在精准农业中的应用模式

北斗卫星导航系统在我国精准农业的发展与应用需要与我国农业发展现状与趋势相结合。受经济水平、人口密度和耕地分布的影响,精准农业在我国农业体系中所占比例相对不高,技术推广率低,特大型及大型农田较少,因此我国尚不能大范围采用全自动化农机,人工操作机械仍为主要作业方式。

北斗卫星导航在精准农业的应用可包含两种模式:一种为面向无人作业应用,采用差分定位体制,应用于特大型及大型农田;另一种为面向辅助作业应用,采用高精度接收机体制,应用于大中型农田。

其中地面设备包括一个北斗差分站,装备有北斗差分接收机的自动化农机、用于作物和土壤监测中定位的移动差分接收机、用于处理分析信息并生成决策的控制中心。北斗差分站接收北斗卫星导航信号,并向服务区内播发差分信息,差分接收机接收空间导航信号和差分信号来定位。对于自动化农机,在接收到控制中心的决策后根据自身定位数据按照规划的轨迹行驶,并根据任务决策在不同的作业区域调整作业强度,如喷淋流量、播种密度等,并实时通过地面通信/RDSS 通信将自身的定位信息传递至控制中心。对于作物及土壤监测,在开展监测时通过差分接收机将定位信息发送至控制中心以便于分析处理。通常,一台差分站可实现数十公里内的差分接收机达到分米级至厘米级的定位精度。

与无人作业应用的主要不同包括以下几点：系统不包含地面差分站；接收机为基于算法改进的高精度接收机；可包含有控制中心及相应的通信链路，但也可依靠作业前规划来取代。从系统性能上，作物及土壤的监测精确度下降，但仍可满足一定程度上的信息分析；若以作业前规划的方式，则对农机的实时任务调整能力相对差；对于农机，受限于定位精度仍需要人工的参与，但借助于定位信息可大大提高作业的准确性和效率。

3. "北斗＋5G"装备与自动化农机的整合

自动化农机是无人自动化作业的主要实现载体，RTK 定位是自动化农机的基本技术之一。

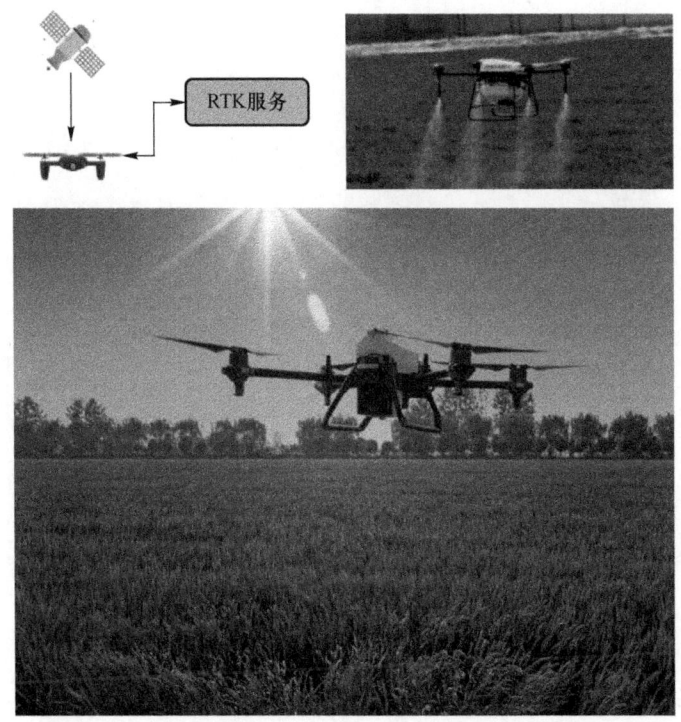

图 9-13　北斗＋5G 融合为无人机精细农业提供高精度位置服务

自动化农机作业包括自主驾驶和自主作业两部分。自主驾驶是指按照规划的轨迹自动完成运行和速度控制；自主作业是指在指定区域开展指定种类和强度的作业活动。达到这一目标需要实现精准定位、测向测姿、变量控制、自动驾驶和有效通信等。对于"北斗＋5G"装备，其在自动化农机上的作用体现在三个方面：通过北斗 RDSS 通信实现农机和管理中心间的信息交互，满足指令的传递和信息反馈；通过北斗 RTK 接收机实现高精度定位，为运行和作业自动控制提供基本位置信息；通过北斗 RTK 多天线方式提供基本测姿测向数据，并和低成本 MEMS 进行信息融合，为自动化农机设备自动控制提供测姿测向信息。

通过通信、导航定位、自动控制的整合，可实现自动化农机的自主驾驶和自主作业，实现自动化精准农业生产。

参考文献

[1] Xu J, Xu S. BeiDou: The New Navigation Satellite System[M]. Science Press, 2018.

[2] Gurgen A. Global Navigation Satellite Systems, Signals, and Performance[M]. CRC Press, 2018.

[3] Kevin McDermott, et al. A Novel Approach to Multi-User Collaborative Positioning in 4G LTE Networks[J]. China Mobile Communications, 2019, 23(3): 45-55.

[4] Tianzhu Qin, et al. Novel Direct Position Determination Method in MIMO-OFDM Systems for Stationary Target Localization[J]. IEEE Transactions on Wireless Communications, 2020, 19(8): 4789-4799.

[5] 3GPP. 5G: Architecture enhancements for 5G System(5GS)[S]. Technical Specification 23.501, 2019.

[6] 张诗壮,等. 5G NR 定位技术及其部署方案[J]. 中兴通讯技术, 2021, 27(2): 51-58.

[7] Lachapelle G, Courville M. Pedestrian Dead Reckoning Using Magnetic Field and Inertial Sensors [J]. IEEE Transactions on Instrumentation and Measurement, 2015, 64(7): 1827-1837.

[8] Shang X, et al. A Survey of Indoor Positioning Systems[J]. IEEE Access, 2018, 6: 25454-25462.

[9] Li K, et al. A Survey on Wireless Indoor Positioning Techniques and Applications[J]. IEEE Transactions on Parallel and Distributed Systems, 2020, 31(10): 2186-2204.

[10] Wang Y, Liu J, Chen Y, et al. A survey on TDOA-based localization in wireless sensor networks[J]. IEEE Communications Surveys & Tutorials, 2017, 19(1): 430-449.

[11] Shen G, Dang Y. A survey on the angle of arrival (AOA) technique in wireless communication systems[J]. IEEE Communications Surveys & Tutorials, 2015, 17(1): 376-397.

[12] Rizvandi R, Berndt J, O'Driscoll D. A review of indoor positioning systems and technologies[J]. International Journal of Handheld Computing Research, 2014, 5(1): 39-56.

[13] Biswas J, Indelman V, Leung H, et al. Semantic SLAM: Exploring known spaces through natural language[J]. IEEE Transactions on Robotics, 2017, 33(3): 596-610.

[14] 北斗卫星导航系统官网[EB/OL]. (2024-01-01)[2024-01-01]. http://www.beidou.gov.cn.

[15] 张润芝. 北斗三号 PPP B2b 信号跟踪环路的极点分布法设计[C]. 中国科学院, 2023.

[16] 陈昱翀, 高博, 林志滨, 等. 一款高速、低功耗的 Sigma-Delta 模数转换器[J]. 电子与封装, 2020, 20(2): 020305.

[17] 周伟, 葛小霞, 李志奇, 等. 数字化处理中的两种量化现象及其影响[J]. 电子科技大学学报, 2019, 48(4): 487-491.

[18] 糜晓龙, 袁运斌, 张宝成. BDS-3 和 Galileo 组合的 RTK 定位性能分析[J]. 武汉大学学报(信息科学版), 2023, 48(1): 113-118.

[19] 张文旭, 吴亚桐, 杜秋影. 基于伪码与多普勒频率分离的北斗信号捕获算法[J]. 北京邮电大学学报, 2019, 42(1): 35-40, 108.

[20] QIN W J, GE Y L, WEI P, et al. Assessment of the BDS-3 on-board clocks and their impact on the PPP timetransfer performance[J]. Measurement, 2019, 153(2): 107356.

[21] 宗佳颖, 刘洋, 刘海涛, 等. 面向 6G 的微服务化无线网架构研究[J]. 电子技术应用, 2021, 47(12): 1-4+14.

[22] 3GPP. 5G: Architecture enhancements for 5G System (5GS)[EB/OL]. (2020-07)[2024-01-01]. https://www.3gpp.org/technologies/keywords-acronyms/5G.

[23] 3GPP. 3GPP TS 23.501: System Architecture for the 5G System; Release

16[S].2020.

[24] 3GPP.3GPP TS 23.502;Procedures for the 5G System;Release 16[S]. 2020.

[25] 5G室内融合定位白皮书.ZTE[EB/OL].(2020-10-13)[2024-01-01].https://www.zte.com.cn/content/dam/zte-site/res-www-zte-com-cn/mediares/zte/files/newsolution/wireless/ccn/gaojingduddingwei/202010141410.pdf.

[26] 3GPP.TS 138 211 V16.2.0(2020-07)5G;NR;Physical channels and signals for 5G-NR[S].2020-07-20.Available from:https://www.etsi.org/deliver/etsi_ts/138200_138299/138211/16.02.00_60/ts_138211v160200p.pdf.

[27] 刘晓峰,沈祖康,王欣晖,等.5G无线增强设计与国际标准[M].北京:人民邮电出版社,2020.

[28] 焦慧颖,王志勤,杜滢,等.5G无线定位技术标准化及发展趋势[J].移动通信,2021,45(3):52-56.

[29] 3GPP.TS 38.211 V16.2.0(2020-06)5G;NR;Physical channels and signals[S]. 2020-06-15.Available from:https://www.etsi.org/deliver/etsi_ts/138200_138299/138211/16.02.00_60/ts_138211v160200p.pdf.

[30] 张建国,徐恩,周鹏云,等.基于OTDOA的5G定位性能综合分析[J].邮电设计技术,2021(5):38-42.

[31] ETSI TS 123 501 V17.4 -iTeh Standards[EB/OL].(2022-05-23)[2024-01-01].https://cdn.standards.iteh.ai/samples/64677/813cf589217d43edaa9348720fc97ec1/ETSI-TS-123-501-V17-4-0-2022-05-.pdf.

[32] TS 138 321 - V16.1.0 - 5G;NR;Medium Access Control[EB/OL].(2020-07-30)[2024-01-01].https://www.etsi.org/deliver/etsi_ts/138300_138399/138321/16.01.00_60/ts_138321v160100p.pdf.

[33] 洪学敏,许雪婷,彭敖,等.基于5G移动通信系统融合定位的关键技术与系统架构演进[J].厦门大学学报(自然科学版),2021,60(3):571-585.

[34] 3GPP.3GPP TS 38.104;Evolved Universal Terrestrial Radio Access(E-UTRA);Base Station(BS)radio transmission and reception[S].2020.

[35] 3GPP.3GPP TS 22.261;Service requirements for the 5G System;Stage 1[S]. 2020.

[36] 王俊,李加琪,吴嗣亮.锁频环辅助下锁相环的跟踪误差分析[J].北京理工大学学报,2011,31(7):838-843.

[37] Lavate T B, Kokate V K, Sapkal A M. Performance analysis of MUSIC and ESPRIT DOA estimation algorithms for adaptive array smart antenna in mobile communication[C]//2010 Second International Conference on Computer and Network Technology. IEEE, 2010:308-311.

[38] 顾旭. 面向灾后复杂环境的 Massive MIMO 单站三维定位方法研究[D]. 北京邮电大学, 2022.

[39] 姚震. 多天线系统中混合信号的到达角估计技术研究[D]. 北京邮电大学, 2023.

[40] 吴志勇, 饶伟, 贾凤勤. 针对相干信号 DOA 估计的改进 MUSIC 算法[J]. 电讯技术, 2023, 63(9):1355-1360.

[41] 丁丹宇. 基于 TC-OFDM 信号的相干 DOA 估计算法研究[D]. 北京邮电大学, 2021.

[42] 赵万龙, 孟维晓, 韩帅. 多源融合导航技术综述[J]. 遥测遥控, 2016, 37(6):54-60.

[43] 齐小刚, 陈谌, 李芷楠. 室内定位中非视距的识别和抑制算法研究综述[J]. 控制与决策, 2022, 37(8):1921-1933.

[44] 郑心雨. 移动通信网络定位非视距误差机理与补偿技术研究[D]. 北京邮电大学, 2022.

[45] 张耀, 邓中亮, 李统波. "北斗+5G"空天一体通导融合应用[J]. 卫星应用, 2024, (9):41-45.

[46] 刘海蛟, 刘硕, 刘文学, 等. 北斗+5G 融合定位技术研究[J]. 信息通信技术与政策, 2021, 47(9):41-46.

[47] 邓中亮, 王翰华. "北斗+5G"融合发展机遇[J]. 卫星应用, 2021(11):20-24.